"十二五"普通高等教育本科国家级规划教材

高等院校信息管理与信息系统专业系列教材

数据挖掘技术与应用
（第2版）

陈燕　编著

清华大学出版社

北京

内 容 简 介

本书系统地阐述了数据挖掘产生的背景、技术、多种相关方法及具体应用,主要内容包括数据挖掘概述,数据采集、集成与预处理技术,多维数据分析与组织,预测模型研究与应用,关联规则模型及应用,聚类分析方法与应用,粗糙集方法与应用,遗传算法与应用,基于模糊理论的模型与应用,灰色系统理论与方法,基于数据挖掘的知识推理。

本书可作为管理科学与工程、信息科学与技术、应用数学等相关专业高年级本科生和研究生的数据仓库、数据挖掘及知识管理等相关课程的教材或参考资料,也可用来帮助相关的专业研究人员提升数据挖掘的技巧和开拓新的研究方向。

图书在版编目(CIP)数据

数据挖掘技术与应用 / 陈燕编著. —2 版. —北京:清华大学出版社,2016(2025.1重印)
高等院校信息管理与信息系统专业系列教材
ISBN 978-7-302-43249-4

Ⅰ. ①数…　Ⅱ. ①陈…　Ⅲ. ①数据采集—高等学校—教材　Ⅳ. ①TP274

中国版本图书馆 CIP 数据核字(2016)第 041529 号

责任编辑:白立军　徐跃进
封面设计:傅瑞学
责任校对:焦丽丽
责任印制:丛怀宇

出版发行:清华大学出版社
　　　网　　　址:https://www.tup.com.cn,https://www.wqxuetang.com
　　　地　　　址:北京清华大学学研大厦 A 座　　　　　邮　　编:100084
　　　社 总 机:010-83470000　　　　　　　　　　　邮　　购:010-62786544
　　　投稿与读者服务:010-62776969,c-service@tup.tsinghua.edu.cn
　　　质量反馈:010-62772015,zhiliang@tup.tsinghua.edu.cn
　　　课件下载:https://www.tup.com.cn,010-83470236
印 装 者:天津鑫丰华印务有限公司
经　　销:全国新华书店
开　　本:185mm×260mm　　印　张:16.25　　　　　字　数:383 千字
版　　次:2011 年 5 月第 1 版　2016 年 8 月第 2 版　印　次:2025 年 1 月第 9 次印刷
定　　价:49.00 元

产品编号:068180-02

前　言

随着计算机应用技术和网络技术的普及,全社会的信息化程度不断提高,新的管理模式不断涌现,对信息系统的依赖程度越来越高。信息管理工程研究者和管理者面临严峻挑战:如何从海量、分散、复杂类型的数据海洋中,迅速找出有价值的和潜在有用的信息与知识?如何实现对多维数据的集中组织、分析与管理? 数据仓库与数据挖掘可以为上述问题提供有效的解决方案。数据挖掘理论及方法研究与创新已经成为信息科学与管理工程领域最重要的研究方向之一。

笔者在数据仓库技术与数据挖掘模型方面潜心研究数十年。尤其近年来,通过国家自然科学基金(项目编号 71271034),教育部、科技部和交通运输部,省市多个科研项目的资助,深入研究了数据挖掘的理论、技术与方法,获得多项科研成果。特别是面向交通运输、物流管理等特色领域,开展基于数据仓库与数据挖掘的创新性研究,取得了良好的社会效益与经济效益。

撰写本书的目的在于:利用数据仓库技术将异构的、多维的、具有复杂类型的多源数据整合到一个公共平台上进行统一组织与管理,在此基础上,采用多种数据挖掘方法与模型,实现从底层信息管理到高层知识管理全过程的信息深加工、挖掘与增值。

本书采用逐步演算和编程运行相结合的方式,力争使广大读者通过本书的学习能够快速掌握数据挖掘模型的理论、技术、方法及应用。全书共分为 11 章,包括数据挖掘概述,数据采集、集成与预处理技术,多维数据分析与组织,预测模型研究与应用,关联规则模型及应用,聚类分析方法与应用,粗糙集方法与应用,遗传算法与应用,基于模糊理论的模型与应用,灰色系统理论与方法,基于数据挖掘的知识推理。

本书主要由陈燕编写,屈莉莉、杨明、张琳、乔月英、吉飞、赵路、程澄、于莹莹、林博辞等参与完成部分章节中具体数据挖掘方法的应用算例和全书的核对工作。

本书自 2011 年出版以后,受到广大师生欢迎,此次再版,吸收了许多有益的建议,根据数据挖掘技术的发展,在保留第 1 版框架的基础上,对部分内容进行了修改、整理,希望广大师生一如既往地关注和喜欢本书。

本书旨在涵盖典型和有代表性的数据挖掘算法,但由于数据挖掘方法多种多样,还有许多数据挖掘模型需要进一步探讨。在编写过程中,笔者查阅了国内外大量文献资料,谨向书中提到的和参考文献中列出的学者表示感谢。如果由于我们工作的疏忽,致使本书中某处内容所参考的文献没有列出,在此向所涉及的作者深表歉意。同时,由于时间仓促和编者能力有限,书中难免存在一些不当之处,敬请广大读者批评指正。

陈　燕

2016 年 4 月

目　　录

第1章 数据挖掘概述

本章阐述数据仓库和数据挖掘内涵并深入分析数据仓库、数据挖掘和联机分析处理三种技术之间的关系,给出了数据仓库系统的通用模式;提出了一种新颖的数据仓库系统中多维数据组织的形式化定义与描述方法;从数据挖掘系统的发展阶段、系统结构、相关技术、实现工具和应用领域等多个方面,概述了数据挖掘的理论、技术与方法。

1.1 数据仓库和数据挖掘定义与解释

1.1.1 数据仓库的定义与解释

数据仓库(Data Warehouse,DW)属于一种高层管理的新型数据库技术。将分散在诸多数据库系统(DataBase System,DBS)中的数据安全、平稳、有效地集成到一个公共信息平台模式下,这是数据仓库建立的基础。也就是说,在 DBS 趋于完善化的今天,其技术进一步发展的趋势是:建立基于 DBS 基础之上的 DW,以实现 DBS 之上的高层管理、智能管理和知识管理,即实现数据挖掘与高层管理决策分析的最终目标。

数据仓库概念的提出者及相关技术的主要倡导者——美国著名信息工程学家 Willian Inmon 博士对数据仓库的解释是:数据仓库通常是一个面向主题的、集成的、相对稳定的、反映历史变化的数据的集合,用于支持经营管理中的决策制定过程。所谓面向主题,是指操作型数据库的数据组织面向事务处理任务,各个业务系统之间各自分离,而数据仓库中的数据是按照一定的主题域进行组织的。所谓集成,是指数据仓库中的数据是在对原有分散的数据库数据进行抽取、清理的基础上经过系统加工、汇总和整理得到的,必须消除源数据中的不一致性,以保证数据仓库内的信息是关于整个企业的一致的全局信息。

所谓相对稳定,是指数据仓库的数据主要供企业决策分析之用,所涉及的数据操作主要是数据查询,一旦某个数据进入数据仓库,一般情况下将被长期保留,也就是数据仓库中一般有大量的查询操作,但修改和删除操作很少,通常只需要定期地加载和刷新。所谓反映历史变化,是指数据仓库中的数据通常包含历史信息,系统记录了企业从过去某一时刻(如开始应用数据仓库的时刻)到目前的各个阶段的信息,通过这些信息,可以对企业的发展历程和未来趋势做出定量分析和预测。由于数据仓库涉及多元、多维的复杂数据,数据时间跨度大等多种特点,因此数据仓库是一个对多维异构数据一体化组织与管理的复杂过程。

1.1.2 数据挖掘的定义与解释

随着信息技术的发展与普及,大量的数据与信息的积累,如何从海量的数据中提取有用的和有价值的信息,即知识,已成为信息技术研究的重要问题,数据挖掘技术应运而生。20世纪90年代,以美国信息工程领域专家为代表,开始研究数据挖掘的理论与方法。

数据挖掘(Data Mining,DM)的概念最早是在1995年的美国计算机年会(ACM)上提出的,数据挖掘就是从大量的、不完全的、有噪声的、模糊的、随机的数据中,提取隐含在其中的、人们事先不知道的、但又是潜在有用的信息和知识的过程。

另一种比较公认的定义是W. J. Frawley和G. Piatetsky-Shapiro等人提出的,数据挖掘就是从大型数据库中的数据中提取人们感兴趣的知识。这些知识是隐含的、事先未知的、潜在的、有用的信息,提取的知识表示为概念(Concepts)、规则(Rules)、规律(Regulations)、模式(Patterns)等形式,后来专家们将这些形式的知识表达模式运用形式化定义来描述。

数据挖掘的一个重要过程就是从数据中挖掘知识,也称为数据库中知识发现(Knowledge Discovery in Databases,KDD)和知识提取、数据采掘等,并且可以在其过程中用于发现概念/类描述、分类、关联、预测、聚类、趋势分析、偏差分析和相似性分析及结果的可视化。

因此,可以将数据挖掘理解为:在庞大的数据库中寻找出有价值的隐藏事件,并利用人工智能、统计、预测的科学技术,将其数据进行科学有价值的提取和深入分析,找出其中的知识,并根据企业发展中的需求问题建立不同的挖掘模型,以此作为提供企业进行决策分析时的参考依据。

人们把原始数据视为形成知识的源泉,就像从矿石中采矿一样。原始数据可以是结构化的,如关系型数据库中的数据,也可以是半结构化的,如文本、图形、图像数据,甚至是分布在网络上的异构数据。发现知识的方法可以是数学的,也可以是非数学的;可以是演绎的,也可以是归纳的。发现了的知识可以用于信息管理、查询优化、决策支持、过程控制等,还可以用于数据自身的维护。数据挖掘的主要目标是:在众多复杂类型数据中找出"金块",能在商务(企业)数据中找出提高销售量和效益的关键因素,并且也能通过数据挖掘找出影响企业效益增长的相关因素。因此,数据挖掘是一门广义的交叉学科,它汇聚了不同领域的研究者,尤其是数据库、人工智能、数理统计、可视化、并行计算等方面的学者和工程技术人员。

数据挖掘的概念随着其发展而不断得到充实,美国的一项研究报告将DM视为21世纪十大明星产业之一。数据挖掘已成为当今知识管理、商业智能领域最热门的话题之一。越来越多的企业通过对数据挖掘概念和技术的了解与应用,达到解决信息工程领域关键技术难题的目的。

数据挖掘的用途非常广泛。它可以应用在生产任务的预测与分析、生产效益的评估与分析、销售领域的预测分析、物流企业的货源预测与分析、交通肇事逃逸案的分析、超市的物品摆放、银行的贷款预测与决策分析、服装领域的职业服装号型归档、大型数据库的关联知识挖掘、企业绩效评估与分析等相关的领域中;也可以应用在更细致的研究中,比如:在金融行业出现的基于数据仓库贷款决策分析,可以将其银行和信用卡公司通过DM产品的相关技术将庞大的顾客资料做筛选、分析、推演及预测,找出哪些是最有贡献的顾客,哪些是高流失率族群,或找出一个新的产品或促销活动可能带来的响应率,如何在合适的时间提供适当的产品及服务等挖掘功能。

数据挖掘技术从一开始就是面向应用的。它不仅是面向特定数据库的简单检索查询调用,而且要对这些数据进行微观、中观乃至宏观的统计、分析、综合和推理,以指导实际问题的求解,试图发现事件间的相互关联,甚至利用已有的数据对未来的活动进行预测。这样一来,就把人们对数据的应用,从低层次的末端查询操作,提高到为各级经营决策者提供决策支持。这种需求驱动力,比数据库查询更为强大。同时需要指出的是,这里所说的知识发现,不是要求发现放之四海而皆准的真理,也不是要去发现崭新的自然科学定理和纯数学公式,更不是什么机器定理证明,所有发现的知识都是相对的,是有特定前提和约束条件、面向特定领域的,同时还要能够易于被用户理解,最好能用自然语言表达所发现的结果。

1.2　数据仓库系统的相关技术

数据仓库系统中主要包括数据仓库、数据挖掘、联机分析处理(On-Line Analysis Processing,OLAP)、KDD 和相关的数据集成、数据标准化、数据仓库建模技术、数据挖掘技术与方法、数据集市、可视化技术、自然语言解释、人机交互、知识发现与知识推理、网络集成技术等研究内容。

1.2.1　数据仓库系统相关技术之间的关系

1. 数据仓库与数据挖掘

数据仓库与数据挖掘作为决策支持新技术,近十年来发展迅速。数据仓库和数据挖掘二者相互结合共同发展,又相互影响促进,两者的联系概括如下:

数据挖掘(DM)和数据仓库(DW)是融合与互动发展的。对于数据挖掘,如果能同数据仓库协同工作,则可以简化数据挖掘过程的某些步骤,从而极大地提高数据挖掘的工作效率。数据仓库中的数据是经过预处理的,它清洗了原始数据中的不规范数据,统一了数据格式并做了一些必要的汇总,数据挖掘只需在此基础之上再做进一步的预处理。数据挖掘和数据仓库的协同工作,是数据挖掘专家、数据仓库技术人员和行业专家共同努力的成果,更是广大渴望从数据库"奴隶"到数据库"主人"转变的企业最终用户的通途。一方面,可以迎合和简化数据挖掘过程中的重要步骤,提高数据挖掘的效率和能力,确保数据挖掘中数据来源的广泛性和完整性;另一方面,数据挖掘技术已经成为数据仓库应用中极为重要和相对独立的方面和工具。若将数据仓库比作矿坑,DM 就是深入矿坑采矿的工作。毕竟 DM 不是一种无中生有的魔术,也不是点石成金的炼金术,若没有足够丰富完整的数据,是很难期待 DM 能挖掘出什么有意义的信息。要将庞大的数据转换成为有用的信息,必须先有效率地收集信息。随着科技的进步,功能完善的数据库系统就成了最好的收集数据的工具。数据仓库,简单地说,就是搜集来自其他系统的有用数据存放在一个整合的存储区内。其实就是一个经过处理整合，且容量特别大的关系型数据库，用于存储决策支持系统（Decision Support System，DSS）所需要的数据，供决策支持或数据分析使用。从信息技术的角度来看，数据仓库的目标是在组织中，在正确的时间，将正确的数据交给正确的人。

数据挖掘和数据仓库的目的和过程不同。许多人对于 DW 和 DM 时常混淆，不知如何分辨。其实，数据仓库是数据库技术的一个新主题，利用计算机系统帮助我们操作、计算和思考，让作业方式改变，决策方式也跟着改变。数据仓库本身是一个非常大的数据库，它存储着由组织作业数据库中整合而来的数据，特别是由事务处理系统（On-Line Transaction Processing，OLTP）所得来的数据。将这些整合过的数据置放于数据仓库中，决策者则可以利用这些数据作决策；但是，这个转换及整合数据的过程，是建立一个数据仓库最大的挑战。因为将作业中的数据转换成有用的策略性信息是整个数据仓库的重点。综上所述，数据仓库应该具有这些数据：整合性数据（Integrated Data）、详细和汇总性的数据（Detailed and Summarized Data）、历史数据、解释数据的数据。从数据仓库挖掘出对决策有用的信息与知识，是建立数据仓库与使用数据挖掘的最大目的，两者的本质与过程不同。换句话说，数据仓库应先行建立完成，数据挖掘才能有效率地进行，因为数据仓库本身所含数据是干净（不会有错误的数据掺杂其中）、完备且经过整合的，因此两者关系可解读为数据挖掘是从数据仓库中找出有用信息的一种过程与技术。

一方面，数据仓库为数据挖掘提供了更好更广泛的数据源。数据仓库中集成和存储着来自异质信息源的数据，而这些信息源本身就可能是一个规模庞大的数据库。同时数据仓库存储了大量的、长时间的历史数据，可以用来进行数据的长期趋势分析，为决策者的长期决策行为提供支持。数据仓库中数据在时间轴上的纵深性是数据挖掘不能回避的难点问题之一。数据仓库为数据挖掘提供了新的支持平台。数据仓库的发展不仅为数据挖掘开辟了新的空间，并且对数据挖掘技术提出了更高的要求。作为数据挖掘的对象，数据仓库技术的产生和发展为数据挖掘技术开辟了新的战场，提出了新要求和挑战。数据仓库的体系结构努力保证查询和分析的实时性。数据仓库一般设计成只读方式，数据仓库的更新由专门一套机制保证，数据仓库对查询的强大支持使数据挖掘效率更高。数据仓库为更好地使用数据挖掘工具提供了方便。数据仓库的建立，应充分考虑数据挖掘的要求。用户可以通过数据仓库服务器得到所需要的数据，形成开采中间数据库，利用数据挖掘方法进行开采，获得知识。数据仓库为数据挖掘集成了企业内各部门全面的、综合的数据，数据挖掘要面对的是关系更复杂的企业全局模式的知识发现，数据仓库机制能够大大降低数据挖掘的障碍，一般进行数据挖掘要花大量的精力在数据准备阶段。数据仓库中的数据已经被充分收集起来进行了整理、合并，并且有些还进行了初步的分析处理。这样，数据挖掘的注意力能够更集中于核心处理阶段。另外，数据仓库中对数据不同粒度的集成和综合，能更有效地支持多层次、多种知识的开采。

另一方面，数据挖掘为数据仓库提供了更好的决策支持。高层决策要求系统能够提供更高层次的决策辅助信息，而基于数据仓库的数据挖掘能更好地满足高层战略决策的要求。数据挖掘对数据仓库中的数据进行模式抽取和知识发现，从数据仓库中揭示出对企业有潜在价值的规律,形成知识,为知识管理提供内容,在知识管理中起到中流砥柱的作用。这些是数据仓库所不能提供的。数据挖掘对数据仓库的数据组织提出了更高的要求。数据仓库作为数据挖掘的对象,要为数据挖掘提供更多、更好的数据。其数据的设计、组织都要考虑到数据挖掘的要求。数据挖掘还为数据仓库提供广泛的技术支持。数据挖掘的可视化技术、统计分析技术等都为数据仓库提供了强有力的技术支持。

总之,数据仓库在纵向和横向都为数据挖掘提供了更广阔的活动空间。数据仓库完成数据的收集、集成、存储、管理等工作,为数据挖掘准备了经过初步加工的数据,使得数据挖掘能更专注于知识的发现。又由于数据仓库所具有的新特点,对数据挖掘技术提出了更高的要求。另一方面,数据挖掘为数据仓库提供了更好的决策支持,同时促进了数据仓库技术的发展。可以说,要充分发挥数据挖掘和数据仓库技术的潜力,就必须将二者有机地结合起来。

2. KDD 与数据挖掘的关系

KDD 是决策技术不可缺少的过程,也是数据仓库系统不可缺少的过程。Usama M. Fayyad 等专家对 KDD 定义为:它是识别有效的、新颖的、潜在的和最终可以理解模式的非平凡过程。经过数据挖掘之后的重要任务就是 KDD 的过程。曾经有的学者将数据挖掘、数据仓库、KDD 作为数据仓库系统的三部曲,缺一不可。有的学者认为数据挖掘和 KDD 是同一个概念,但有的学者认为它们之间存在差异。从技术角度看,数据挖掘是从大量的、不完全的、有噪声的、模糊的、随机的实际数据中,提取隐含的、先前未知的并有潜在价值的信息的非平凡过程。知识发现是从数据库中发现知识的全部过程,包括收集原始数据、数据清理、数据集成、数据仓库、数据选择、数据变换、数据预处理、数据挖掘、建立模型、模式评估、知识表示。数据挖掘是全部过程的一个特定的关键步骤,是指应用特定的算法从数据中提取模式。KDD 一般过程如图 1.1 所示。

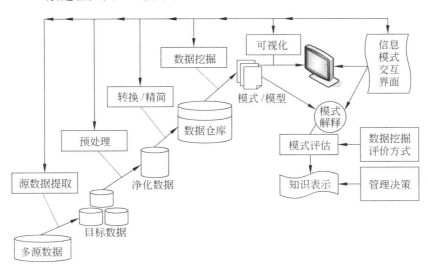

图 1.1　KDD 过程示意图

KDD 主要由以下步骤组成：

（1）数据预处理　消除噪声或不一致数据；

（2）数据组织与集成　多种数据源可以融合为一体进行异构数据的整合；

（3）数据选择　从数据库中检索分析与任务相关的数据；

（4）数据变换　将数据变换或统一成适合挖掘的形式，比如，有的要变成逻辑形式的数据，有的数据库要转化成逻辑数据库；

（5）数据挖掘　按照主题要求，提出挖掘任务和基本步骤，使用智能手段，从大量数据（信息）中找出频繁出现的规律性事物，即提取数据模式；

（6）模式评估　根据某种兴趣度度量，如支持度、可信度等，识别表示知识价值的模式；

（7）知识表示　使用可视化和知识表示方法，展现与描述挖掘的信息和知识。

还有很多与数据挖掘和 KDD 相近或相关的术语，如数据分析（Data Analysis）、数据融合（Data Fusion）、数据的标准化/归一化、多智能体系统（Multi-Agent System，MAS）、决策支持系统、智能决策支持系统（Intelligent Decision Support System，IDSS）及群决策支持系统（Group Decision Support System，GDSS）等。

3. OLAP 与数据挖掘的关系

联机分析处理是针对特定问题的联机数据访问和分析。通过对信息（维数据）的多种可能的观察形式进行快速、稳定一致和交互性的存取，允许管理决策人员对数据进行深入观察。OLAP 委员会对联机分析处理的定义为：使分析人员、管理人员或执行人员能够从多种角度对从原始数据中转化出来的、能够真正为用户所理解的、并真实反映企业维特性的信息进行快速、一致、交互的存取，从而获得对数据更深入了解的一类软件技术。典型的 OLAP 系统体系结构如图 1.2 所示。

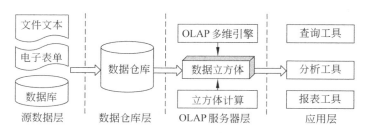

图 1.2　典型的 OLAP 系统体系结构

整个 OLAP 系统可采用 B/S 模式，大致分为四层：第一层是源数据层，存储了企业的业务细节数据。第二层是 OLAP 数据仓库层，数据抽取程序将源数据按主题进行归纳整理，存入 OLAP 数据库中，提供适合 OLAP 分析的详细、集成、准确的客户基础数据。第三层是 OLAP 服务器层，保存了分析所需要的客户聚集数据和相关的元数据，代理用户的分析请求，获取分析数据并返回给用户。第四层是应用层，让用户根据模型信息，提交分析请求，然后将获得的数据按用户需要的方式展现。

OLAP 和数据挖掘作为两种不同的数据分析工具，存在着许多不同之处：

（1）是否主动进行数据分析，这是 OLAP 和数据挖掘最本质的区别。OLAP 是一种求证性的分析工具,一般由客户预先设定一些假设,然后使用 OLAP 去验证这些假设,被动地进行数据分析;而数据挖掘是一种挖掘性的分析工具,它主要是利用各种挖掘算法主动地去挖掘大量数据中蕴含的规律和模式,主动地进行数据分析。

（2）是否受到用户水平的约束,OLAP 是由用户驱动的,很大程度上受到用户水平的约束;而数据挖掘是由数据驱动的,系统能够根据数据本身的规律自动发掘潜在的模式,不受用户水平的约束。

（3）从数据分析的深度来看,OLAP 位于较浅的层次;数据挖掘能从更深的层次上发现 OLAP 所不能发现的信息。

（4）从分析的本质来看,OLAP 是首先建立一系列的假设,然后通过 OLAP 来证实或推翻这些假设从而得到结论,本质上是一个演绎推理的过程;而数据挖掘是依据数据特征采用不同的挖掘算法,在海量的数据中主动发掘模型,本质上是一个知识归纳的过程。

1.2.2 数据仓库系统模式

数据仓库能为 OLAP 和数据挖掘提供广泛和高质量的分析数据。

OLAP、数据挖掘和数据仓库的关系十分紧密。数据仓库的建立解决了依据主题进行数据存储的问题,提高了数据的存取速度;而 OLAP 分析与数据挖掘构成了数据仓库的表现层,将数据仓库中的数据通过不同的维和指标,灵活地展现出来,提高了数据的展现能力,进而提高了分析数据的能力与发现潜在知识的能力。

OLAP 对数据仓库具有很强的依赖性。没有数据仓库,OLAP 将很难实现;同样,在数据仓库选择主题时,也要参考 OLAP 分析的维度、指标,才能更好地为信息展示服务,为决策者进行业务分析提供依据。数据仓库与 OLAP 的关系是互补的,现代 OLAP 系统一般以数据仓库作为基础,即从数据仓库中抽取详细数据的一个子集并经过必要的聚集存储到 OLAP 存储器中供前端分析工具读取。在数据仓库应用中,OLAP 应用一般是数据仓库应用的前端工具,同时 OLAP 工具还可以和数据挖掘工具、统计分析工具配合使用,增强决策分析功能。

虽然数据仓库、OLAP 和数据挖掘是三种不同的信息技术,但其目标却都是辅助决策,所以它们之间存在着千丝万缕的联系。数据仓库拥有丰富的数据,但只有通过 OLAP 和数据挖掘才能使数据变成有价值的信息,才能体现出数据仓库的辅助决策功能,否则永远都是数据丰富而信息匮乏;反之,尽管 OLAP 和数据挖掘并不一定要建立在数据仓库的基础之上,但数据仓库却能提高两者的工作效率,让两者有更大的发展空间。对于 OLAP,无论其采用何种存储方式,数据最终都要转换成多维数据模型才能进行数据分析,而数据仓库中的星型模型和雪花模型都适用于 OLAP 的多维分析。

因此,在比较成熟的数据仓库系统中,数据仓库、OLAP 和数据挖掘往往融为一个以数据仓库为基础,与 OLAP 和数据挖掘相辅相成分析数据的模式。其中,数据仓库负责把所需要的数据按面向主题和有助于 OLAP 和数据挖掘分析的格式进行存储,并对原始数据进行预处理。OLAP 和数据挖掘则负责从不同的角度和层次对经过预处理的数据进行分析,挖掘出有用的模式。

通用的数据仓库系统如图 1.3 所示,其包括以下四部分。

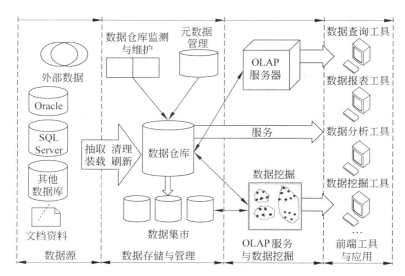

图 1.3　通用的数据仓库系统

(1) 数据源是数据仓库系统的基础,是整个系统的数据源泉。通常包括企业内部信息和外部信息。内部信息包括存放于关系数据库管理系统(Relational DataBase Management System,RDBMS)中的各种业务处理数据和各类文档数据。外部信息包括各类法律法规、市场信息和竞争对手的信息等。

(2) 数据的存储与管理是整个数据仓库系统的核心和关键。数据仓库的组织管理方式决定了它有别于传统数据库,同时也决定了其对外部数据的表现形式。要决定采用什么产品和技术来建立数据仓库的核心,则需要从数据仓库的技术特点着手分析。针对现有的业务系统数据,进行抽取、清理和有效集成,并按照主题进行组织。数据仓库按照数据的覆盖范围可以分为企业级数据仓库和部门级数据仓库(通常称为数据集市)。

(3) OLAP 服务器实现对需要分析的数据的有效集成,按多维模型予以组织,以便进行多角度、多层次的分析,并发现趋势。其具体实现可以分为关系 OLAP(Relational OLAP,ROLAP)、多维 OLAP(Multi-dimensional OLAP,MOLAP)和混合型 OLAP(Hybrid OLAP,HOLAP)。ROLAP 基本数据和聚合数据均存放在 RDBMS 之中,MOLAP 基本数据和聚合数据均存放于多维数据库中,HOLAP 基本数据存放于 RDBMS 之中,聚合数据存放于多维数据库中。

(4) 前端工具包括各种数据报表工具、数据查询工具、数据分析工具和数据挖掘工具等。其中基于 OLAP 和数据挖掘的前端工具分别是验证型工具和发掘型工具的代表。

综上所述,如果运用系统工程思想理解通用的数据仓库系统,应该将其划分为数据采集(子)系统、数据仓库(子)系统、数据挖掘(子)系统。数据采集(子)系统的主要内容包括数据采集对象的确立、数据集成技术与方法、数据预处理技术与方法、基于样本数据划分的通用数据挖掘模型系统、数据采集系统中的中间件技术等主要内容。数据仓库(子)系统的主要内容包括多维数据分析与组织、多维数据模型与结构、面向主体数据库(数据仓库)的建立方法等主要内容。数据挖掘系统的主要内容包括预测模型、关联规则（快速发现知识）模型、聚类分析、粗糙集、遗传算法模型、AHP 模型、基于模糊理论、灰色系统理论等模型系统。

1.3 数据仓库系统中多维数据组织的形式化定义与描述

国内外专家对数据仓库系统（Data Warehouse System，DWS）的定义有几十种，特点和内容各有千秋。但是，作者在研究与实践中发现，一个完善的数据仓库系统可以按照树的层次分层来表达，其表达方法清晰且逻辑推理准确，根据数据结构中关于数据的组织与存储的形式化定义进行描述，可以帮助人们理解复杂系统的组织结构及其各个层次间的相关关联，运用这种形式化定义来描述知识是目前较好的一种方法。以此类推，数据仓库系统的定义中一定包含数据挖掘系统、KDD 及各个子系统（体系）相关的内容。另外，根据国内外专家们对数据仓库与数据挖掘系统的研究，我们发现在建立一个复杂的数据仓库和数据挖掘系统之前，必须先引入面向某全局（行业）业务领域的公共信息平台模式，然后在该公共信息平台上再运用数据仓库机制建立数据仓库与数据挖掘系统，以实现在公共信息平台基础之上完成多维数据分析。

为了帮助初学者记忆和理解数据仓库系统的定义与内涵，下面将介绍作者在多年的研究与开发中，提出运用形式化定义来描述一个大的、综合的复杂系统的方法。该方法通过形式化定义其每一层的概念，使整个系统的逻辑结构清晰，并且容易理解和掌握。按照形式化定义与知识推理方式，对数据仓库系统进行定义。作为一种具有普遍适用性和灵活性的多维数据组织的形式化定义与知识描述方法，该方法允许维的层次树中从根节点到叶子节点具有不同的长度，且同一层次中的不同节点可以具有不同的描述属性。这一研究成果将推动数据仓库建模技术的发展，成为一种有效的数据仓库建模技术和对具有复杂多层次结构的多维数据进行集成的理想方法。

下面以某国际航运中心公共信息平台的建设为例介绍形式化定义与知识描述。某航运中心业务分布所对应的公共信息平台如图 1.4 所示。

该国际航运中心公共信息平台的业务主要有六个组成部分：3G_MIS 集成、异构数据集成、数据仓库系统、业务支撑体系、应用服务体系、预测与决策（应用工具系统），将这六个主要组成部分作为业务的第一层面；而第二层面的主要内容是以第一层面的内容而展开的。具体解释如下：

（1）第一部分的解释。将 3G_MIS 集成为第一层；3G_MIS 集成的第二层主要包括全球定位系统（Global Positioning System，GPS）、通用分组无线业务（General Packet Radio Service，GPRS）、全球移动通信系统（Global System for Mobile Communications，GSM）、地理信息系统（Geographic Information System，GIS）和管理信息系统（Management Information System，MIS)等主要内容；而其第三层的内容是以第二层所包含的内容而展开的，如 GPS 的主要内容包括 GPS 的种类及功能等内容；GPRS 是一种基于 GSM 系统的无线分组交换技术，提供端到端的、广域的无线 IP 连接的高速数据处理技术，以"分组"的形式传送资料到用户手上；GSM 包括 GSM 900、GSM 1800 以及 GSM 1900 等几个频段。GIS

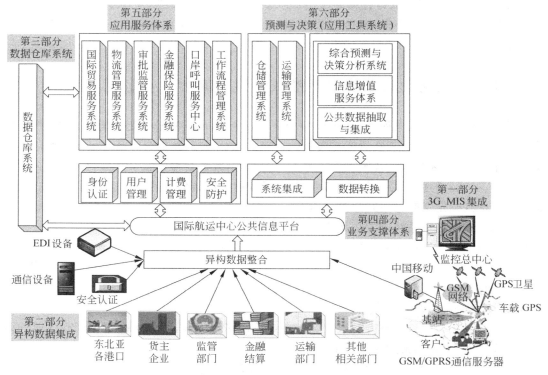

图 1.4　国际航运中心公共信息平台

是随着地理科学、计算机技术、遥感技术和信息科学的发展而发展起来的一个学科,GIS 软件主要包括 ARC/INFO、GENAMAP、SPANS、MapInfo、ERDAS、Microstation 等;MIS 是一个由人、计算机及相关设备等组成的业务管理系统,并能进行信息的收集、传递、存储、加工、维护和管理使用的应用系统,包括 MIS 开发方法、开发工具、开发语言及应用范围等。

(2) 第二部分的解释。异构数据集成主要包括各个业务部门的源数据的一致化和标准化的处理。由图 1.4 所示的例子可知:将异构数据集成的具体内容作为本系统的第一层,具体内容是:东北亚各个港口业务相关信息、货主企业信息、监管部门信息、金融结算信息、运输部门信息、其他相关部门信息;其第二层的信息分别是第一层各个实体的下一层内容,如东北亚各个港口业务相关信息可能是大连港、营口港、锦州港各自的下一层业务机构信息;而大连港所对应的第三层可为大连港口的主要业务分工,例如油品/液体化工品码头、集装箱码头、汽车码头、港口增值码头等业务。油品/液体化工品码头主要提供包括原油、成品油以及液体化工品的装卸和存储服务。上市集团拥有 17 个油品、液体化工品泊位,其中包括全国最大的 30 万吨级原油码头(可靠泊高达 375 000 吨级超大型油轮),以及容量超过 300 万立方米的油品储罐。油品码头年吞吐能力超过 5700 万吨。汽车码头拥有 2 个泊位和堆场,堆场面积为 23 万平方米,年吞吐能力 37 万辆汽车,可靠泊全球最大的汽车滚装船。该业务依托东北汽车工业基地,将得以蓬勃发展。港口增值码头主要提供集装箱码头服务及多项集装箱物流服务,包括集装箱多式联运、公路运输、船运及经营集装箱堆存、仓储、船舶代理与货物代理以及保税物流园。截至 2007 年底,上市集团通过合资企业经营着 13 个专业集装箱泊位,年吞吐能力为 385 万标箱(TEU)。到 2008 年年中,将有另外两个集装箱泊位投入试运营(每个泊位的吞吐能力为 600 000TEU)。共有 80 余条集装箱班轮航线通达日本、欧洲、地中海、美国等世界各地。因篇幅原因,其他港口的业务分布就不一一介绍了。

(3) 第三部分的解释。数据仓库系统作为公共信息平台机制的模式即公共信息平台的第一层。由于公共信息平台作为全局业务的总平台,起到承上启下的作用,因此,该平台系统即数据仓库系统的内容覆盖了其他五个方面的内容。

(4) 第四部分的解释。业务支撑体系作为第一层的内容,其下一层是相关业务的应用工具与软件系统等内容。

(5) 第五部分的解释。应用服务体系作为第一层的内容,其下一层的内容是:各应用服务体系之间的协同管理模式、相互往来的优化业务流程的实施、资金流的运作模式等业务。

(6) 第六部分的解释。预测与决策(应用工具系统)作为第一层,其下一层的内容包括预测模型、决策模型系统等应用工具的选择。

根据图 1.4 所示的数据仓库系统所包含的研究内容的范围和数据仓库定义,可知数据仓库系统的内容包括了公共平台上的所有相关研究内容,因此,数据仓库系统作为公共信息平台的主要的、重要的研究体系。换句话说,研究公共信息平台系统的实质还是对数据仓库体系进行深入细致的研究过程。

为了将公共信息平台系统进行清晰的定义引入计算机数据结构中的形式化定义,将本国际航运中心公共信息平台系统(Common Information Platform System,CIPS)定义为二元组:

$$CIPS = (CIP\_Data, R)$$

其中,CIP_Data(Common Information Platform Data)代表国际航运中心公共信息平台数据集合;R 是 CIP_Data 上的关系集合。

因 CIP_Data 较复杂,首先介绍 R,作为 CIP_Data 上的关系集合的含义是界定 CIPS 各个系统的关联:$R = (<3G\_MIS(Un\_Data\_In$、各个部门业务数据集成),数据整合与标准化 $>$,$<$数据整合与标准化,DW 建立 $>$,$<$DW 基础,OLAP(或 DSS、DM、KDD、Predict)$>$)。

再定义国际航运中心公共信息平台的数据集合 CIP_Data。如图 1.4 所示,将公共信息平台数据系统 CIP_Data 定义为六个组成部分的集合,即

CIP_Data={3G_MIS(1.1),Un_Data_In(异构数据集成)(1.2),

DWS(Data Warehouse System,数据仓库系统)(1.3),

Bu_Su(业务支撑体系)(1.4),

Ap_Se(应用服务体系)(1.5),

Mechanism_Tool([预测与决策]应用工具)}(1.6)

也就是说,将该公共信息平台视为一棵层次树,如果将公共平台的数据总称即 CIP_

Data 看作是该层次树的树根，则将 CIP_Data 的六个组成部分内容{3G_MIS（1.1），Un_Data_In（1.2），DWS（1.3），Bu_Su（1.4），Ap_Se（1.5），Mechanism_Tool（1.6）}看成是该层次树中第一层节点的内容；再按照树的层次分别将各个节点内容进行下一层的划分，分别作为第二层节点的内容，以此类推逐层进行定义，直到发现树的叶子节点为止。

说明：

（1）以下的::＝的含义是"被定义为"，如 $A::＝B$ 的含义是"公式 A 被定义为 B"，换句话说，公式 A 被定义为 B 的内容。如 $A::＝B|C$ 的含义是"公式 A 被定义 B 或者 C"，换句话说，公式 A 被定义为 B 的内容或者 C 的内容。

（2）以下的→的含义是"产生式的记号"，如 $A→B$ 的含义是"A 产生 B"，换句话说，如果产生式的前件 A 成立则产生 B 这个后件，因此，$A→B$ 作为一条规则即知识。如 $A→B|C$ 的含义是"A 产生 B 或者 C 规则（知识）"。再如："$A→B|C D$"的含义是"A 产生 B 或者 A 产生 C 与 D"规则（知识），以此类推，可以运用定义式和产生式定义某种语言，同时，也界定该语言的范围。该定义方法是目前形式化定义常用的方法。

（3）规则集合::＝乔姆斯基方法；乔姆斯基方法→0 型文法|1 型文法|2 型文法|3 型文法（＊本内容请参考计算机专业技术的编译技术、方法与原理相关书籍）。

按照上述的定义和树的层次，可将第一层的节点内容划分为如下的第二层节点内容：

（1.1）3G_MIS::＝GPS|GPRS|GSM|GIS|MIS（1.1.1～1.1.4）

（1.2）Un_Data_In ::＝Port | Enterprise | Monitor | Financial | Transport | Others（1.2.1～1.2.6）

（1.3）DWS::＝HDB（1.3.1）|RDBMS（1.3.2）|Applic（1.3.3）|Dtreat（1.3.4）|DM（1.3.5）|KDD（1.3.6）|DSS（1.3.7）|Ⅱ.（1.3.8）|Ⅰ.（1.3.9）

{DWS 数据仓库系统的内容包括九个方面的内容——

HDB（1.3.1）：Historical Data Base［历史数据库］；

RDBMS（1.3.2）：Relation Data Base Management System ［关系数据库管理系统］；

Applic（1.3.3）：Application Program or Procedure ［应用程序或者完成某功能的过程］；

Dtreat（1.3.4）：Data treat ［数据处理］；

DM（1.3.5）：Data Mining ［数据挖掘］；

KDD（1.3.6）：Knowledge Discovery in Data Bases ［数据库中知识发现］；

DSS（1.3.7）：Decision support System ［决策支持系统］；

Ⅱ.（1.3.8）：Information Interface ［信息界面］；

Ⅰ.（1.3.9）：Infrastructure［基础设施］}

（1.4）Bu_Su ::＝ID_Check|User|Cash|Safety（1.4.1～1.4.4）

（1.5）Ap_Se::＝International_Trade|Logistic_Ma|Audit|Financial_In|Port_Call|Workflow（1.5.1～1.5.6）

（1.6）Mechanism_Tool ::＝Network|DB_Type|Constrain_Condition（1.6.1～1.6.3）

以此类推，按照树的层次，可以逐层向下进行定义。

为减少篇幅，以下部分仅对具有代表性的数据仓库系统进行形式化定义与知识描述：

将数据仓库系统定义为二元组即

$$DWS = (DW\_Datacollect, R)$$

其中，R 是 DW_Datacollect 上的关系集合。R＝（＜首先整合 DBS、FILE、Data、DBMS、Metadata|数据，数据标准化＞，＜标准化数据，建立数据仓库＞，＜数据仓库机制，DM、KDD、DSS＞）。

DW_Datacollect 作为数据仓库系统所有子系统的数据集合，主要由以下九元组构成：

DW_Datacollect∷＝（HDB,RDBMS,Applic. ,Dtreat,DM,KDD,DSS,Ⅱ. ,Ⅰ. ）；

其中，

- HDB：History DataBase 历史数据库；
- RDBMS：关系数据库管理系统；
- Applic.：应用程序；
- Dtreat：Data Treat 数据处理；
- DM：数据挖掘；
- KDD：数据库中知识发现；
- Ⅱ：Information Interface 信息界面；
- Ⅰ：Infrastructure 基础设施。

而数据仓库系统的九元组具体的形式化定义和知识描述为

（1.3.1）HDB∷＝DBS|File|Data|DBMS|Metadata|Transaction（1.3.1.1～1.3.1.6）

（1.3.2）RDBMS∷＝DB 种类|Platform Tools（1.3.2.1～1.3.2.2）

（1.3.2.1）DB 种类→Oracle|Sybase|Informix|SQL Server|Microsoft Access|FoxPro（1.3.2.1.1～1.3.2.1.6）

（1.3.2.2）Platform Tools→Java|. NET|Oracle|Mapinfo|VC ++ |VB（1.3.2.2.1～1.3.2.2.6）

（1.3.3）Applic.∷＝协同管理模式|NOS|业务流程管理|模型管理系统|各类相关过程|操作规程（1.3.3.1～1.3.3.6）

（1.3.4）Dtreat∷＝uns 异构数据库标准化|wd 数据清洗|预测模型|st 映射表集合（1.3.4.1～1.3.4.4）

（1.3.5）DM∷＝（DM）理论 |（DM）技术 |（DM）方法 |（DM）模型（1.3.5.1～1.3.5.4）

（1.3.5.1）（DM）理论 ∷＝DW 理论|决策理论|优化理论|预测理论| 多维数据分析理论（1.3.5.1.1～1.3.5.1.5）

（1.3.5.2）（DM）技术→DB 技术|集成技术|DW 技术|各类数学模型建立技术（1.3.5.2.1～1.3.5.2.4）

（1.3.5.3）（DM）方法→DB 中数据转储方法|DW 建立方法|各类数学模型建立方法（1.3.5.3.1～1.3.5.3.3）

（1.3.5.4）（DM）模型∷＝决策模型集合|优化模型|预测模型|知识发现模型（1.3.5.4.1～1.3.5.4.4）

（1.3.5.1.1）DW 理论→DB 理论|数据库理论|多维数据建模理论（1.3.5.1.1.1～

1.3.5.1.1.3)

(1.3.5.1.2)决策理论::=博弈理论|决策理论(1.3.5.1.2.1～1.3.5.1.2.2)

(1.3.5.1.3)优化理论::=优化理论技术与方法|优化模型(1.3.5.1.3.1～1.3.5.1.3.2)

(1.3.5.1.4)预测理论::=预测理论技术与方法|预测模型(1.3.5.1.4.1～1.3.5.1.4.2)

(1.3.5.1.2.1)博弈理论→静态博弈|动态博弈|纳什均衡|零和博弈|帕累托优势

(1.3.5.1.2.2)决策理论::=确定DSS理论|不确定DSS理论|模糊DSS理论|DSS

(1.3.5.1.3.2)优化模型→运输路线优化模型|影子价格|动态优化|存储分配|…

(1.3.5.1.4.2)预测模型::=定量分析模型|定性分析模型|定量与定性相结合分析模型

(1.3.5.1.4.2.1)定量分析模型→曲线增长模型|时间序列模型|统计分析模型|…

(1.3.5.1.4.2.2)定性分析模型→Delphi方法|调查问卷法|…

(1.3.5.1.4.2.3)定量与定性相结合分析模型→AHP模型|Apriori模型|模糊模型|马尔科夫模型|…

(1.3.6)KDD::=逻辑DB|规则集合|知识发现模型(1.3.6.1～1.3.6.3)

(1.3.6.1)逻辑DB→知识(规则集合)

(1.3.6.3)知识发现模型→Apriori模型|DM模型

(1.3.7)DSS::=决策模型集合|DSS子库|分析对比(1.3.7.1～1.3.7.1.3)

(1.3.7.1)决策模型集合→确定DSS模型|不确定DSS模型|模糊DSS模型

(1.3.8)Ⅱ.::=人机对话智能系统|图形显示(1.3.8.1～1.3.8.2)

(1.3.8.1)人机对话智能系统→Stuff(工作人员)|Administrator|DW建立|DM模型|KDD|DSS|其他需求(1.3.8.1.1～1.3.8.1.7)

(1.3.8.2)图形显示→Stuff意图|Administrator操作步骤|DW建立过程|DM模型|KDD模型过程及结果|DSS过程及结果|其他需求的显示与人机对话(1.3.8.2.1～1.3.8.2.7)

(1.3.9)Ⅰ.::=PI.|OI.(1.3.9.1～1.3.9.2);其中,

• PI.(Physical Infrastructure)物理层面的基础设施;

• OI.(Operational Infrastructure)操作层面的基础设施。

(1.3.9.1)PI.→APPLI. Program|Procedure Data Structure|NOS(Network Operating System)Software|Management Software Data Structure|Hardware|Stuff|Administrator(1.3.9.1.1～1.3.9.1.7)

(1.3.9.2)OI.→Data Modeling|Management Software|Procedure|Stuff|Administrator(1.3.9.2.1～1.3.9.2.5)

综上所述,可以将图1.4的一个多系统、跨平台的数据仓库系统按照树的层次方法进行逐层业务分类,具体的层次结构如图1.5所示。

采用形式化定义的优点是:对于一个大的复杂系统如数据仓库系统涉及多层多系统、跨系统,并且数据的形式属于多维的,为了清晰定义与描述该复杂系统,可以运用树的层次方法进行定义,即利用形式化定义的方法。

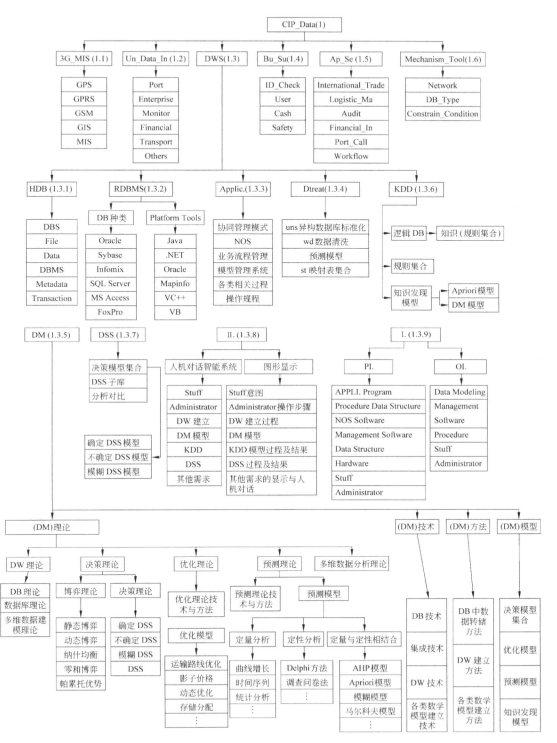

图 1.5　数据仓库系统中多维数据组织的形式化定义与知识描述

1.4 数据挖掘方法与研究体系

1.4.1 数据挖掘系统的发展与结构

1. 数据挖掘系统按其发展历程可以分为四代

第一代数据挖掘系统支持一个或少数几个数据挖掘算法，挖掘算法少，在挖掘时数据被一次调入内存。这些算法设计用来挖掘向量数据，系统的成功依赖于数据的质量。

第二代数据挖掘系统支持数据库和数据仓库。可与DBMS集成，或有与数据仓库的接口，能处理大而复杂的数据集，具有良好的可扩展性。该类系统能够挖掘大型数据集、复杂数据集和高维数据。通过支持数据挖掘模式（Data Mining Schema）和数据挖掘查询语言（Data Mining Query Language，DMQL）增加系统的灵活性，提供了与数据库和数据仓库之间的有效接口。

第三代数据挖掘系统能够挖掘Internet/Extranet的分布式和高度异质的数据，并且能够有效地和操作型系统集成，支持分布式和异质数据。该类系统的关键技术之一是与预言模型无缝集成，即对建立在异质系统上的多个预言模型以及管理这些预言模型的元数据提供第一级别的支持。此外，还提供了数据挖掘系统和预言模型系统之间的有效接口。一个重要的优点是由数据挖掘系统产生的预言模型能够自动地被操作系统吸收，从而与操作型系统中的预言模块相联合提供决策支持的功能。

第四代数据挖掘系统能够挖掘由嵌入式系统、移动系统和普遍存在的计算设备产生的各种类型的数据。目前，移动计算越来越重要，将数据挖掘和移动计算结合是当前的一个研究热点，研究开发分布式、移动式的数据挖掘系统成为第四代数据挖掘系统研究的重要课题之一。

目前，第一代数据挖掘系统仍在发展中，第二代、第三代数据挖掘系统已经出现，第四代数据挖掘系统还处于研究阶段。

2. 数据挖掘系统的结构

根据数据挖掘系统与数据库或数据仓库的耦合程度，可以将数据挖掘系统分为不耦合、松散耦合、半紧耦合和紧密耦合四种结构。

不耦合是指数据挖掘系统不利用数据库或数据仓库系统的任何功能。可能由特定的源（如文件系统）提取数据，使用某些数据挖掘算法处理数据，然后将挖掘结果存放到另一个文件中。这种系统虽然结构简单，但有不少缺点。因此，不耦合是一种很糟糕的设计。

松散耦合是指数据挖掘系统将使用数据库或数据仓库系统中的某些工具进行数据挖掘，然后将挖掘的结果存放到文件、数据库或数据仓库中。松散耦合比不耦合好，然而，许多松散耦合的系统是基于内存的，挖掘本身不使用数据库或数据仓库提供的数据结构或查询优化方法，对于海量数据集，该系统结构很难获得可伸缩性和良好的性能。

半紧密耦合是指除了将数据挖掘系统连接到一个数据库或数据仓库系统之外，一些基本的数据挖掘原语还可以在数据库或数据仓库系统中实现。这种设计将提高数据挖掘系统的性能。

紧密耦合系统是指数据挖掘系统平滑地集成到数据库或数据仓库系统中。数据挖掘子系统被视为信息系统的一个部分。这种结构是高度期望的,但其实现并非易事,许多问题还有待于进一步研究。

1.4.2　数据挖掘的相关技术与工具

1. 数据挖掘的相关技术

数据挖掘的主要技术包括预测技术,关联规则技术,聚类分析技术,粗糙集技术,进化计算技术,灰色系统技术,模糊逻辑技术,人工智能与机器学习技术,决策树技术,统计分析方法,知识获取、知识表示、知识推理和知识搜索技术,决策与控制理论,可视化技术,并行计算技术和海量存储等技术。

1) 预测(Forecast)技术

为了科学、详细地了解某企业(某生产部门)的业务发展情况和今后的走势,可采用预测技术对其生产有利的条件进行科学论证和判断。一般在预测过程中,可以根据目标范围的不同,将其分为宏观预测和微观预测。例如宏观经济预测是指对整个国民经济或一个地区、一个部门的经济发展前景的预测;而微观经济预测是以单个经济单位的经济活动前景作为考察的对象。按预测期限长短不同,可分为长期预测,中期预测和短期预测。按预测结果的性质不同,可分为定性预测与定量预测,有时也采用混合预测方法。

2) 关联规则(Association Rules)技术

数据之间的关联规则指的是在数据库中存在的一类重要的可被发现的知识。若两个或多个变量的取值之间存在某种规律性,就称为关联。关联分析的目的是找出数据库中隐藏的关联网。关联属性技术主要应用在从大型数据库中找出潜在的属性相关的知识上。例如,通过调研发现在大多的汽车修理部门,修理汽车的同时,也存在着购买汽车椅垫和其他零部件的可能,如果将这些相关的物品和零部件都放在汽车修理部门中,则会发现三者的效益会同时上升,从数据挖掘的角度来认识此类问题,则认为是关联知识挖掘的问题。目前,利用关联属性技术进行数据挖掘的研究非常盛行,著名的 Apriori 算法属于目前关联属性挖掘的较好算法模型之一,已经被应用在不同的研究领域中。

3) 聚类分析(Clustering Analysis)技术

聚类分析是根据事物的特征对其进行聚类或分类,通过聚类或分类可以发现其中的规律和模式。聚类或分类以后,样本数据集就转化为类集。同一类的样本数据具有相似的变量值,不同类的样本数据的变量值不具有相似性。

4) 粗糙集(Rough Sets)技术

采用的理论是粗糙集理论,将约简技术应用在不确定数据的范化和数据挖掘。粗糙集理论是波兰 Pawlak Z. 教授在 1982 年提出的一种智能决策分析工具,它是一种刻画不完整性和不确定性的数学工具,能有效地分析不精确、不一致、不完整等各种不完备的信息,并且能够将其不确定数据分析的结果即不确定和不精确的知识用已知的知识库来近似刻画和处理。利用粗糙集理论可以解决的实际问题有不确定(不精确)数据的简化、不确定(不精确)数据的关联性发现、不确定(不精确)数据所产生的决策模型、不确定(不精确)数据所产生的范化、基于不确定(不精确)数据的知识发现等。目前粗糙集理论与方法已被广泛应用于不精确、不确定、不完全的信息分类和知识获取。

5）进化计算（Evolutionary Computation，EC）技术

基于生物界的自然选择和自然遗传机制的计算方法，如遗传算法（Genetic Algorithm，GA）、进化策略（Evolution Strategies，ES）和进化规则（Evolutionary Programming，EP）等方法，在科研和实际问题中的应用越来越广泛，并取得了较好的成果。这些方法都是基于生物进化的基本思想来设计、控制和优化人工系统，一般将这类计算方法统称为进化计算，而将相应的算法统称为"进化算法"或者"进化程序"。这些方法可以在可以承受的计算时间内，很好地解决复杂的非线性优化问题，克服具有多个局部极值的非线性最优化问题，找到全局最优解，也可以解决复杂的组合规划或者整数规划问题。

6）灰色系统（Grey System）技术

灰色系统是通过对原始数据的收集与整理来寻求其发展变化的规律。客观系统所表现出来的现象尽管纷繁复杂，但其发展变化有着自己的客观逻辑规律，是系统整体各功能间的协调统一。因此，如何通过散乱的数据序列去寻找其内在的发展规律就显得特别重要。灰色系统理论认为，一切灰色序列都能通过某种生成弱化其随机性而呈现本来的规律，认为微分方程能较准确地反映事件的客观规律，也就是通过灰色数据序列建立系统反应模型，并通过该模型预测系统的可能变化状态。

7）模糊逻辑（Fuzzy Logic）技术

模糊数学是继经典数学、统计数学之后，在数学上的又一新的发展。在数据挖掘领域，基于模糊逻辑可以实现模糊综合判别、模糊聚类分析等多种数据挖掘模型。

8）人工智能（Artificial Intelligence，AI）技术

人工智能研究计算和知识之间的关系。用机器去模拟人的智能，使机器具有类似于人的智能，其实质是研究如何构造智能机器或智能系统，以模拟、延伸、扩展人类的智能。AI是在计算机科学、控制论、信息论、神经心理学、哲学、语言学等多种学科研究的基础上发展起来的。早期的研究领域有专家系统、机器学习、模式识别、自然语言理解、自动定理证明、自动程序设计、机器人学、博弈、人工神经网络等；目前已涉及数据挖掘、智能决策系统、知识工程、分布式人工智能等。人工智能技术包括推理技术、搜索技术、知识表示与知识库技术、归纳技术、联想技术、分类技术、聚类技术等，其中最基本的三种技术即知识表示、推理和搜索都在数据挖掘中得到了体现。

人工智能有许多研究领域，主要的有以下几个领域。

（1）专家系统（Expert System）。专家系统是依靠人类专家已有的知识建立起来的知识系统。目前专家系统是人工智能研究中开展较早、最活跃、成果最多的领域，广泛应用于医疗诊断、地质勘探、石油化工、军事、文化教育等各方面。它是在特定的领域内具有相应的知识和经验的程序系统，它应用人工智能技术、模拟人类专家解决问题时的思维过程，来求解领域内的各种问题，达到或接近专家的水平。

（2）机器学习（Machine Learing）。要使计算机具有知识一般有两种方法：一种是由知识工程师将有关的知识归纳、整理，并且表示为计算机可以接受、处理的方式输入计算机。另一种是使计算机本身有获得知识的能力，它可以学习人类已有的知识，并且在实践过程中总结、完善，这种方式称为机器学习。主要在以下三个方面进行机器学习的研究：一是研究

人类学习的机理、人脑思维的过程；二是机器学习的方法；三是建立针对具体任务的学习系统。

（3）模式识别（Pattern Recognition）。模式识别是研究如何使机器具有感知能力，主要研究视觉模式和听觉模式的识别，如识别物体、地形、图像、字体（如签字）等。在日常生活的各方面以及军事上都有广泛的用途。近年来迅速发展起来的应用模糊数学模式、人工神经网络模式的方法逐渐取代了传统的基于统计模式和结构模式的识别方法。

（4）自然语言理解。计算机如能"听懂"人的语言（如汉语、英语等），便可以直接用口语操作计算机，这将给人们带来极大的便利。计算机理解自然语言的研究有以下三个目标：一是计算机能正确理解人类的自然语言输入的信息，并能正确答复（或响应）输入的信息；二是计算机对输入的信息能产生相应的摘要，而且复述输入的内容；三是计算机能把输入的自然语言翻译成所要求的另一种语言，如将汉语译成英语或将英语译成汉语等。目前，人们做了大量的尝试，研究如何利用计算机进行文字或语言的自动翻译，但还没有找到最佳的方法，有待于更进一步深入探索。

（5）机器人学。机器人是一种能模拟人行为的机械，研究经历了三代：第一代（程序控制）机器人；第二代（自适应）机器人；第三代（智能）机器人。智能机器人具有类似于人的智能，装备了高灵敏度的传感器，具有超过一般人的视觉、听觉、嗅觉、触觉的能力，能对感知的信息进行分析，控制自己的行为，处理环境发生的变化，完成各种复杂困难的任务，而且具有自我学习、归纳、总结、提高已掌握知识的能力。目前研制的智能机器人大都只具有部分的智能，和真正意义上的智能机器人还差得很远。

（6）智能决策支持系统（IDSS）。属于管理科学的范畴，它与"知识-智能"有着极其密切的关系。将人工智能中特别是智能和知识处理技术应用于决策支持系统，扩大了决策支持系统的应用范围，提高了系统解决问题的能力，逐渐形成智能决策支持系统。

（7）人工神经网络（Artificial Neural Network）。人工神经网络是在研究人脑的奥秘中得到启发，试图用大量的处理单元（人工神经元、处理元件、电子元件等）模仿人脑神经系统工程结构和工作机理，一般可分为三种网络模型。

① 前馈式网络　以感知机、误差反向传播模型、函数型网络为代表，可用于预测、模式识别等方面；

② 反馈式网络　以 Hopfield 的离散模型和连续模型为代表，分别用于联想记忆和优化计算；

③ 自组织网络　以 ART 模型、Koholon 模型为代表，用于聚类分析等方面。

9）决策树（Decision Tree）技术

决策树技术主要指的是针对给定的一组样本数据，根据其对应的规则，最终选取相应的一组动作。决策树方法是利用训练集生成一个测试函数，根据不同的取值建立树的分支；在每个分支子集中重复建立下层节点和分支。这样便生成一棵决策树，然后对决策树进行剪枝处理，最后把决策树转化为规则，决策树方法主要用于分类挖掘。决策树方法是利用信息论中的互信息（信息增益）寻找数据库中具有最大信息量的属性字段，从而建立决策树的一个节点，再根据该属性字段的不同取值建立树的分支，最后在每个分支子集中再重复建立树的下层节点和分支的过程。国际上最早、也是最有影响的决策树方法是在 1986 年由

Quinlan 提出的 ID3 方法。ID3 是基于信息熵的决策树分类算法,根据属性集的取值选择实例的类别,要解决的核心问题是在决策树中各层节点上选择属性。用信息增益率作为属性选择的标准,使得在每个非叶节点测试时,能获得关于被测试例子最大的类别信息。使用该属性将例子集分成子集后,系统的熵值最小,使得该非叶节点到其对应的后代叶节点的平均路径最短,从而使得所生成的决策树的平均深度较小,进一步提高分类的速度和准确率。

10) 统计分析(Statistical Analysis)方法

统计学是"数据科学",即收集、分析、展示及解释数据的科学。统计学在数据样本选择、数据预处理、数据挖掘过程及评价抽取知识的步骤中有着非常重要的作用。许多统计学的工作是针对数据和假设检验的模型进行评价,也包括评价数据挖掘的结果。在数据预处理步骤中,统计学提出了估计噪声参数过程中要用的平滑处理技术,一定程度上起到补足丢失数据和消除奇异值对结果的负面影响作用。数据总结的最简单方法就是传统的统计方法,计算出数据库中各个数据项的总和、均值、方差、最大值、最小值、百分位数等基本描述统计量,还可利用图形工具,制作总体的频率直方图、饼状图、盒形图、茎叶图、散点图及拟合概率分布图等,将结果直观地提供给分析者。多元统计分析中的聚类分析、判别分析、回归分析、主分量分析、因子分析、典型相关分析、偏最小二乘回归等方法都能在一定程度上达到数据挖掘的目的,在数据挖掘的数据收集、清理环节发挥作用。多元分析与其他挖掘技术相结合,使之成为数据挖掘中不可或缺的工具。

11) 知识获取(Knowledge Acquisition)、知识表示(Knowledge Representation)、知识推理(Knowledge Reasoning)和知识搜索(Knowledge Search)技术

知识表示是指在计算机中对知识的一种描述,是一种计算机可以接受的用于描述知识的数据结构。表示方法可分为符号表示法和连接表示法。符号表示法使用各种包含具体含义的符号,以各种不同的方式和次序组合起来表示知识,它主要用来表示逻辑性知识。连接表示法是把各种物理对象以不同的方式及次序连接起来,并在其间相互传递及加工各种包含具体意义的信息。在数据挖掘中关联规则的挖掘用到了符号表示法。知识推理技术从已知的事实出发,运用已掌握的知识,找出其中蕴涵的知识,或归纳出新的知识。推理可分为经典推理和非经典推理,前者包括自然演绎推理、归纳演绎推理、与/或形演绎推理等,后者主要包括多值逻辑推理、模态逻辑推理、非单调推理等。知识搜索是根据问题的实际情况不断寻找可利用的知识,从而构造一条代价较小的推理路线。搜索分为盲目搜索和启发式搜索,盲目搜索是按预定的控制策略进行搜索,在搜索过程中获得的中间信息不用来改进控制策略。启发式搜索是在搜索过程中加入与问题有关的启发性信息,用于指导搜索朝着最有希望的方向前进,加速问题的求解过程,并找到最优解。

12) 决策与控制理论(Decision and Control)

传统的 DSS 通常是在某个假设的前提下通过数据查询和分析来验证或否定这个假设,而数据挖掘技术则能够自动分析数据,进行归纳整理,从中发现潜在的模式,或产生联想,建立新的业务模型,帮助决策者调整市场策略并找出正确的决策。数据挖掘的出现使决策支持工具跨入了一个新阶段。数据挖掘技术的兴起为 IDSS 研究指明一个新的方向,即基于数据挖掘的 IDSS。

13) 可视化技术(Visual Technology)

该方法采用直观的图形图表方式将挖掘出来的模式加以表现,数据可视化极大地扩展了数据的表达能力,从而也便于用户的理解。因此,数据挖掘中的可视化技术得到数据挖掘研究人员日益广泛的重视。

14) 并行计算技术(Parallel Computing Technologies)和海量存储(Mass Storage)

强大的并行处理计算机可以提高数据挖掘的应用,因为并行处理技术可以将一个复杂的查询分解成多个子查询,每个子查询交给不同的处理器处理,这一处理过程是并行执行的。因此,并行处理技术可以极大地加速数据挖掘的过程。

现在的数据仓库存储的数据量是 GB 到 TB 级别,随着时间的推移,在未来五年,可能会扩展几百倍,因此,廉价可行的存储技术对于数据挖掘来说变得非常重要。目前,普遍采用的是二级存储技术,即磁盘(磁光盘)—主存两级存储,由于缺乏快速的访问和存储磁盘技术,随着存储容量的增长、数据挖掘查询越来越复杂以及并行处理器速度的加快,存储技术可能会成为数据挖掘的新瓶颈。

综上所述,给出数据挖掘的研究内容,其研究体系归纳如图 1.6 所示。

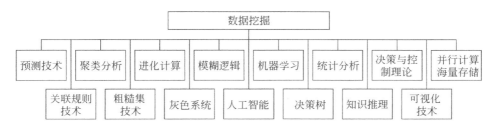

图 1.6　数据挖掘的研究体系

本书将涉及"数据挖掘的研究体系"中的八个主要方面,包括第 4 章"预测模型研究与应用",第 5 章"关联规则模型及应用",第 6 章"聚类分析方法与应用",第 7 章"粗糙集方法与应用",第 8 章"遗传算法与应用",第 9 章"基于模糊理论的模型与应用",第 10 章"灰色系统理论与方法",第 11 章"基于数据挖掘的知识推理"。

2. 商用的数据挖掘工具

目前,世界上比较有影响的数据挖掘系统有:IBM 公司的 Intelligent Miner、Knowledge Discovery Workbench、QUEST,SGI 公司的 Mineset、DBMiner,SAS 公司的 Enterprise Miner,SPSS 公司的 Clementine、Sybase 公司的 Warehouse Studio,RuleQuest Research 公司的 See5,还有 CoverStory、EXPLORA 等。下面简要介绍几种有代表性的商用数据挖掘系统。

(1) Intelligent Miner 是由 IBM 公司的 R. Agrawal 等人研究开发的数据挖掘产品,提供了多种数据挖掘算法,包括关联、分类、回归、预测模型、偏离检测、序列模式分析和聚类。它的特色有两点:一是它的数据挖掘算法具有可伸缩性;二是它与 IBM DB2 关系数据库管理系统紧密地结合在一起。

(2) Knowledge Discovery Workbench 是由美国的 KDD 专家 G. Piatetsky-Shapiro 领导开发的大型数据库交互发现工具。它可以进行特征描述、分类、聚类、偏差检测、强规则依赖关系发现等,其特点是具有良好的领域适应性。

（3）QUEST 是 IBM 公司 Almaden 研究中心开发的一个多任务数据挖掘系统,目的是为新一代决策支持系统的应用开发提供高效的数据开采基本构件。系统具有如下特点：

① 提供了专门在大型数据库上进行各种开采的功能：关联规则发现、序列模式发现、时间序列聚类、决策树分类、递增式主动开采等。

② 各种开采算法具有近似线性（$O(n)$）的计算复杂度,可适用于任意大小的数据库。

③ 算法具有找全性,即能将所有满足指定类型的模式全部寻找出来。

④ 为各种发现功能设计了相应的并行算法。

（4）Mineset 是由 SGI 公司和美国 Standford 大学联合开发的多任务数据挖掘系统。Mineset 集成多种数据挖掘算法和可视化工具,帮助用户直观地、实时地发现理解大量数据背后的知识。Mineset 2.6 有如下特点：

① 以先进的可视化显示方法闻名于世。Mineset 中使用了六种可视化工具来表现数据和知识。对同一个挖掘结果可以用不同的可视化工具以各种形式表示,用户也可以按照个人的喜好调整最终效果,以便更好地理解。Mineset 2.6 中的可视化工具有 SplatVisualize、ScatterVisualize、 MapVisualize、 TreeVisualize、 RecordViewer、 StatisticsVisualize、ClusterVisualizer,其中 RecordViewer 是二维表,StatisticsVisualize 是二维统计图,其余都是三维图形,用户可以任意放大、旋转、移动图形,从不同的角度观看。

② 提供多种数据挖掘模式。包括分类器、回归模式、关联规则、聚类归类、判断列重要度等。

③ 支持多种关系数据库。可以直接从 Oracle、Infromix、Sybase 的表中读取数据,也可以通过 SQL 命令执行查询。

④ 多种数据转换功能。在进行挖掘前,MineSet 可以去除不必要的数据项,统计、集合、分组数据,转换数据类型,构造表达式,由已有数据项生成新的数据项,对数据采样等。

⑤ 操作简单。

⑥ 支持国际字符。

⑦ 可以直接发布到 Web 上。

（5）DBMiner 是由加拿大 Simon Fraser 大学的韩家炜（Jiawei Han）等人研究开发的一个交互式、多层次挖掘系统,主要挖掘特征规则、分类规则、关联规则和预测等。基于数据立方体的联机分析挖掘的多任务系统,它的前身是 DBLearn。该系统设计的目的是把关系数据库和数据开采集成在一起,以面向属性的多级概念为基础发现各种知识。DBMiner 系统具有如下特色：

① 能完成多种知识的发现,如泛化规则、特性规则、关联规则、分类规则、演化知识、偏离知识等。

② 综合了多种数据开采技术,如面向属性的归纳、统计分析、逐级深化发现多级规则、元规则引导发现等方法。

③ 提出了一种交互式的类 SQL 语言——数据挖掘查询语言。

④ 能与关系数据库平滑集成。

⑤ 实现了基于客户/服务器体系结构的 UNIX 和 PC（Windows/NT）版本的系统。

3. 评价数据挖掘工具的标准

用户在选择数据挖掘产品时,需要多角度考察数据挖掘系统的特征。其中包括数据类型、系统问题、数据源、数据挖掘的功能和方法,数据挖掘系统与数据库或数据仓库的耦合性,可伸缩性,可视化工具和图形用户界面等。评价一个数据挖掘工具,需要从以下几个方面来综合考虑:

(1) 产生模式种类的数量。多种模式和多种类别模式的结合使用有助于发现有用的知识,降低问题复杂性。例如,首先用聚类的方法将数据分组,然后再在各个组上挖掘预测性的模式,将会比单纯在整个数据集上进行操作更有效,准确度更高。

(2) 解决复杂问题的能力。随着数据量的增大,对模式精细度、准确度要求的增高都会导致问题复杂性的增大。数据挖掘系统需要提供有效的方法解决复杂问题。

(3) 扩展性和与其他产品的接口。为了更有效地提高处理大量数据的效率,数据挖掘系统的扩展性十分重要。与其他产品接口的含义是:有很多别的工具可以帮助用户理解数据及结果。这些工具可以是传统的查询工具、可视化工具、OLAP 工具。数据挖掘工具应提供与这些工具集成的简易途径。

(4) 并行计算。需要清楚数据挖掘系统能否充分利用硬件资源?是否支持并行计算?算法本身设计是否为并行的或利用了 DBMS 的并行性能?支持哪种并行计算机,SMP 服务器还是 MPP 服务器?当处理器的数量增加时,计算规模是否相应增长?是否支持数据并行存储?为单处理器的计算机编写的数据挖掘算法不会在并行计算机上自动以更快的速度运行。为充分发挥并行计算的优点,需要编写支持并行计算的算法。

(5) 数据存取能力。数据存取主要是考查数据挖掘工具或方案的数据访问能力。它通常包括文本文件、Excel 文件、NATIVE 接口和 ODBC 等。一般情况下,数据都存储在数据库里或文本文件中的数据挖掘工具要好一些。好的数据挖掘工具可以使用 SQL 语句直接从 DBMS 中读取数据。这样可以简化数据准备工作,并且可以充分利用数据库的优点(比如平行读取)。没有一种工具可以支持大量的 DBMS,但可以通过通用的接口连接大多数流行的 DBMS,例如 Microsoft 的 ODBC 就是一个这样的接口。

(6) 数据处理能力。主要是考查数据挖掘工具的数据处理能力。它通常包括基本数学变化、连续变量的数据分段、数据整合(数据表格的合并)、数据过滤(数据的字段筛选或记录筛选)、数据转换(字符型数据转换成数字型等)、数据编码(无效数据编码或缺失数据编码等)、数据随机采样以及 SQL 支持等。为了提供数据挖掘的准确性,经常需要对原始数据进行一系列的转换,以便从不同角度更好地描述某种事物或行为,所以丰富的数学变化函数是非常需要的。数据选择和转换模式通常被大量的数据项隐藏,有些数据是冗余的,有些数据是完全无关的,而这些数据项的存在会影响到有价值的模式的发现。数据挖掘系统的一个很重要功能就是能够处理数据复杂性,选择正确的数据项和转换数据值。

(7) 模型算法多样性和完备性。算法是数据挖掘工具的核心部分,算法主要包括聚类分析、分类分析、统计分析、关联分析、相关分析、时间序列和值预测等。对于数据挖掘来说,一般最常用的算法就是值预测(比如预测个人收入、客户贡献度、股票价格等)、分类算法(比如用于风险评级、产品购买概率预测、客户流失预测等)以及聚类分析(比如用于客户分割、内幕交易监测等)。因此,在评估过程中,希望数据挖掘工具能够给使用者提供需要的模型算法。

（8）自动建模能力。自动建模是指考查数据挖掘工具是否能够自我优化，从而方便一般的用户使用。否则，用户必须很深刻地了解算法的优缺点才能手工地优化模型。为了方便具备一般数据挖掘技术背景的用户使用，数据挖掘工具要提供灵活的参数设置及帮助。同时，为了提高建模的效率，模型的并行运行和自我优化也是非常重要的。

（9）易操作性和可视化技术。可视化工具提供直观、简洁的机制表示大量的信息，有助于定位重要的数据，评价模式的质量，减少建模的复杂性。一个好的数据挖掘工具必须提供图形和图表等可视化技术，否则将会给用户带来很多额外的工作量。为了了解数据的分布情况，2D图和饼图是经常用到的，其他比较重要的图形包括树状显示（主要是用来显示决策树的结果）、散点图（主要是用于关联分析的结果显示）、线图（用来显示回归结果）。

数据挖掘工具的评估标准可以帮助企业选择适合的数据挖掘工具，应当根据自身的业务需求和数据挖掘水平制定类似的评估条款和标准来进行评估。

1.4.3 数据挖掘应用及发展

1. 数据挖掘的应用领域

在 Gartner Group 的一次高级技术调查中，将数据挖掘和人工智能列为"未来三到五年内将对工业产生深远影响的五大关键技术"之首，并且还将并行处理体系和数据挖掘列为未来五年内投资焦点的十大新兴技术的前两位。根据 Gartner 的 HPC 研究表明，随着数据捕获、传输和存储技术的快速发展，大型系统用户将更多地需要采用新技术来挖掘市场以外的价值，采用更为广阔的并行处理系统来创建新的商业增长点。

数据挖掘的应用极其广泛。针对特定领域的应用，人们开发了许多专用的数据挖掘工具，包括天文学、生物医学、医疗保健、DNA 分析、银行、金融、零售业和电信业等。

数据挖掘在天文学上有一个非常著名的应用系统：天体分类与分析工具（Sky Image Cataloging and Analysis Tool，SKICAT）。它是由加州理工学院开发的用于帮助天文学家发现遥远的星体的工具，其任务是构造星体分类器对星体进行分类。

数据挖掘在生物医学上的应用主要集中于分子生物学，尤其是基因工程的研究。它在分子生物学上的工作可分为两种：一是从各种生物体的 DNA 序列中定位出具有某种功能的基因串；二是在基因数据库中搜索与某种具有高阶结构或功能的蛋白质相似的高阶结构序列。

数据挖掘在市场营销中的应用可分为两类：数据库市场营销和购物篮分析。前者的任务是通过交互查询、数据分割和模型预测等方法来选择有潜力的顾客以便向他们推销产品。后者的任务是分析市场销售数据（如 POS 数据库）以识别顾客的购买行为，从而帮助确定商店货架的布局等，促进商品的销售。

数据挖掘在银行业主要用于信用欺诈的建模和预测、风险评估、趋势分析、收益分析以及辅助销售活动。在金融市场，已用于股票价格预测、购买权交易、债券等级评定、资产组合管理、商品价格预测、合并和买进以及金融危机预测等方面。

2. 数据挖掘的发展

与国外相比，国内对数据挖掘与知识发现的研究稍晚。目前，国内的许多科研单位和高等院校竞相开展知识发现的基础理论及其应用的研究,包括清华大学、中科院计算技术研究所、空军第三研究所、海军装备论证中心等。其中,北京系统工程研究所对模糊方法在知识发现中的应用进行了较深入的研究,北京大学也在开展对数据立方体代数的研究,华中理工大学、复旦大学、浙江大学、中国科技大学、中科院数学研究所、吉林大学等单位开展了对关联规则开采算法的优化和改造;南京大学和上海交通大学等单位探讨并研究非结构化数据的知识发现以及 Web 数据挖掘。这些研究的目的在于解决数据丰富而知识匮乏的突出矛盾。主要任务是对大型、分散数据库中的数据资源进行重新规划,重新组织,营造出新的、容易利用的企业信息资源库,以达到对信息流、物流、资金流等资源的统一管理和分析,挖掘出有价值的信息和知识,给企业的管理者和决策者提供有力的决策支持。

数据挖掘中还存在许多问题有待于进一步研究,包括下列几个研究方向:

(1) 算法效率和可伸缩性。目前,数据库的规模呈指数增长。Mb 规模的数据库已经非常普遍。在商业数据库中,Gb 和 Tb 规模的数据库也已经在使用中。当把 WWW 包括进来时,Pb 规模的数据库正在出现,例如,NASA 轨道卫星上的地球观测系统 EOS 每小时会向地面发回大量图像数据,大型天文望远镜每年会产生不少于 10Tb 的数据等。据统计,数据和计算资源的增长速度符合摩尔定理,每 18 个月翻一番。因此,海量数据挖掘的最大挑战不仅仅在于数据库的绝对规模,还在于数据挖掘系统能够处理这些持续增长的数据集合。传统进行数据分析的算法假设数据库中的记录数比较少,然而,现在许多数据库大到内存无法装下整个数据库。由于从磁盘中获得数据明显比从 RAM 中存取数据慢。因此,为了保证高效率,运用到大型数据库中的数据挖掘算法应该是高度可伸缩的,即如果给出一个固定的内存大小,算法的运行时间随着输入数据库的记录数呈线性递增,就说该算法是可伸缩的。假设现在使用一个计算复杂度为 $O(n^3)$ 的算法,根据摩尔定理,在 10 年后一个同样的数据挖掘任务将需要现在运行时间的 10 000 倍。其原因是在这段时间内,数据的规模和计算速度将大约增长 100 倍,而计算的复杂度将增加 1 000 000 倍。也就是说,如果一个数据挖掘任务现行需要一小时完成,10 年后,它的运行时间要超过一年。因此,进行海量数据挖掘的算法最好具有线性的计算复杂度 $O(n)$,必须能有效地处理海量数据,其算法必须是高效率和可伸缩的。

(2) 处理不同类型的数据和数据源。目前数据挖掘系统处理的数据库大多是关系数据库。随着数据库应用范围和规模的日益扩大、功能的日益完善,数据库中将包含大量复杂的数据类型。如非结构化和半结构化的数据、复杂的数据对象、混合文本、多媒体数据、时空数据、事务数据及历史数据等,甚至出现新的数据库模型。因此,保证数据挖掘系统能有效地处理不同类型的数据库中的数据是至关重要的。

(3) 数据挖掘系统的交互性。数据挖掘中操作者的适当参与能加速数据挖掘的过程。一方面,交互界面接收用户的检索、查询要求和数据挖掘策略,为用户表达要求和策略提供了方便;另一方面,交互界面又把生成的结果传递给用户,由于生成的结果可以是多种多样,因此,能友好、准确而直观地描述挖掘结果的用户界面一直是研究的重要课题之一。

(4) Web 挖掘。由于 Web 上存在大量信息,并且 Web 在当今社会扮演越来越重要的角色,因此,Web 挖掘将成为数据挖掘中一个重要和繁荣的子领域。

(5) 数据挖掘中的隐私保护与信息安全。数据挖掘能从不同的角度、不同的抽象层上看待数据,这将潜在地影响数据的私有性和安全性。随着计算机网络的日益普及,研究数据挖掘可能导致的非法数据入侵是实际应用中亟待解决的问题之一。

（6）探索新的应用领域。数据挖掘的应用领域在不断扩大。由于通用数据挖掘系统在处理特定应用问题时有其局限性,因此,目前的一种趋势是开发针对特定应用的数据挖掘系统。

（7）数据挖掘语言的标准化。标准的数据挖掘语言或有关方面的标准化工作将有助于数据挖掘系统的研究和开发,有利于用户学习和使用数据挖掘系统。

（8）数据挖掘结果的可用性、确定性及可表达性。所发现的知识需精确地描述数据库的内容,并对已明确的应用是有用的。非精确的结果需借助于不确定性方式来表达,以相似的规则或多个规则来描述。噪声及应去除的数据在数据挖掘系统中应被仔细处理。

（9）各种数据挖掘结果的表达。数据挖掘可以发现不同种类的知识,既可以从不同的角度来检验发现的知识,也可以用不同的形式来表示这些知识。这就要求既要表达对数据挖掘的要求,也要以高级语言或图形用户界面来表达发现的知识,使其易于被用户理解和运用。

（10）可视化数据挖掘。可视化数据挖掘是从大量数据中发现知识的有效途径,系统研究和开发可视化数据挖掘技术将有助于推进数据挖掘作为数据分析的基本工具。

1.5　商务智能系统定义与构成

商业智能又称商务智能,英文为 Business Intelligence,简写为 BI。商业智能这一术语于 1996 年由 Gartner Group 的 Howard Dresner 首次提出,并将商业智能定义为"一类由数据仓库（或数据集市）、查询报表、联机分析、数据挖掘、数据备份和恢复等部分组成的,以帮助企业决策为目的的技术及其应用"。Data Warehouse Institute 给出的了关于商务智能的英文表述是 Business Intelligence is a process of turning data into knowledge and knowledge into action for business gain。可见商业智能是数据仓库（数据集市）、数据挖掘软件、OLAP 工具、终端用户查询和报告的工具和产品等软件工具的集合,因此,商业智能技术以数据仓库（Data Warehousing）、在线分析处理（OLAP）、数据挖掘（Data Mining）三种技术的整合为基础,建立企业数据中心和业务分析模型,以提高企业获取经营分析信息的能力,从而提高企业经营和决策的质量与速度。商务智能的一般架构如图 1.7 所示。

Gartner 公司针对"2012 年业务和应优先考虑的技术事项"向全球 2335 名首席信息官进行了调查,调查发现"数据分析和商业智能"成为 2012 年首席信息官最优先考虑的技术。

随着商务智能领域的收购兼并,主要事件包括 SAP 斥资 68 亿美元收购 BusinessObjects,IBM 以 50 亿美元现金收购 Cognos,Oracle 以 33 亿美元收购 Hyperion,微软收购私营软件公司 ProClarity 等;使得商务智能产品供应商更加趋于集中。其中,IBM、Oracle、SAP 与微软成为全球商业智能领域四大巨头,占据了全球 BI 市场 2/3 的份额;作为第二梯队的 BI 专业厂商,SAS、QlikTech、Information Builders、Microstrategy、Tableau、Pentaho 等在细分领域各有优势。

（1）SAS 是全球商业智能和分析软件领军企业,在综合的企业智能平台上为全球 134

个国家超过六万家企业提供一流的数据整合、存储、分析和商业智能应用。进入市场以来，SAS每年都实现破纪录的销售收入增长，专注于金融、电信和政府等领域解决方案；特别是金融领域，近年来一直是其收入的第一大来源，其巴塞尔协议三产品、银行信用风险管理产品、银行操作风险管理产品、银行欺诈管理产品竞争力均处于行业领导者地位；全球3000多家金融机构都在使用SAS软件，其中包括财富全球500强银行中97%的银行使用SAS商业智能软件。

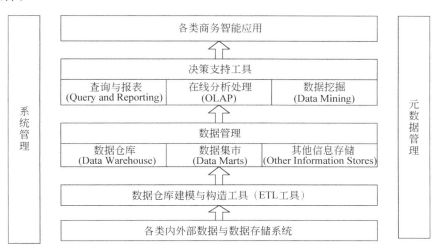

图 1.7 商务智能的一般架构

（2）QlikTech 是全球增长最快的商业智能公司之一，其旗舰产品 QlikView 提供即时商业答案，使用户能够轻松自如、无限制地挖掘自己的数据。

（3）Information Builders 成立于 1975 年，是全球领先的 BI 软件供应商，研发的 WebFOCUS 是被广泛应用的商业智能平台。

（4）Microstrategy（微策略）公司成立于 1989 年，可支持所有主流的数据库或数据源，致力于成为全球最好的商务智能公司（公司的目标为 Best in Business Intelligence）。

中国商业智能发展的主要趋势包括以下几个方面：

（1）应用领域的探索和扩张。

（2）应用行业将更广泛，制造业、零售业将是商务智能应用的热点。

（3）与领域、行业知识的结合。

（4）实时商务智能系统的研究和应用。

（5）不同领域的理论、技术的融合。

（6）商务智能系统可视化、交互性。

（7）从单独的商业智能向嵌入式商业智能发展。

关于中国企业对商务智能产品的应用情况，2013—2016 年，中国 CIO 关注前三位的重点技术事项是商业智能应用、云计算和移动技术。根据 Gartner 研究，2012 年中国 BI 软件支出为 10 亿美元；预计 2016 年中国 BI 软件市场将达到 20 亿美元，年均增长接近 20%，是全球 BI 市场增速的约 3 倍。与全球市场类似，IBM、SAS、SAP 和 Oracle 四大外资厂商占据了中国 BI 市场超过 60％的份额。从用户对 BI 软件的具体需求来看,目前国内用户对 BI 的需求还停留在较低层次,报表和展现工具是最主要的需求;其次是专业解决方案,而大型的 BI 应用所必需的 ETL、OLAP 分析引擎需求则较弱。金融、电信是国内商业智能最主要的市场,这两个行业所占比例超过 60％。主要原因是这些领域数据量较大、数据结构复杂,且信息化程度较高。预计未来几年金融和电信仍是中国 BI 潜力最大的两大领域。

1.6 小　结

本章对数据挖掘的基础理论与技术、方法进行阐述,介绍了数据仓库与数据挖掘定义与解释、数据仓库系统的相关技术和模式、数据仓库系统的形式化定义与知识描述、数据挖掘的相关技术方法与研究体系、数据挖掘的工具的介绍、数据挖掘应用及发展趋势等内容。

思　考　题

1. 解释数据仓库的定义。
2. 解释数据挖掘的定义。
3. 阐释数据仓库系统的相关技术和形式化定义与知识描述。
4. 列举数据挖掘的相关技术。
5. 根据评价数据挖掘工具的标准并对某一种流行的商用数据挖掘工具进行评价。
6. 描述数据挖掘的应用领域和使用的相关数据挖掘技术与方法。

第2章　数据采集、集成与预处理技术

数据采集亦称"数据收集",是将在空间上或时间上分散的源数据集中起来的过程,该过程产生的数据将成为数据挖掘的主要对象。本章主要从五个方面对数据采集系统的内容进行介绍,包括数据采集的主要对象、数据集成技术与方法、数据预处理技术与方法、基于样本数据划分的通用数据挖掘模型系统以及数据采集系统中的中间件技术。

2.1　数据采集的对象

数据挖掘的对象从原则上来讲可以说是各种存储方式的信息。目前的信息存储方式主要包括关系数据库、数据仓库、事务数据库、高级数据库、文件数据和 Web 数据库。其中,高级数据库系统主要包括面向对象数据库、关系对象数据库以及面向应用的数据库(如空间数据库、时态数据库、文本数据库、多媒体数据库等)。在这些数据库的研究中,数据挖掘可以起到相当大的作用。对于一般的数据不加以说明,本书仅对四种具有特点的数据类型进行阐述。

1. 时序数据

随着计算机技术和大容量存储技术的发展以及多种数据获取技术的广泛应用,人们在日常事务处理和科学研究中积累了大量数据。被保存的数据绝大部分都是呈现时间序列类型的数据。所谓时间序列类型数据就是按照时间先后顺序排列各个观测记录的数据集。时间序列在社会生活的各个领域都广泛存在,如金融证券市场中每天的股票价格变化,商业零售行业中某项商品每天的销售额,气象预报研究中某一地区的每天气温与气压的读数,以及在生物医学中某一症状病人在每个时刻的心跳变化等。不仅如此,时间序列也是反映事物运动、发展、变化的一种最常见的图形化描述方式。通过曲线打点的方式,非常有利于人们在高层次上来展现和理解事物的变化。例如,在 1974 年到 1989 年间对多种具有国际影响的报纸中包含的各种图形进行采样统计后,发现其中至少 75% 是采用时间序列的图形方式进行描述的。

2. Web 数据

近几年来,网络信息的增长极其迅速,一方面,到处是唾手可得的信息,"信息泛滥"已造成"信息污染";另一方面,人们查找自己所需信息又越来越困难。这给网络信息组织提出了新的挑战。在包罗万象的网络中怎样获得自己想要的信息,已成为人们最关心的问题。虚拟数据库就此应运而生。为了处理 Web 上的异质、非结构化或半结构化数据,Web 数据挖掘成为数据挖掘研究的一个重要分支。虚拟数据库是新型的信息检索和组织技术。尽管 Web 数据挖掘是比 Web 信息检索更高层次的技术,但它并不是用来取代 Web 信息检索技术的,二者是相辅相成的。我们可以在已有的 Web 信息检索技术的基础上展开对 Web 数据挖掘的研究,同时又可以利用 Web 数据挖掘的研究成果来提高信息检索的精度和信息组织的效率并改善检索结果,使 Web 信息检索和组织发展到一个新的水平。

Web 挖掘与传统的数据挖掘相比有许多独特之处:

(1) Web 挖掘的对象是大量异质分布的 Web 文档。

(2) Web 在逻辑上是一个由文档节点和超链接构成的图,因此 Web 挖掘所得到的模式可能是关于 Web 内容的,也可能是关于 Web 结构的。

(3) 由于 Web 文档本身是半结构化或无结构的且缺乏机器可理解的语义,而传统数据挖掘的对象局限于数据库中的结构化数据并利用关系表格等存储结构来发现知识,因此有些数据挖掘技术并不适用于 Web 挖掘。即使可用也需要建立在对 Web 文档进行预处理的基础之上。

Web 挖掘可分为三类:

(1) Web 内容挖掘。它是从文档内容或其描述中抽取知识的过程。由于 Web 文档绝大部分内容以文本形式存在,所以 Web 内容挖掘主要针对的是 Web 文档的文本部分。文本挖掘主要包括直接对 Web 页面文档内容以及搜索引擎的查询结果进行文本的总结、分类、聚类、关联分析等。

(2) Web 结构挖掘。它是从 WWW 的组织结构和链接关系中推导知识的过程。由于文档之间的互连,WWW 能够提供除文档内容之外的有用信息。利用这些信息可以对页面进行排序,发现重要的页面。

(3) 用户访问模式挖掘。用户使用 Web 获取信息的过程中需要不停地从一个 Web 站点通过超文本链接跳转到另一个站点,这种过程存在一定的普遍性,此规律的发现即 Web 用户访问模式发现,是关于用户行为及潜在顾客信息的发现,包括数据预处理、模式发现及模式分析三种模式。通常的实现方法是通过对 Sever Logs、Error Logs 和 Cookie Logs 等日志文件的分析,挖掘出用户访问行为频度和内容等信息从而找出一定的模式和规则。

3. 多媒体数据

多媒体数据挖掘(Multimedia Data Mining,MDM)是目前国际上数据库、多媒体技术和信息决策领域最前沿的研究方向之一,是数据挖掘的一个新兴且富有挑战性的领域。多媒体数据挖掘系统的原型结构如图 2.1 所示。多媒体数据挖掘系统的三个主要阶段:

(1) 数据准备。在完成数据集成和特征库建立后,将用户提出的挖掘要求送入挖掘引擎,用相似检索技术,从特征库中抽取与用户要求相关的数据,接着用与请求相关的特征建立特征立方体。

(2) 多媒体数据知识挖掘。根据用户请求,对特征立方体实施切片、切块、下钻、上旋等处理技术和其他数据挖掘技术,发现媒体特征间的关系,基于媒体特征的图像、视频的分类等。可实施交互式或自动的知识挖掘,从而发现用户感兴趣的隐含知识。

(3) 知识表示与解释。将结果以图形界面呈现给用户,并加以解释和说明。若用户不满意,则重新执行上述操作。用户也可通过挖掘出的数据再进行相关数据的检索。

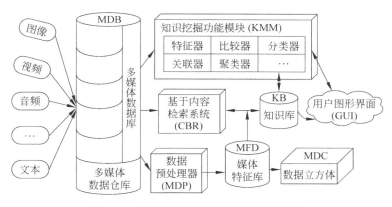

图 2.1　多媒体数据挖掘系统的原型结构

4. 空间数据

空间数据挖掘(Spatial Data Mining,SDM)是指从空间数据库中提取出用户感兴趣的空间模式与特征、空间与非空间数据的普遍关系及其他一些隐含在数据库中的普遍的数据特征。随着遥感技术、雷达、电视摄像、CT 成像和自动数据采集工具的广泛应用,空间数据库得到了大量的使用,空间数据的复杂性也显著地提高,已经远远超出了人类的理解能力。传统的数据组织和存取工具只能存储和查询显式的数据,然而人们迫切希望提取和综合隐含在大量空间数据中的知识,并且依据这些知识进行决策,这就为现有的空间数据库技术提出了一个难题。于是出现了一项新技术,即大型空间数据库中的知识发现,也称为空间数据挖掘,此项技术从空间数据库中提取隐藏的知识、空间关系以及其他非显式存储的模式。

空间数据挖掘技术在很多领域获得了广泛应用。相关的空间数据可以从地理信息系统(Geographic Information System,GIS)、遥感、图像数据库检索、医疗图像处理和其他涉及空间数据的领域获取。随着 Web 和网络技术的发展,Web GIS 在空间数据的采集中的应用越来越多。在过去的几年里,空间数据挖掘技术已经在海洋生态研究、太空探险、遥感、交通状况分析和气候研究等领域中获得了实际应用。相信随着空间数据挖掘方法的进一步研究,这项技术的应用会越来越广泛。

以前大部分空间数据分析方法都使用统计方法处理数值数据。然而统计方法存在许多缺点和不足,如统计方法通常假设空间对象之间是统计独立的,而现实中空间对象之间通常是相互关联的,而且统计模型只有具有丰富领域知识和统计经验的专家才能使用。此外,数据统计方法在分析海量空间数据时的计算效率很低。空间数据包括两部分:空间对象和有关这些对象的非空间描述。空间数据可用两种属性来表示:几何属性和拓扑属性。几何属性包括对象的位置、面积和周长等,而拓扑属性包括相邻和包含等拓扑关系。空间数据和传统关系数据的不同使得针对关系数据库设计的数据挖掘方法用到空间数据上时往往无法得到令人满意的结果。针对空间数据的数据挖掘方法在使用传统数据挖掘方法的同时,还应该考虑到空间对象之间的相互影响,有时要重新设计算法来适应数据的空间特性。

　　空间数据挖掘能够同时处理数据库中空间数据与非空间数据,它产生的空间知识主要包括空间的关联关系、特征、分类和聚类,一般表现为一组概念、规则和模式等形式的集合,是对数据库中的数据属性、模式、频度和对象簇集等的描述。空间数据挖掘方法则可以用来理解空间数据、发现空间数据和非空间数据之间的关系、创建空间知识库、优化查询、组织空间数据库中的数据以及以简明的形式描述空间数据的一般特征。从空间数据库中能够挖掘到的知识类型主要有如下几种。

　　(1) 一般几何知识:指某类几何对象的形状特征、数量等几何特征。

　　(2) 空间分布规律:指地理对象在地理空间上的分布规律。

　　(3) 空间关联规则:指描述空间对象之间的相邻、相连、共生、包含等空间关联的规则。

　　(4) 空间分类(聚类)规则:指根据空间对象特征的聚散程度将它们分成不同的类别,空间分类规则是根据空间对象的某个或者某些空间或非空间特征将它们划分到不同类别的规则。

　　(5) 空间特征规则:指描述某类或者几类空间对象的空间属性和非空间属性的普遍特征的规则。

　　(6) 空间区分规则:指两类或多个类之间的空间属性或非空间属性的不同特点,是对各个类别个性的描述。

　　(7) 空间演变规则:指空间目标依时间的变化规则。

　　(8) 面向对象的知识:指某类复杂对象的子类构成及其普遍特征的知识。

　　空间数据挖掘是一个极具吸引力和挑战性的研究领域。随着信息量的增加及软硬件技术的发展,空间数据挖掘将有更广泛的应用前景,会使各种利用空间数据的系统具有强大的知识发现功能,更有效地发挥已有或潜在的价值。

2.2　数据集成技术与方法

　　数据集成是将多个数据源中的数据(如数据库、数据立方体或一般文件)结合起来存放到一个一致的数据存储(如数据仓库)中的一种技术和过程。由于不同学科方面的数据集成涉及不同的理论依据和规则,数据集成可以说是数据预处理中比较困难的一个步骤。例如在空间数据集成方面,许多文献利用多种地学数据及非地学数据的集成,基于地学知识和地理信息系统的相关功能研究数据集成过程中涉及的具体问题。在并行计算与多数据库系统集成研究方面,需要结合具体的数据系统和特定的管理领域,涉及的计算机和专业问题的特点来分析,需要特殊处理对策,不可一概而论。

　　集成的信息系统要解决的问题,反映到数据及程序方面,具体要求为:

　　(1) 数据能有多种方式被录入,且易被获取;

　　(2) 数据面向所有程序被使用、处理、存储与更新;

　　(3) 所有软件可以被入网的个人计算机调用运行并能协调工作;

　　(4) 用户与系统之间的交互界面直观;

　　(5) 数据集成机制贯穿于系统,且这些机制实现尽可能是无缝的。

在设计企业集成管理信息系统时,根据子系统的功能把所有子系统划分为两大类:数据处理类和查询类。然后根据子系统的功能选择相应的体系结构,为数据处理类子系统选择了 C/S 结构,为查询类子系统选择了 B/S 结构。

本节以交通运输管理系统集成技术与方法进行具体说明。作为 GPS 跟踪定位与远程监控的信息传输手段,无线通信技术是实现其功能的关键。全球移动通信系统(Global System for Mobile Communications,GSM)的普及为 GPS 技术的广泛应用提供了可靠保障,特别是利用 GSM 网络提供的短消息服务(Short Message Service,SMS)使信息传输更加方便快捷,使 GPS 系统的运行费用大幅度下降。因此可以说 GPS 已进入了实用性普及阶段。另一方面随着计算机软件技术的发展,大量数据处理专用软件的开发,促进了地图矢量化、地理数据建库等地理信息技术的发展。作为 GPS 应用的载体,GIS 技术以其准确而可靠的数据、多样化的信息输出,开拓出广泛的应用空间。因此在交通运输领域,将 GPS、GSM、GIS 技术有机地结合,为车辆监控、交通控制的智能化提供切实可行的解决方案是十分必要的。

要将运输企业各系统有机地结合,需要对信息系统的开发方案及相关软硬件资源进行综合集成,可分为数据集成、环境集成、应用集成。

- 数据集成:将信息系统从各种渠道中获得的数据集中管理,减少数据冗余度,提高数据的完整性、准确性、一致性,达到数据的高度共享,从而使信息系统发挥数据资源丰富的最大优势,为企业的决策提供最及时、最丰富的可靠的信息。
- 环境集成包括系统运行的硬件环境、软件环境,解决如何利用客观条件为应用系统提供统一的支撑环境来支持应用系统的运作的问题。
- 应用集成指用户的应用需求功能在信息系统中的真正实现和其真实含义的具体体现。

2.2.1 3G 与 MIS 的集成模式

目前,越来越多的运输企业看到了信息系统对提升管理效率和运输效率的作用,并建立了多种信息系统,如 GPS、GIS 和管理信息系统(Management Information System,MIS),但由于各类系统有各自的管理和运行模式,其信息交换能力非常薄弱,更谈不上与相关企业实现信息的共享,因此,交通运输业的发展越来越依赖于包括各种管理和基于网络通信在内的一个可交换和共享的集成管理信息系统。集成是指一个整体的各部分之间能彼此有机协调地工作,以发挥整体效益,达到整体优化的目的。运输企业集成管理信息系统就是将 GPS、GIS、MIS 有机地结合在一起,GIS 可以作为基础的信息系统平台,具有可视化、地理分析和空间分析等优势,GPS 与通信技术可以实现大范围内数据传输,对于信息系统指挥、调度、监控、管理等具有重大的意义。通过广泛应用 GPS、GIS、GSM、MIS 等技术成果,建立快速、便利的集成运输管理信息系统,可克服传统系统的弊端。传统系统中,各系统之间互不沟通,大量冗余的信息存储于各个子系统内,而决策用的综合信息却很难完整地得到,或者信息虽然能在各系统间流动,但信息模式异构,无法综合运用,这种模式花费了企业很多资源,但企业的整体效益并没有多大改观。

而基于 GPS、GIS 与 MIS 技术的运输企业集成管理信息系统,在系统总体设计时,充分地研究了运输企业的现状和发展趋势,根据运输企业信息化进程中的实际需求,提出了运输企业集成管理信息系统构架。该构架遵照统一而优化的功能模型和信息模型,选用合理的数据分布结构及开放的软件平台,通过信息集成将原先没有联系或联系不紧密的单元有机地组合成为功能协调的、互相紧密联系的新系统,从而最大限度地减少数据的冗余,保持数据的一致性和完整性,为高层的查询和决策提供真正有用的综合信息。GPS是运输企业车辆位置信息的主要来源。基于GPS数据实现的运输组织决策在其准确性、实时性上都有较大的优势,是运输企业全面、合理地使用资源的有效途径。由于运输企业对地理空间有较大的依赖性,采用GIS技术建立企业的车辆监控系统可以实现企业的车辆监控可视化、实时动态管理。现代车辆监控系统就是一种集GPS技术、GIS技术和现代通信技术于一体的高科技系统。它将移动目标的位置信息(经度、纬度)、时间、状态、运行方向和运行速度等信息,通过无线通信通道传输到监控中心,在具有地理信息查询功能的电子地图上进行移动目标运动轨迹的显示,并对目标的位置、速度、运动方向、车辆状态等参数进行监控和查询,于是监控中心就可以清楚地掌握车辆的宏观动态位置信息和运行状况,从而准确地进行车辆实时监控和调度指挥,提高车辆的使用效率;而MIS是一个以人为主导,利用计算机硬件、软件、网络通信设备以及其他办公设备,进行信息的收集、传输、加工、存储、更新和维护,以提高效益和效率为目的,支持企业高层决策、中层控制、基层运作的集成化的人机系统。运输企业MIS是一个以客户为中心,以货物配送为主要任务,以提高效益和效率为目的,以支持企业高层决策为宗旨的管理信息系统。GPS/GIS与MIS的集成模式如图2.2所示。

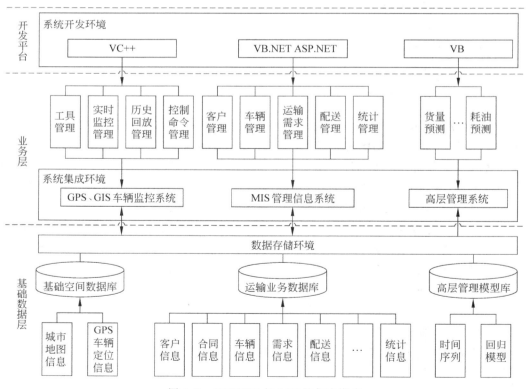

图 2.2　GPS/GIS 与 MIS 的集成模式

GPS/GIS 技术与 MIS 管理技术的集成主要体现在：实现了配送作业的可视化管理，对于配送调度决策具有重大意义；通信技术与运输管理技术的有效集成，实现了运输管理的动态调度和指挥；GPS 技术和 GSM 的集成技术与运输管理技术的有效集成，实现了移动目标的实时监控。通过这种集成模式，系统实现了 GPS/GIS 监控系统与 MIS 系统的嵌入式集成，使系统非常容易进行数据共享。

2.2.2　异构数据集成的设计与实现

通过一个实例，说明如何利用异构数据整合平台实现数据的集成与交换过程。

首先，确定源数据和目标数据，图 2.3 显示了数据整合初始界面。

在"原属性"和"目标属性"文本框中分别输入源数据与目标数据中要进行替换或整合的字段名，如果确认进行无条件替换，可以选中"无条件替换"单选按钮，然后单击"替换"按钮。替换过后，可以单击"显示目标数据"按钮，查看目标数据，如图 2.4 所示。

图 2.3　数据整合页面

图 2.4　无条件替换

如果确认进行有条件替换，可以选中"有条件替换"单选按钮，此时需要在"属性值"文本框中填写原属性的属性值，在"替换为"文本框中填写目标属性值，然后单击"替换"按钮。替换完成后，可以单击"显示目标数据"按钮，查看目标数据，如图 2.5 所示。

采用同样的方法，可以继续对其他属性进行替换。需要注意的是，对于出生年月的替换和整合的方法为：选择源数据中的任一条记录，例如选中原数据的属性值 19830905（8 字节）转换到目标数据的属性值 1983/09/05（10 字节），转换规则：目标年月字符串＝原年月字符串的前 4 个字节＋"/"＋原年月字符串的第 5、第 6 两个字节＋/＋原年月字符串的后 2 字节。图 2.6 展示了对日期属性的有条件替换过程。

图 2.5　有条件替换

图 2.6　对"日期"类属性的有条件替换

2.3　数据预处理技术与方法

数据源的获取、数据获取和信息集成等相关研究为数据预处理提供了基础。根据数据挖掘的需求,将相关的多源数据集成融合后,需要进行多种数据预处理操作。数据预处理的流程主要包括数据清理、数据集成和融合、数据变换、数据规约以及在对数据挖掘结果的评价计划基础上进行的二次预处理的精练。数据预处理流程如图 2.7 所示。

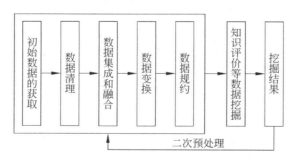

图 2.7　数据预处理流程

2.3.1　数据清理的方法

数据清理是数据准备过程中最花费时间、最乏味的,但也是最重要的一步。该步骤可以有效地减少学习过程中可能出现的相互矛盾的情况。初始获得的数据主要有以下几种情况需要处理。

1. 含噪声数据

目前处理此类数据最广泛的技术是应用数据平滑方法。

（1）分箱技术：检测周围相应属性值进行局部数据平滑。

分箱的方法很多，主要有按箱平均值平滑、按箱中值平滑和按箱边界值平滑。

例如，某 price 属性值排序后为 4,8,15,21,21,24,25,28,34。按上述方法进行分箱处理。

首先，划分为等深箱： 箱1:4,8,15 箱2:21,21,24 箱3:25,28,34	用箱平均值平滑： 箱1:9,9,9 箱2:22,22,22 箱3:29,29,29	用箱中值平滑： 箱1:8,8,8 箱2:21,21,21 箱3:28,28,28	用箱边界值平滑： 箱1:4,4,15 箱2:21,21,24 箱3:25,25,34

（2）聚类技术：根据要求选择模糊聚类分析或灰色聚类分析技术检测孤立点数据，并进行修正，还可结合使用灰色数学或粗糙集等数学方法进行相应检测。

（3）利用回归函数或时间序列分析的方法进行修正。

（4）计算机和人工相结合的方式等。

对此类数据，尤其对于孤立点或异常数据，是不可以随便以删除方式进行处理的。因为某些孤立点数据和离群数据代表了某些有特定意义和重要的潜在知识。因此，对于孤立点应先进入数据库，而不进行任何处理。当然，如果结合专业知识分析，确信无用则可进行删除处理。

2. 错误数据

对带有错误的数据元组，结合数据所反映的实际问题，进行分析、更改、删除或忽略。同时也可结合模糊数学的隶属函数寻找约束函数，根据前一段历史数据趋势对当前数据进行修正。

3. 缺失数据

（1）若数据属于时间局部性缺失，则可采用近阶段数据的线性插值法进行补缺；若时间段较长，则应该采用该时间段的历史数据恢复丢失数据；若属于数据的空间缺损，则用其周围数据点的信息来代替，且对相关数据作备注说明，以备查用。

（2）使用一个全局常量或属性的平均值填充空缺值。

（3）使用回归的方法或基于推导的贝叶斯方法或判定树等来对数据的部分属性进行修复。

（4）忽略元组。

4. 冗余数据

冗余数据包括属性冗余和属性数据的冗余。若通过因子分析或经验等方法确信部分属性的相关数据足以对信息进行挖掘和决策，可通过用相关数学方法找出具有最大影响属性因子的属性数据，其余属性则可删除。若某属性的部分数据足以反映该问题的信息，则其余的可删除。若经过分析，这部分冗余数据可能还有他用则先保留并进行备注说明。

2.3.2 数据融合的方法

美国学者最早提出"数据融合"（信息融合）一词，并于 20 世纪 80 年代建立其技术。本文所讲的融合仅限于数据层的数据融合,即把数据融合的思想引入到数据预处理的过程中,加入数据的智能化合成,产生比单一信息源更准确、更完全、更可靠的数据进行估计和判断,然后存入数据仓库或数据挖掘模块中。常见的数据融合方法见表 2.1。

表 2.1　常见数据融合方法

数据融合方法分类	具 体 方 法
静态的融合方法	贝叶斯估值、加权最小平方等
动态的融合方法	递归加权最小平方,卡尔曼滤波、小波变换的分布式滤波
基于统计的融合方法	马尔科夫随机场、最大似然法、贝叶斯估值等
信息论算法	聚集分析、自适应神经网络、表决逻辑、信息熵等
模糊理论/灰色理论	灰色关联分析、灰色聚类等

2.3.3　数据变换的方法

数据变换是采用线性或非线性的数学变换方法将多维数据压缩成较少维数的数据,消除它们在时间、空间、属性及精度等特征表现方面的差异。这类方法虽然对原始数据都有一定的损害,但其结果往往具有更大的实用性。常见数据变换方法见表 2.2。

表 2.2　常见数据变换方法分类

数据变换方法分类	作　用
数据平滑	去噪,将连续数据离散化,增加粒度
数据聚集	对数据进行汇总
数据概化	减少数据复杂度,用高层概念替换
数据规范化	使数据按比例缩放,落入特定区域
属性构造	构造出新的属性

将数据规范化、标准化(normalization)的目的是将其转化为无量纲的纯数值,便于不同单位或量级的指标能够进行比较或加权。常用方法有以下四种:

1) 最小-最大标准化

最小-最大标准化(Min-max normalization)也叫离差标准化,是对原始数据的线性变化,将结果落在[0,1]区间,转换函数如下:

$$x' = \frac{x - \min_A}{\max_A - \min_A} \tag{2.1}$$

其中,$\min_A$ 和 $\max_A$ 分别是属性 A 的最小值和最大值。

若希望转换后结果落在某个指定的区间[new_$\min_A$, new_$\max_A$]中,则转换函数如下:

$$x' = \frac{x - \min_A}{\max_A - \min_A}(\text{new\_} \max_A - \text{new\_} \min_A) + \text{new\_} \min_A \tag{2.2}$$

2）对数转换

通过 lg 函数转换的方法也可以实现归一化，方法如下：

$$x' = \lg(x) / \lg(\max_A)$$ (2.3)

3）atan 函数转化

用反正切函数实现数据的归一化，方法如下：

$$x' = \operatorname{atan}(x) \times 2 / \pi$$ (2.4)

4）z-score 标准化

z-score 标准化（zero-mean normalization）也叫标准差标准化，经过处理的数据符合标准正态分布，即均值为 0，标准差为 1。其转化函数为：

$$x' = \frac{x - \mu}{\sigma}$$ (2.5)

其中，μ 为所有样本数据的均值，σ 为所有样本数据的标准差。

应用主成分分析方法计算模型中的数据变换矩阵的方法。通过数据变换可用相当少的变量来捕获原始数据的最大变化。具体采用哪种变换方法应根据涉及的相关数据的属性特点而定，根据研究目的可把定性问题定量化，也可把定量问题定性化。

2.3.4　数据归约的方法

数据经过去噪处理后，需根据相关要求对数据的属性进行相应处理。数据规约就是在减少数据存储空间的同时尽可能保证数据的完整性，获得比原始数据小得多的数据，并将数据以合乎要求的方式表示。数据归约的主要方法见表 2.3。

表 2.3　常见数据规约方法

数据规约方法分类	具 体 方 法
数据立方体聚集	数据立方体聚集等
维规约	属性子集选择方法等
数据压缩	小波变换、主成分分析、分形技术等
数值压缩	回归、直方图、聚类等
离散化和概念分层	分箱技术、直方图、基于熵的离散化等

针对高维数据的数据预处理过程，降维也就是维数消减，它将会影响系统的运行复杂性和挖掘效率。降维方法的研究主要集中在两个方面：一种是从有关变量中消除无关、弱相关或冗余的维，寻找一个变量子集来构建模型，即子集选择法；而对诸如粗糙集这种无法处理连续属性值的数据挖掘方法，需对数据中包含的连续属性取值进行离散化，可利用概念层次树，将数据泛化到更高的层次，从而可以帮助有效减少在学习过程所涉及的输入、输出操作。

在数据预处理的实际应用过程中，上述步骤有时并不是完全分开的。另外，应该针对具体所要研究的问题通过详细分析后再进行预处理方法的选择，整个预处理过程要尽量人机结合，尤其要注重和客户以及专家多交流。预处理后，若挖掘结果显示和实际差异较大，在排除源数据的问题后则有必要考虑数据的二次预处理，以修正初次数据预处理中引入的误差或方法的不当,若二次挖掘结果仍然异常则需要另行斟酌以实现达到较好的挖掘效果。另外,对于动态数据,如数据流问题,它和普通数据的预处理有何区别以及如何更好地进行预处理,有待于以后加强研究。

2.4 基于样本数据划分的通用数据挖掘模型系统

复杂的数据具有多维、异构、不确定等特点。为解决这些问题,需要对数据挖掘系统中的数据进行细致的分析后,发现影响运行的主要因素。但是在数据挖掘前,数据的类别不清楚,需要花费大量的搜索时间来判别样本数据属于哪种模型,需要经过怎样的数据预处理操作。

引入通用数据挖掘模型的意义主要在于:将复杂类型的物流信息在挖掘前变成中性数据,大大提高了数据挖掘模型的运行速度。经过大量的实践,下面提出基于样本数据划分的通用数据挖掘模型系统,如图 2.8 所示。

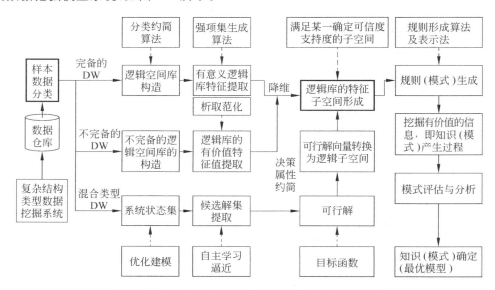

图 2.8　基于样本数据划分的通用数据挖掘模型系统

样本数据可分为以下三类。

1. 完备的样本数据的数据挖掘模型

对于完备的样本数据仓库,通过构造逻辑空间库,利用强项集生成算法,实现有意义的逻辑库中的特征属性提取,建立满足可信度和支持度的子空间,这个子空间就是逻辑库的特征子空间。

2. 不完备的样本数据的数据挖掘模型

对于不完备的样本数据仓库,要构造相对应的不完备逻辑空间库,通过析取和泛化技术实现决策属性的约简,建立逻辑库的特征子空间。

3. 混合类型数据的数据挖掘模型

对于混合型的样本数据仓库,通过优化建模技术生成系统的状态集,利用各种自主学习的逼近算法实现候选解集的提取,通过求解目标函数求得可行解,将得到的可行解转换为逻辑子空间,即建立逻辑库的特征子空间。

通过对应的处理技术和方法,实现对完备的、不完备的和混合类型的样本数据的特征子空间的构造,建立了完备的、不完备的和混合类型的样本数据相应的逻辑库的特征子空间。在特征子空间中,利用规则形成算法和表示法生成规则,即有价值的知识模式,利用这些规则进行知识获取和知识推理。利用多种评价标准对生成的规则和模式进行评估和分析,利用得到的评估结论,修正和验证规则形成算法和表示法,经过不断的优化和修正,最终确定最优的知识(模式)。

2.5 中间件技术

2.5.1 中间件技术的定义与作用

1. 中间件(Middleware)的定义、特点与解释

目前还没有一个确切的中间件的定义,但是根据诸多中间件的应用实例,大多数专家们将中间件定义为:中间件是一种独立的系统软件或服务程序,分布式应用软件借助这种软件在不同的技术之间共享资源。中间件位于客户机/服务器的操作系统之上,管理计算机资源和网络通信,它是连接两个独立应用程序或独立系统的软件。相连接的系统,即使它们具有不同的接口,但通过中间件相互之间仍能交换信息。执行中间件的一个关键途径是信息传递。通过中间件,应用程序可以工作于多平台或操作系统环境。

1)特点

中间件的主要特点包括:

(1)满足大量的、多用途应用的需要;

(2)运行于多种硬件和多操作系统的公共平台;

(3)支持分布式计算,提供跨网络、硬件和OS平台的透明性的应用或服务的交互功能;

(4)中间件往往介于数据仓库系统中间层;

(5)支持标准的协议和标准的接口。

2)分类

通用中间件类型有八种:

(1)企业服务总线(Enterprise Service Bus,ESB):ESB是一种开放的、基于标准的分布式同步或异步信息传递中间件。通过XML、Web服务接口以及标准化基于规则的路由选择文档等支持,ESB为企业应用程序提供安全互用性。

(2)分布式计算环境中间件:主要创建运行在不同平台上的分布式应用程序所需要的一组技术服务。

(3)事务处理(Transaction Processing,TP)中间件:为发生在对象间的事务处理提供支持大规模事务处理的可靠运行环境,具有进程管理,事务管理,通信管理等功能。

(4)远程过程调用(Remote Procedure Call,RPC)中间件:RPC机制是分布式应用系

统经常采用的一种同步方式的请求与应答协议。RPC 可以用来存取各种各样的数据源,包括关系型、非关系型甚至关系型与非关系型数据库的结合体。

(5) 面向对象请求代理(Object Request Broker,ORB)中间件:ORB 中间件提供了标准的构件框架,使得不同厂商的软件通过不同的地址空间、网络和操作系统交互访问。与 RPC 所支持的单纯的 Client/Server 结构相比,ORB 可以支持更加复杂的结构,也就是说,ORB 中间件为用户提供与其他分布式网络环境中对象通信的接口。

(6) 数据库访问中间件(Database Access Middleware,DCM):为了建立数据应用资源相互操作的模式,对异构环境下的数据库或者文件系统实现连接的中间件。

(7) 面向消息中间件(Message-Oriented Middleware,MOM):MOM 指的是利用高效可靠的消息传递机制进行与平台无关的数据交流,并基于数据通信来进行分布式系统的集成。目前中间件领域的研究热门技术是异步消息中间件,如电子邮件系统作为该中间件的一种形式。

(8) 基于 XML 的中间件(XML-Based Middleware):XML 允许开发人员为实现在 Internet 中交换结构化信息而创建文档。

对上述的中间件分类,也可以按照它们的功能命名,如数据采集中间件、RFID 中间件、协同管理中间件、业务流程优化中间件、数据整合中间件等。目前,有的专家将中间件分为终端仿真/屏幕转换中间件、数据访问中间件、远程过程调用中间件、消息中间件、交易中间件、对象中间件。

最早具有中间件技术思想及功能的软件是 IBM 的 CICS,但由于 CICS 不是分布式环境的产物,因此人们一般把 Tuxedo 作为第一个严格意义上的中间件产品。Tuxedo 是 1984 年在当时属于 AT&&T 的贝尔实验室开发完成的,Tuxedo 在一段时期里只作为实验室产品,后来被 Novell 收购,在经过 Novell 并不成功的商业推广之后,1995 年被现在的 BEA 公司收购。尽管中间件的概念产生较早,但中间件技术的广泛运用是在最近 10 年内。BEA 公司 1995 年成立后收购 Tuxedo 才成为一个真正的中间件厂商,而 IBM 的中间件 MQSeries 也是 20 世纪 90 年代的产品,它的许多中间件产品也都是在近几年才成为成熟的产品。由于成熟的中间件产品只是近几年出现的,而中国在中间件领域的起步阶段处于整个世界范围内中间件的初创阶段,所以,中国的中间件软件产品起步较早,也就是说,与国际上的中间件技术相比,差距不大。如北京东方通科技发展有限责任公司是中间件软件的专业厂商、工业与信息化部的投资企业、国家规划布局内重点软件企业、中国软件行业协会中间件软件分会理事长单位、"核高基"等国家重大科技计划项目的承担单位,早在 1992 年就开始中间件的研究与开发,1993 年推出第一个产品 TongLINK/Q,该公司与国际巨头 IBM、ORACLE 在国内市场形成三足鼎立的局面,根据赛迪顾问、计世资讯、易观国际等权威咨询机构的市场分析报告,东方通中间件的市场占有率在国内企业中名列首位,其中间件产品已被广泛应用于金融、通信、能源、交通、政府、军工等众多行业,总装机量超过 60 万套,其中全国性大用户包括中国人民银行、中国工商银行、中国建设银行、中国农业银行、交通银行、华夏银行、中国移动、中国联通、中国电信、交通部、农业部、国家计生委、中联部、全国人大、中国海事局等(资料来源:http://www.tongtech.com/about/index.jsp)。而中科院软件所早在 1995 年就开始利用"对象技术中心"的技术基础研究中间件。与此同时,国内还有国防科技大学、北京航空航天大学等研究机构也对中间件技术进行了同步研究。因此,在中间件软件系统的研究技术,中国的起步时间并不比国外晚。

3)趋势

综上所述,中间件未来发展趋势将朝着如下目标发展:

(1)规范化。在公共信息平台与数据仓库机制(环境)下,必然会出现各个系统不同的、异构的源数据资源,为了统一该平台的数据,必须制定相应的规范化的中间件,来实现其平台最终的目标。目前常用的中间件有:消息类的 JMS,对象类的 CORBA、COM/DCOM,交易类的 XA、OTS、JTA/JTS,应用服务器类的 J2EE,数据访问类的 ODBC、JDBC,Web 服务有 Soap、WSDL、UDDI 等各类中间件等。

(2)**构件化和松耦合**。随着计算机网络技术与电子商务的普及与发展,对多业务系统的业务流程整合技术要求也越来越高,而中间件技术也逐渐面向 Web、松散耦合的方向发展,如基于 XML 和 Web 服务的中间件技术,实现了在不同系统之间、不同应用之间的灵活性;XML 也提供了一种定义新的标识语言标准,而 XML 技术也非常适合异构系统间的数据交换,因此 XML 在国际上已经被普遍采纳为电子商务的数据标准;同时,专家们也将Web 服务作为基于 Web 技术的构件,在流程中间件的控制和集成下可以灵活、动态地被组织成为跨企业的商务应用。

(3)**平台化**。大多数中间件厂商的发展模式是:在公司已经有的中间件产品基础上,提出了完整的面向互联网的软件公共平台战略计划和具体的解决方案。如 Sun 公司一直致力于向企业提供受到广泛欢迎的网络软件,Sun 是开放式网络计算的领导者,Sun 公司是世界上最大的 UNIX 系统供应商,其主要产品有 UltraSPARC 系列工作站、服务器和存储器等计算机硬件系统,Sun ONE 品牌软件、Solaris 操作环境、Java 系列开发工具和应用软件以及各类服务等,Sun 公司对互联网的应用和发展发挥了重要作用。IBM 公司提出了面向网络应用的"旧金山计划",以 WebSphere、DB2、Tivoli、Domino 四大品牌组成基础架构平台,提供从中间件、服务器到解决方案的一揽子组合服务。Oracle 公司推出了以 Oracle 9i为中心的网络软件平台。微软的.NET 平台已经成为主流的开发技术之一,依托其强大的框架(.NET)根据不同应用场景为分布式技术提供了多种开发平台,具体技术有:

① Web Services,目前最主流的分布式技术和最适合实现 SOA 的技术集合,它已经成为业界标准;

②.NET remoting,基于.NET 系统的强大和高效的分布式开发技术;

③ MSMQ,集成于 Windows 操作系统内部的、轻量级的,可以在多个不同的应用之间实现相互通信的一种异步传输模式;

④ SOA 的概念、原理及设计原则;

⑤ WCF,基于.NET Framework 3.x,对 Web Services 和 remoting 的统一和整合,它将作为 SOA 理论对应实践的最佳解决方案。

2. 基于数据仓库系统的中间件

随着计算机的普及与网络应用技术的发展,数据仓库技术也在不断发展,目前数据仓库的综合技术也不断涌现,其中的中间件也作为建立数据仓库必不可缺的技术,被人们越来越重视。

目前作为数据仓库的中间件有：

（1）数据采集系统中的中间件（组件或工具等），如公共对象请求代理体系结构（Common Object Request Broker Architecture, CORBA）是由对象管理组织（Object Management Group, OMG）制订的一种标准的面向对象的应用程序体系规范。CORBA 体系结构是对象管理组织为解决分布式计算环境（Distributed Computing Environment, DCE）中硬件和软件系统的互连而提出的一种解决方案；再如在物流集成监控公共数据采集系统中的无线射频识别（Radio Frequency Identification, RFID）中间件技术也作为一种典型的中间件技术，通常作为物流企业安全运输监控与监管货物的一种自动识别技术，它通过无线射频方式进行非接触双向数据通信从而实现对运输过程的货物这个目标加以识别，以达到动态监控管理的目标。由于在运输的起始点可以直接从 RFID 阅读设备获取电子标签上的产品电子码（Electronic Product Code, EPC）数据会产生大量的冗余数据，而且该数据不能被应用程序直接使用，为考虑与各种阅读设备的兼容，必须设置运用一种类似组建的工具将该 RFID 阅读设备系统所涉及的软件与硬件接口内容有机衔接起来，该系统称为 RFID 数据采集中间件，通过对运输相关的源标签数据进行处理生成应用程序级别事件（Application Level Event, ALE）数据，实现对冗余数据的过滤和整合，通过中间件中的硬件适配器和逻辑阅读器配置实现对各种硬件设施的灵活兼容，从而可以实现基于 RFID 数据采集中间件的数据仓库综合管理系统，进而实现了对运输过程中整个供应链的物品进行实时的跟踪和管理的目标。在国内有许多成功应用 RFID 数据采集中间件的案例，如上海港口的现代化运输与高效管理中，采用了中间件技术，实现了安全运输与高效管理的目标。如"基于 XML 的异构数据库集成中间件"的应用，也是数据仓库底层的数据采集系统不可缺少的应用技术与方法，为实现关系数据到 XML 数据的转化与集成，运用基于 XML 的异构数据库集成中间件的解决方案，该中间件实现了数据共享、发布和应用及对集成信息的访问提供了支持。

（2）数据仓库系统的中间件，如基于 UML 数据仓库系统的实现，从根本上解决了来自数据仓库底层数据过渡到公共机制即公共信息平台上的多层次（多系统、复杂类型的）信息资源查询服务模式，并引入数据挖掘技术和信息搜索引擎技术对资源数据进行深加工，以达到信息增值的目标。

（3）基于数据仓库决策系统的中间件，如一个典型的数据仓库系统是一种系统体系结构，一般有三层，最底层是数据仓库本身；最上层是决策支持与分析工具，例如决策支持系统、数据挖掘、联机分析处理等；中间的一层是其中间件。在数据仓库系统中的中间件内容包括数据仓库的管理工具，比如 HP 公司的 OpenView 产品就能够提供这些功能，另外，Informix 的 Metacube Warehouse Manager 为用户提供了图形用户界面（Graphical User Interface, GUI），可以有效地对元数据进行管理；再比如 Oracle 公司的 Oracle 融合中间件是一组基于标准、久经客户考验的领先软件产品，它包含许多工具和服务，如 J2EE 和开发人员工具、集成服务、业务智能、协作和内容管理。

中间件是伴随着网络应用的发展而逐渐成长起来的技术体系。最初的中间件发展驱动力需要有一个公共的标准的应用开发平台来屏蔽不同操作系统之间的环境和应用程序编程接口（Application Programming Interface, API）差异，也就是所谓操作系统与应用程序之间"中间"的这一层称为中间件。但随着网络应用的需求，解决不同系统之间的网络通信、安全、事务的性能、传输的可靠性、语义的解析、数据和应用的整合这些问题,变成中间件的更重要的驱动因素。因此,相继出现了解决网络应用的交易中间件、消息中间件、集成中间件等各种功能性的中间件技术和产品。

2.5.2 中间件技术在数据仓库系统中数据采集的应用

以下的应用来源于作者主持的云南航务海事综合管理系统的研究项目,该项目已经正式运行。

1. 系统的建设体系

该系统的建设体系是以数据仓库系统的模式来建立与实施的,系统分为四个层面,如图 2.9 所示。

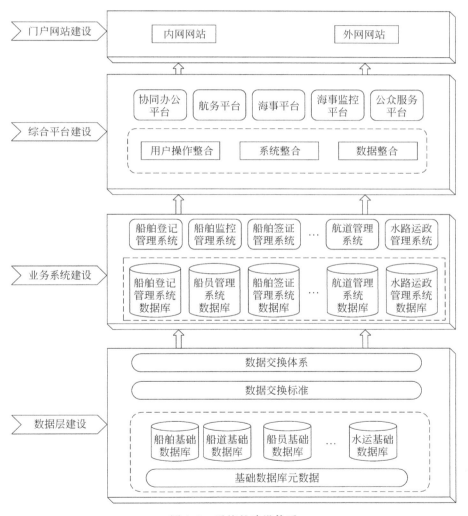

图 2.9 系统的建设体系

第一,数据层建设层面:以实现数据资源整合为目标的基础建设,主要包括基础数据库建设、云南水路数据交换标准的建设、数据交换机制的建设。也称这个层面的内容为数据采集系统,主要包括源数据的整合与标准化和基础(标准)数据库的建立两部分内容。

第二,业务系统建设层面:以提高云南水路行业管理信息化水平为目标的各航务海事业务系统的建设开发,应用数据库的建设也属于业务系统建设的范畴。

第三,综合平台建设层面:航务海事综合平台建设是本次项目建设的重点,主要包括四个子平台:协同办公平台、航务平台、海事平台、综合业务平台。综合平台应是一个集用户操作整合、系统整合及数据整合为一体的公共平台。

第四,门户网站建设层面:主要包括内网网站建设和外网网站建设。内网网站建设目标用户为航务局内部用户、云南水路系统内部用户、云南交通系统内部用户。外网网站建设主要目标用户为公众、企业等社会用户。

图 2.9 对应的系统整体结构如图 2.10 所示。

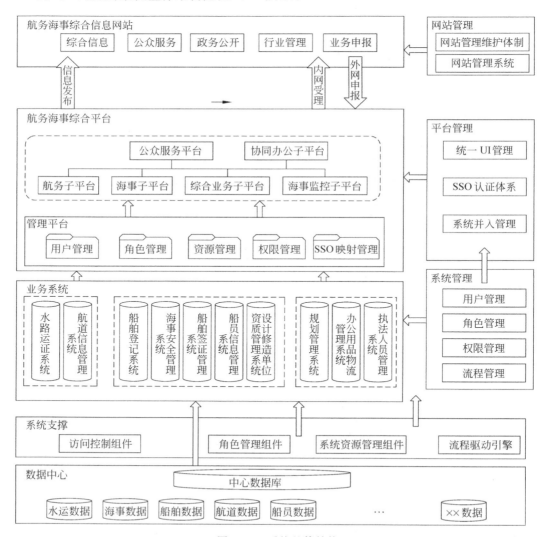

图 2.10　系统整体结构

因为本系统属于数据仓库的建设模式,所以其中的每个层面上的功能都涉及到中间件的建设。具体中间件有:

(1) 在数据层建设层面上的中间件,即数据整合系统中间件。

(2) 由于业务系统建设层面的所有业务管理数据库的数据都来源于其底层的数据整合系统,因此,本层面的中间件仍然是数据采集系统中间件。

(3) 由于航务海事综合平台层面的每个子平台都是多系统和跨系统的公共机制平台,所以在其中的各个系统在业务流程的定制与自定义过程中存在中间件技术,具有代表性的是协同办公平台。

(4) 在门户网站建设层面上的中间件有消息的传递、电子邮件的传输、数据文件的传输等。

以下为节省篇幅,仅举数据采集系统与协同管理的中间件的例子。

2. 基于数据整合系统的中间件应用

数据整合系统的中间件应用如图 2.11 所示。

其中的 XML 技术为数据交换中的不可缺少的中间件技术,即在系统的数据整合过程中,将具体地划分技术、机制与基础组件的形式,可以用图 2.12 所示的航务海事综合平台资源整合的结构。

1)单点登录实现机制

办公系统使用的核心是自行开发的双驱动工作流引擎,该工作流引擎的特点是将工作内容的定制从流程驱动中独立出来,就大多数现有的工作流引擎将工作流定义作为流程驱动的一个外设部件或不提供可定制工作内容的功能。本机制所采用的技术有单点登录实现机制(见图 2.13)、J2EE 技术架构、基于 XML 技术的数据标准制定、Web Service 技术、基于中间标准容器的系统嵌入技术、独立的访问控制设计技术。

2)数据整合结构

数据整合结构如图 2.14 所示。

3)数据交换机制

数据交换机制如图 2.15 所示,主要是实现应用系统和应用数据库与基础数据库的数据访问和数据交换,为了降低数据交换的数据层面耦合度,数据接口层采用分层设计,分为数据访问接口与数据交换的数据对象层。数据接口包括数据访问接口和数据交换接口,目的是将数据的访问方式与数据访问对象独立开。数据访问接口负责对基础数据库的物理访问,数据交换接口负责数据交换的内容和方式。这是一种典型的基于数据采集系统的中间件技术的应用例子。

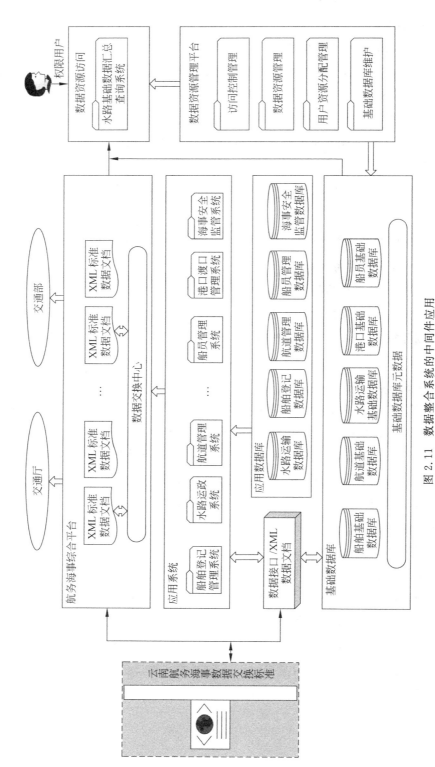

图 2.11 数据整合系统的中间件应用

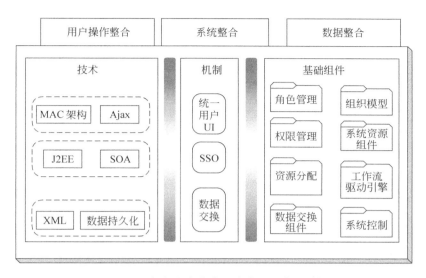

图 2.12　航务海事综合平台资源整合的结构

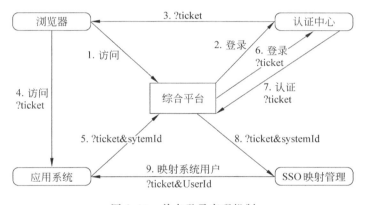

图 2.13　单点登录实现机制

　　这种设计的优点在于,当基础数据库如部署或数据库类型等环境形式发生变化时,仅需修改访问接口,当访问内容或格式发生变化时仅需要修改数据交换接口。数据接口分层实现可极大提高数据交换的兼用型和扩展性。数据接口的重点是数据交换接口的建设,数据交换接口支持三种数据交换模式:数据库适配器模式、API 模式、SOA 模式。

　　4)协同办公机制

　　协同办公机制如图 2.16 所示,其中的业务工作处理实现机理如图 2.17 所示。

　　5)组件实现

　　组件实现(参见图 2.18),其中的过程监控预期效果如图 2.19 所示。

　　结构实现的例子如图 2.20 所示。

　　协同办公部分运行界面如图 2.21~图 2.25 所示。

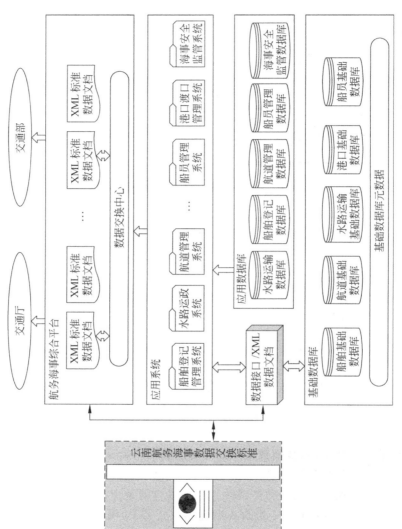

图 2.14 数据整合结构

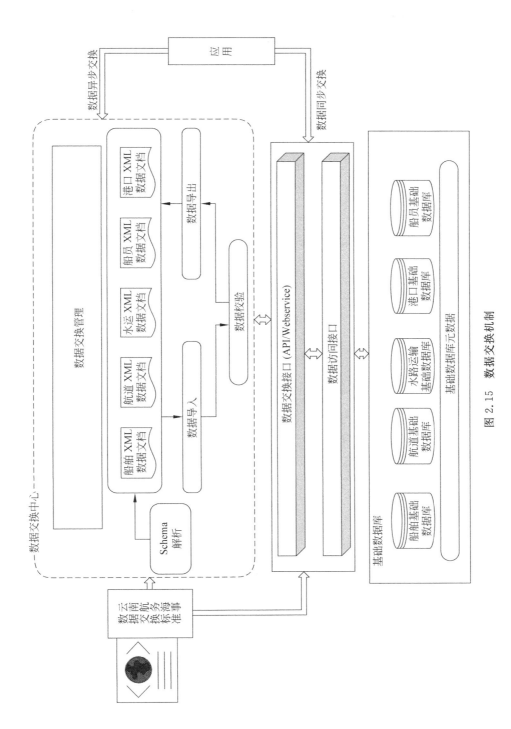

图 2.15 数据交换机制

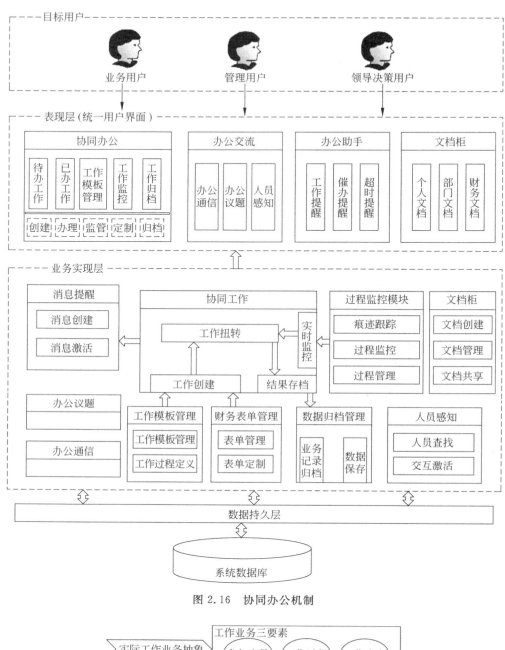

图 2.16　协同办公机制

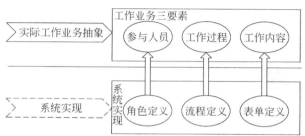

图 2.17　业务工作处理实现机理

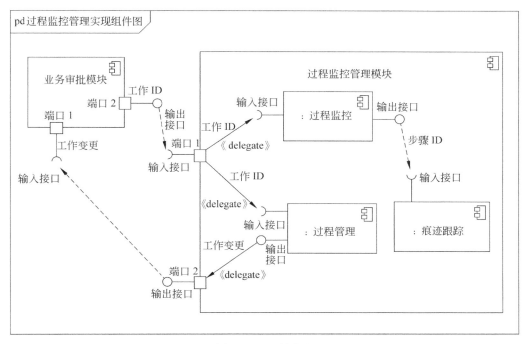

图 2.18　组件实现

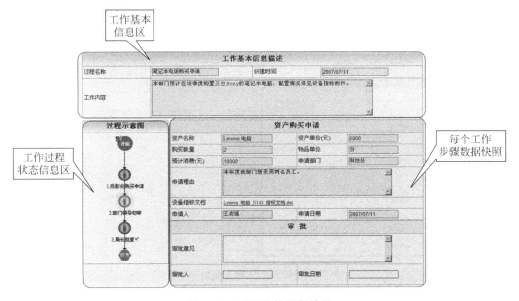

图 2.19　过程监控预期效果

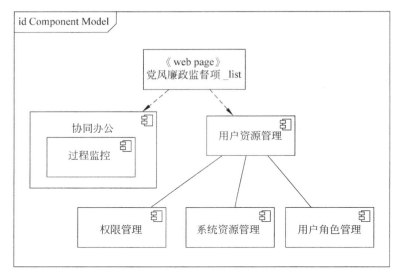

图 2.20　结构实现的例子

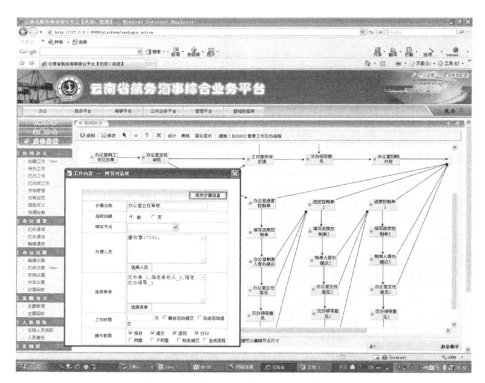

图 2.21　协同办公部分运行界面(1)

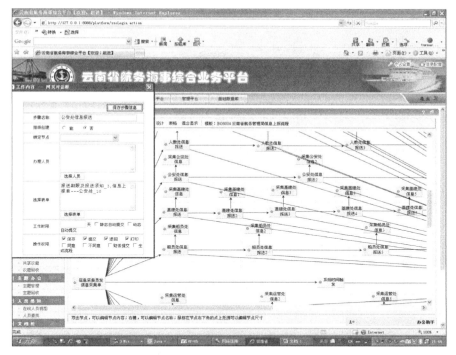

图 2.22　协同办公部分运行界面(2)

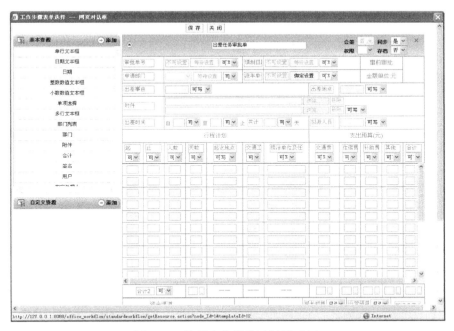

图 2.23　协同办公部分运行界面(3)

图 2.24　协同办公部分运行界面(4)

图 2.25　协同办公部分运行界面(5)

2.6 小　　结

本章重点研究数据采集、集成技术和数据预处理方法,由于数据采集的数据对象种类和数据源复杂,对于时间序列、Web 数据、多媒体数据和空间数据这四类特殊种类的数据采集需求做出重点阐述。在数据集成技术方面主要介绍 3G 与 MIS 的集成技术、异构数据的集成和集成系统开发技术;在数据预处理方面主要介绍数据清理、数据融合、数据变换和数据归约操作,重点研究基于样本数据划分的通用数据挖掘模型系统;最后介绍基于数据仓库系统中数据采集系统中的中间件技术的应用实例。

思　考　题

1. 阐述时间序列、Web 数据、多媒体数据和空间数据的特征。
2. 列举数据集成技术。
3. 说明数据清理的技术方法。
4. 描述数据融合的技术方法。
5. 说明数据变换的相关技术方法。
6. 描述数据归约的多种操作方法。
7. 描述基于样本数据划分的通用数据挖掘模型系统。
8. 解释中间件技术的定义与分类。

第3章 多维数据分析与组织

本章介绍联机分析处理的定义、特点和一般的评价准则,从概念模型、逻辑模型、物理模型三个层面阐述了多维数据模型与结构;介绍多维数据分析的基本操作和相关工具,以及不同的多维分析工具的特点;结合联机分析处理和数据挖掘的优势,提出联机分析挖掘的概念及特征。

3.1 多维数据分析概述

3.1.1 联机分析处理的定义和特点

1. 联机分析处理的定义

联机分析处理(On-Line Analysis Processing,OLAP)的概念最早是由关系数据库之父E. F. Codd 于 1993 年提出的。Codd 认为联机事务处理(On-Line Transaction Processing,OLTP)已不能满足终端用户对数据库查询分析的要求,SQL 对大型数据库的简单查询也不能满足用户分析的需求。用户的决策分析需要对关系数据库进行大量计算才能得到结果,而查询的结果并不能满足决策者提出的需求。因此,Codd 提出了多维数据库和多维分析的概念,即联机分析处理。

OLAP 是针对特定问题的联机数据访问和分析。通过对信息(维数据)的多种可能的观察形式进行快速、稳定、一致和交互性的存取,允许管理决策人员对数据进行深入观察。OLAP 委员会对联机分析处理的定义为:使分析人员、管理人员或执行人员能够从多种角度对从原始数据中转化出来的、能够真正为用户所理解的,并真实反映企业特性的信息进行快速、一致、交互的存取,从而获得对数据的更深入了解的一类软件技术。

2. 联机分析处理技术的特点

OLAP 技术的主要特点有两个:一是在线性(On-line),表现为对用户请求的快速响应和交互操作;二是多维分析(Multi-dimension Analysis),也是 OLAP 技术的核心所在。具体特征可分为以下四点:

(1) 多维性(Multi-dimensional):多维性是 OLAP 的关键属性。系统必须提供对数据的多维视图分析,包括对层次维和多重层次维的完全支持。OLAP 最显著的特征是它能提供数据的多维概念视图。在 OLAP 数据模型中,多维信息被抽象为一个立方体,它包括维和度量。维就是观察角度,而度量则是指标值。多维结构是 OLAP 的核心,OLAP 展现在用户面前的就是一幅幅多维视图。这些多维视图能使最终用户从多角度、多侧面、多层次直观地考察数据仓库中的数据,从而深入地理解包含在数据中的信息及其内涵。以多维视图的形式把数据提供给用户,既迎合了用户的思维模式又减少了概念上的混淆,同时也降低了出现错误解释的可能性。

（2）快速性（Fast）：用户对 OLAP 的快速反应能力有很高的要求。一般认为 OLAP 系统应在几秒内对用户的分析请求做出响应。如果终端用户在 30 秒内没有得到系统响应就会变得不耐烦，因而可能失去分析主线索，影响分析质量。对于大量的数据分析要达到这个速度并不容易，因此就更需要一些技术上的支持，如专门的数据存储格式、大量的事先运算、特别的硬件设计等。

（3）可分析性（Analyzability）：OLAP 系统应能处理与应用有关的任何逻辑分析和统计分析。尽管系统可以事先编程，但并不意味着系统定义了所有的应用。在应用 OLAP 的过程中，用户无须编程就可以定义专门计算，并将其作为分析的一部分，以用户所希望的方式给出报告。用户可在 OLAP 平台上进行数据分析，也可连接到其他外部分析工具上。

（4）信息性（Information）：不论数据量有多大，也不管数据存储在何处，OLAP 系统应能及时获得信息，并且管理大容量信息。这里有许多因素需要考虑，如数据的可复制性、可利用的磁盘空间、OLAP 产品的性能以及数据仓库的结合度等。

随着 OLAP 技术的应用范围日渐广泛，出现了一些新的技术，如面向对象的联机分析处理（Object-oriented OLAP，OOLAP）、对象关系的联机分析处理（Object Relational OLAP，OROLAP）、分布式联机分析处理（Distributed OLAP，DOLAP）、时态联机分析处理（Temporal OLAP，TOLAP）。

3.1.2　联机分析处理的评价准则

E. F. Codd 同时提出了关于 OLAP 的 12 条准则来描述 OLAP 系统。

准则 1：OLAP 模型必须提供多维概念模型。从用户分析员的角度来看，整个企业的视图本质上是多维的，OLAP 模型必须提供多维概念视图，因此 OLAP 的概念模型也应是多维的。

准则 2：透明性准则。无论 OLAP 是否是前端产品的一部分，对用户来说它都是透明的，如果在客户/服务器结构中提供 OLAP 产品，那么对最终分析员来说，它同样也应透明。

准则 3：存取能力准则。OLAP 系统不仅能进行开放的存取，而且还提供高效的存取策略。OLAP 用户分析员不仅能在公共概念视图的基础上对关系数据库中的企业数据进行分析，而且在公共分析模型的基础上还可以对关系数据库、非关系数据库和外部存储的数据进行分析。

准则 4：稳定的报表性能。当数据维数和数据的综合层次增加时，提供给最终分析员的报表能力和响应速度不应该有明显的降低和减慢，这时维护 OLAP 产品的易用性和低复杂性至关重要。

准则 5：客户/服务器体系结构。OLAP 是建立在客户/服务器体系结构上的，它要求多维数据库能够被不同的应用和工具访问到，服务器智能地以最小的代价完成多种服务器之间的映射，并确定它们的一致性，从而保证透明性和建立统一的公共概念模式、逻辑模式和物理模式。

准则 6：维的等同性准则。每一个数据维在数据结构和操作能力上都是等同的，系统可以将附加的操作能力授给所选维，但必须保证该操作能力可以授给任意的其他维，即要求维上的操作是公共的。

准则 7：动态稀疏矩阵处理准则。OLAP 工具的物理模型必须充分适应指定的分析模型，提供最优的稀疏矩阵处理，这是 OLAP 工具所应遵循的最重要的准则之一。

准则 8：多用户支持能力准则。多用户分析员可以同时工作于统一分析模型上或者在同企业数据上建立不同的分析模型，OLAP 工具必须提供并发访问、数据完整性及安全性机制。

准则 9：非受限的跨维操作。多维数据之间存在固有的关系，这就要求 OLAP 工具能自己推导而不是由最终用户明确定义出相关的计算。对于无法从固有关系中得到的计算，要求系统提供计算完备的语言来定义计算公式。

准则 10：直观的数据处理。这一准则要求数据操纵直观易懂，路径重定位、向上综合、向下挖掘和其他操作都可以通过直观、方便的点拉操作完成。

准则 11：灵活的报表生成。报表必须从各种可能的方面显示出从数据模型中综合出的数据和信息，充分反映数据分析模型的多维特征。

准则 12：非受限的维与维的层次。OLAP 工具的维数不小于 15 维，用户分析员可以在任意给定的综合路径上建立任意多个聚集层次。

然而，E. F. Codd 提出的 OLAP 的 12 条准则只是提供了一种数据技术的观点，而不是基准。术语 OLAP 被用来很好地描述为推动公司决策制定、分析设计的数据库和使其所指示的数据仓库的数据能被很容易访问的工具。

3.1.3　多维数据分析的主要概念

OLAP 的目标是满足决策支持或者满足在多维环境下特定的查询和报表需求，它的技术核心是"维"，下面对这个概念和其他相关概念进行介绍。

1.　维（Dimension）

维是人们观察客观世界的角度，是一种高层次的类型划分。维一般包含着层次关系，这种层次关系有时会相当复杂。通过把一个实体的多项重要的属性定义为多个维，使用户能对不同维上的数据进行比较。OLAP 展现在用户面前的是一幅幅多维视图，因此 OLAP 也可以说是多维数据分析工具的集合。例如：企业常常关心产品销售数据随着时间推移而产生的变化情况，这是从时间的角度来观察产品的销售，所以时间是一个维（时间维）；企业也时常关心自己的产品在不同地区的销售分布情况，这是从地理分布的角度来观察产品的销售，所以地理分布也是一个维（地理维），其他还有产品维、顾客维等。

2.　维的层次（Level）

人们观察数据的某个特定角度（即某个维）还可以存在细节程度不同的各个描述方面，我们称多个描述方面为维的层次。一个维往往具有多个层次，例如描述时间维时，可以从日期、月份、季度、年等不同层次来描述，那么日期、月份、季度、年等就是时间维的层次。同样，城市、地区、国家等构成了地理维的层次。

3.　维成员（Member）

维的一个取值称为该维的一个维成员，是数据项在某维中位置的描述。如果一个维是多层次的，那么该维的维成员由各个不同维层次的取值组合而成。例如，时间维具有日期、月份、年这三个层次，分别在日期、月份、年上各取一个值组合起来，就得到了时间维的一个维成员，即"某年某月某日"。一个维成员并不一定在每个维层次上都要取值，例如"某年某月"、"某月某日"、"某年"等都是时间维的维成员。例如对一个销售数据来说，时间维的维成员"某年某月某日"就表示该销售数据是"某年某月某日"的销售数据。

4. 观察变量

变量是数据的实际意义，即描述数据是"什么"。例如，数据 10 000 本身并没有意义或意义未定，它可能是一个学校的学生人数，也可能是某产品的单价，还可能是某商品的销售量等。在 OLAP 中的观察变量是一个数值型数据。

5. 多维数组

一个多维数组可以表示为（维 1，维 2，…，维 n，变量）。例如：若日用品销售数据是按时间、地区和销售渠道组织起来的三维立方体，加上变量销售额，就组成了一个多维数组（地区，时间，销售渠道，销售额），如果在此基础上再扩展一个产品维，就得到一个四维的结构，其多维数组为（产品，地区，时间，销售渠道，销售额）。

6. 数据单元（单元格）

多维数组的取值称为数据单元。当多维数据的各个维都选中一个维成员，这些维成员的组合就唯一确定了一个变量的值。那么数据单元就可以表示为（维 1，维 2，…，维 n，变量的值）。例如在产品、地区、时间和销售渠道上各取维成员"笔记本电脑"、"上海"、"2000 年 1 月"和"批发"后就唯一确定了变量"销售额"的一个值，假设其为 100 000，则该数据单元表示为（笔记本电脑，上海，2000 年 1 月，批发，100 000）。

7. 多维数据集的度量值

前面的变量在实际应用中叫做多维数据集的度量值，这些值应该是数字。度量值是多维数据集的核心值，是最终用户在数据仓库应用中所需要查看的数据，这些数据一般是销售量、成本和费用等。

3.2　多维数据模型与结构

3.2.1　多维数据的概念模型

多维数据概念模型涉及的核心任务是通过信息包图确定数据仓库的主题和大部分元数据。所要完成的任务是界定系统边界，确定主要的主题域及其内容。概念模型设计的成果是在原有数据库的基础上建立一个较为稳固的概念模型。

概念模型设计也就是通常所说的需求分析，在与用户交流的过程中，确定数据仓库所需要访问的信息，这些信息包括当前、将来以及与历史相关的数据。在需求分析阶段确定操作数据、数据源以及一些附加数据，设计容易理解的数据模型，有效地完成查询和数据之间的映射。

由于数据仓库的多维性，利用传统的数据流程图进行需求分析已不能满足需要。超立方(Hypercube)用超出三维的表示来描述一个对象，显然具备多维特性，完全可以满足数据

仓库的多维特性。利用自上而下方法设计一个超立方体的步骤为

（1）确定模型中需要抓住的商业过程，例如销售活动或销售过程；

（2）确定需要捕获的值，例如销售数量或成本，这些信息通常是一些数值；

（3）确定数据的粒度，亦即需要捕获的最低一级的详细信息。

由于超立方体在表现上缺乏直观性，尤其当维度超出三维后，数据的采集和表示都比较困难，因此可以采用一种称为信息包图的方法在平面上展开超立方体，即用二维表格反映多维特征。信息包图提供了一个用多维空间建立用户信息模型的方法，它提供了超立方体的可视化表示。信息包图拥有三个重要对象：指标、维度和类别。指标表明在维度空间衡量商务信息的一种方法，而类别是在一个维度内为了提供详细分类而定义的，其中的成员是为了辨别和区分特定数据而设。

信息包图集中在用户对信息包的需要，它定义主题内容和主要性能测试指标之间的关系，其目标就是为了满足用户需要。利用信息包图设计概念模型需要确定三大内容：

（1）确定指标。指标是访问数据仓库的关键所在，是用户最关心的信息。成功的信息包可以保证用户从信息包中获取需要的各个性能指标参数。

（2）确定维度。维度提供了用户访问数据仓库信息的途径，对应超立方体的每一面，位于信息包图的第一行的每一个栏目中。图 3.1 给出了一个合适的贷款分析的信息包图。每一维度作为信息包图上的一个列出现，类别作为信息包图的行给出，图 3.1 共六列（六个相关因素），因此该主题属于六维问题。通过对物流配送业务的需求分析，发现在物流配送业务中，主要关注的问题是货物的调配与运输费用。通过对运输时间、配送车辆的选择、配送货物种类和数量进行分析，可以得到很多重要的信息。因此在与其对应的信息包（见图 3.2）中给出了时间维度、货物维度和车辆维度。

合适的货款分析（主题）				维度 ——————→		
时期	地区	货款人		资产负债表	损益表	货款特点
年	省	货款人名字索引 A~Z		年初、年末	净利润	风险利率
季	市	某货款人（某企业）				
月	区					
旬	县					
指标／实际情况、货款额外负担、是否发生货款						

图 3.1　合适的贷款分析对应的信息包图

维度 ——————→		
全部时间	全部货物	全部车辆
年	货物分类	车辆类型
月	单个品种	单车
日		
时		
分		
度量指标：运送量、运送费用		

图 3.2　货物调配分析对应的信息包图

（3）确定类别。类别表示一个维度包含的详细信息，一个维度内最低层的可用分类又称为详细类别。

如果在一张平面表格上描述元素的多维性，其中的每一个维度用平面表格的某列表示，通常的维度是时间、地点、产品和顾客，而细化本列的对象就是类别。例如时间维度的类别可以细化到年、月、日，甚至小时。平面表格中的一个元素（对应超立方体中的一个单元格）可以表示：某年某月，在某商店的某类产品的销售额。创建信息包图时需要确定最高层和最低层的信息需求，以便最终设计出包含各个层次需要的数据仓库。对于复杂的商业要求进行需求分析时，有时一张信息包图不能反映所有情况，可能需要设计不同的信息包图来满足全部需求，此时应该保证多个信息包图中出现的维度信息和类别信息完全一致。

3.2.2 多维数据的逻辑模型

数据仓库逻辑模型描述了数据仓库主题的逻辑实现，目前数据仓库的逻辑建模主要采用维度建模。维度建模采用一种直观的标准框架结构来表现数据，并允许进行高性能存取，具有非常好的可扩展性。

以信息包图为核心的多维数据概念模型为多维数据的逻辑设计提供了完备的概念基础。同信息包图中的三个对象对应，星型模式拥有三个逻辑实体：维度、指标和类别。位于星型图中心的实体是指标实体，对应信息包图中的指标对象；位于星型图星角上的实体是维度实体，对应信息包图中的维度对象；而详细类别实体，它对应信息包图中的类别对象。一个维度内的一个单元就是一个类别，代表该维度内的一个单独层次。

1. 星型模式

星型模式（Star Schema）是一种多维的数据模型，它由一个事实表（Fact Table）和一组逻辑上围绕这个事实表的维表（Dimension Table）组成。处在中间的是事实表，事实表是星型模型的核心，用于存放大量的具有业务性质的事实数据，事实表中包含了度量属性和指向周围维表的外码，即事实和外码组合成的事实表主码；维表位于事实表周围，包含一个维的描述信息；事实表中的一个事实指向每个维表中的一个元组。事实表中存放的大量数据，是同主题密切相关的、用户最关心的、对象的度量数据。用户依赖于维表中的维度属性，对事实表中的事实数据进行查询、分析，从而得到支持决策的数据。星型模式的结构图如图3.3所示。

通过分析某零售百货连锁店的数据仓库，可以得到其星型模式结构图如图3.4所示。

图 3.3　星型模式结构图

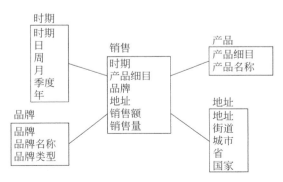

图 3.4　连锁店销售数据仓库星型模式

使用星型模型主要有两方面的原因：

（1）提高查询的效率。采用星型模式设计的数据仓库的优点是由于数据的组织已经过预处理，主要数据都在庞大的事实表中，所以只要扫描事实就可以进行查询，而不必把多个庞大的表连接起来，查询访问效率较高。同时由于维表一般都很小，甚至可以放在高速缓存中，与事实表作连接时其速度较快。

（2）便于用户理解。对于非计算机专业的用户而言，星型模型比较直观，通过分析星型模型，很容易组合出各种查询。

2. 雪花模式

雪花模式（Snowflake Schema）是星型模式的扩展和进一步规范化，结构模式图形类似雪花的形状，维表分解成与事实表直接关联的主维表和与主维表关联的次维表。即维表除了具有星型模型中的维表功能外，还连接上对事实表进行详细描述的详细类别表，通过对事实表在有关维上的详细描述，达到缩小事实表、提高查询效率的目的。雪花模型比星型模型增加了层次结构，体现了维的不同粒度的划分。雪花结构的模式图如图 3.5 所示。

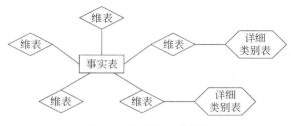

图 3.5　雪花模式结构图

通过分析某零售百货连锁店的数据仓库，可以得到其雪花模式结构图如图 3.6 所示。

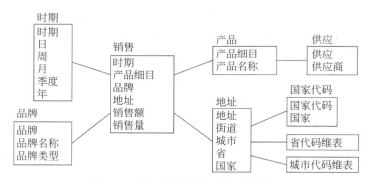

图 3.6　连锁店销售数据仓库雪花模式

雪花模型的优点是：

（1）在一定程度上减少了存储空间；

（2）规范化的结构更容易更新和维护。

雪花模型也存在以下缺点：

（1）雪花模型比较复杂，用户不容易理解；

（2）浏览内容相对困难；

（3）额外的连接会使查询性能下降。

3. 星系模式

星系模式（Galaxy Schema）：当多个主题之间具有公共的维时，可以把围绕这些主题组织的星型模式通过共享维表，把事实表相互连接起来。这种多个事实表共享维表的星型模式集称为星系模式。星系模式结构图如图 3.7 所示。

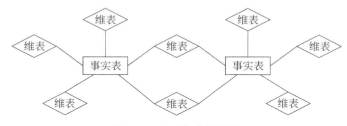

图 3.7　星系模式结构图

通过分析货物销售与配送的过程，得到其星系模型图如图 3.8 所示。

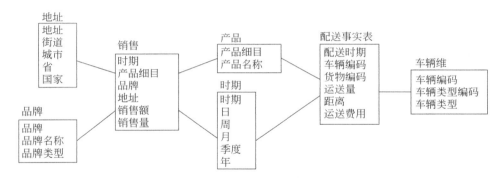

图 3.8　连锁店销售与配送多维数据的星系模型图

虽然星型模式、雪花模式和星系模式这些结构化的多维数据模型都考虑了如何表示多维数据模式中的多维层次结构的问题，但仍具有局限性，雪花模式可表示维层次结构，但要求维层次的路径长度都一样，且同一层次树上的同层节点具有相同的属性集。为了更好地表示数据仓库系统中多维数据的层次结构，需要采用支持不平衡、异构的维层次结构的多维数据模型，充分表达数据仓库的复杂数据结构，并将其作为一种具有普遍适用性和灵活性的多维数据组织的形式化定义与知识描述方法，具体请参考本书第 1.3 节的相关内容。

3.2.3　多维数据的物理模型

物理模型设计的主要任务是确定数据的存储结构、索引策略、数据存放位置及存储分配等。确定数据仓库实现的物理模型，要求设计人员必须做到：全面了解所选用的数据库管理系统，特别是存储结构和存取方法；了解数据环境、数据的使用频度、使用方式、数据规模以及响应时间要求等，这些是对时间和空间效率进行平衡和优化的重要依据；了解外部存储设备的特性，如分块原则、块大小的规定、设备的 I/O 特性等。

1．OLAP 多维数据结构

OLAP 系统按照其存储器的数据存储格式可以分为关系 OLAP（Relational OLAP，ROLAP）、多维 OLAP（Multi-dimensional OLAP，MOLAP）和混合型 OLAP（Hybrid OLAP，HOLAP）三种类型。

（1）ROLAP 表示基于关系数据库的 OLAP 实现。以关系数据库为核心，以关系型结构进行多维数据的表示和存储。ROLAP 将多维数据库的多维结构划分为两类：一类是事实表，用来存储数据和维关键字；另一类是维表，即对每个维至少使用一个表来存放维的层次、成员类别等维的描述信息。维表和事实表通过主关键字和外关键字联系在一起，形成了"星型模式"。对于层次复杂的维，为避免冗余数据占用过大的存储空间，可以使用多个表来描述，即形成"雪花模式"。ROLAP 将分析用的多维数据存储在关系数据库中并根据应用的需要有选择地定义一批实视图作为表也存储在关系数据库中。不必将每一个 SQL 查询都作为实视图保存，只定义那些应用频率比较高、计算工作量比较大的查询作为实视图。对每个针对 OLAP 服务器的查询，优先利用已经计算好的实视图来生成查询结果以提高查询效率。同时用作 ROLAP 存储器的关系数据库管理系统（Relational DataBase Management System，RDBMS）也针对 OLAP 作相应的优化，比如并行存储、并行查询、并行数据管理、基于成本的查询优化、位图索引、SQL 的 OLAP 扩展（Cube，Rollup）等。

（2）MOLAP 表示基于多维数据组织的 OLAP 实现。以多维数据组织方式为核心，也就是说，MOLAP 使用多维数组存储数据。多维数据在存储中将形成"立方块（Cube）"的结构，在 MOLAP 中对"立方块"的"旋转"、"切块"、"切片"是产生多维数据报表的主要技术。MOLAP 将 OLAP 分析所用到的多维数据在物理上存储为多维数组的形式，形成"立方块"的结构。维的属性值被映射成多维数组的下标值或下标的范围，而总结数据作为多维数组的值存储在数组的单元中。由于 MOLAP 采用了新的存储结构，从物理层起实现，因此又称为物理 OLAP（Physical OLAP）；而 ROLAP 主要通过一些软件工具或中间软件实现，物理层仍采用关系数据库的存储结构，因此称为虚拟 OLAP（Virtual OLAP）。

（3）HOLAP 表示基于混合数据组织的 OLAP 实现。如低层是关系型的，高层是多维矩阵型的。这种方式具有更好的灵活性。由于 MOLAP 和 ROLAP 有着各自的优点和缺点，且它们的结构迥然不同，给分析人员设计 OLAP 结构提出了难题。因此一个新的OLAP 结构-混合型 OLAP 被提出，它能把 MOLAP 和 ROLAP 两种结构的优点结合起来。迄今为止，对 HOLAP 还没有一个正式的定义。但很明显，HOLAP 结构不应该是 MOLAP与 ROLAP 结构的简单组合，而是这两种结构技术优点的有机结合，能满足用户各种复杂的分析请求。

实现 HOLAP 的方法有三种：

① 同时提供多维数据库（Multi-Dimensional DataBase，MDDB）和 RDBMS，让开发人员选择。采用这种方法，开发人员可以选择把信息存放在 MDDB 中或 RDBMS 中，但不能同时存放在 MDDB 和 RDBMS 中。

② 在运行时把对关系数据库的查询结果存入多维数据库。HOLAP 系统利用开发人员定义的一个静态结构的多维模型来暂存在运行时检索出的数据。当客户端提交一个分析请求时，系统先检查这个多维结构缓存中是否有分析所需要的数据，如果没有，则产生 SQL

语句从 RDBMS 中把相应的数据载入多维数据的缓存中。

③ 利用一个多维数据库存储高级别的综合数据,同时用 RDBMS 存储细节数据。这种方法是如今被认为实现 HOLAP 结构较为理想的方法,它结合了 MOLAP 和 ROLAP 的优点。在该方法中,客户端用户提交一个分析请求,由系统从 MDDB 中提取经过综合的数据或从 RDBMS 提取细节数据。

2. OLAP 多维数据结构的比较

1) 存储结构上的比较

在 ROLAP 中对数据进行单项查询时,比较容易处理;但对数据进行钻取时,就比较麻烦了,需要对 ROLAP 的所有数据进行查询,并进行汇总,系统的效率必然降低。而 MOLAP 则只需要对库按行或列进行统计即可,其性能远优于 MOLAP。MOLAP 在 OLAP 系统中的优势,表现在查询速度高和结构清晰明了。但当维数扩展到三维或更高的维度时,成了超立方体的结构,其数据的存储是由许多类似于数组的对象来完成的,这些对象中包含经过压缩的索引和指针,利用这些索引和指针将许多存储数据的单元块联结在一起。实际中,有多维数据的稀疏矩阵问题。MOLAP 在实际应用中的数量存储往往增长较快,尤其在所创建的多维模式中拥有多个维时。但在所增加的空间中有的可能没有实际值出现,会使多维表形成一个稀疏矩阵,因此而浪费大量空间。即使采用各种方法来压缩,也不能根本解决,这势必将造成空间需求爆炸性增长。而 ROLAP 中使用的关系数据库,一般不会出现稀疏矩阵的情况,在实际应用中,只要磁盘空间足够大,ROLAP 数据库可以支持无限增长的数据存储要求,且大多数的多维数据库的容量不能无限增长。由于 ROLAP 中的事实表和维表都要使用二维关系表存放,在多维数据集的构造中,必须通过维表和事实表的联结来实现。

2) 数据更新上的比较

MOLAP 需要在建立多维数据库前确定各个维度以及维度的层次关系。在多维数据库建立之后,如果要增加新的维度,则多维数据库通常需要重新建立。而 ROLAP 增加一个维度只是增加一张维表并修改事实表,系统中其他维表不需要修改,因此 ROLAP 对于维度的变更有很好的适应性。由于多维数据通过预综合处理来提高速度,当数据频繁地变化时,MOLAP 需要进行大量的重新计算,甚至重新建立索引,乃至重构多维数据库。而在 ROLAP 中预综合处理通常由设计者根据需求制定,因此灵活性较好,对于数据变化的适应性高。

3) 性能上的比较

在 ROLAP 中,多维数据立方体并没有真正存在,通常在接收 OLAP 请求后,ROLAP 服务器需要将 SQL 语句转化为多维存取语句,并利用连接运算拼合出(部分)多维数据立方体,因此,ROLAP 的响应时间较长。MOLAP 是专为 OLAP 设计的,能够自动建立索引,在存取速度上占优势。但是,MOLAP 在预计算,系统响应时间上的优点是通过牺牲存储空间换来的。对于 HOLAP 来说,常用的维度和维层次,使用多维数据表来记录;对于不常用的维度和数据,采用类似于 ROLAP 星型结构来存储。它在存储容量上小于 MOLAP 方式,数据存取速度上又低于 MOLAP,在性能上都介于 MOLAP 和 ROLAP 之间,其技术复杂度高于 ROLAP 和 MOLAP。HOLAP 技术从理论上来说较成熟,而实践中只能根据具体情况来决定应用哪种结构。其决定因素很多,应用规模是一个主要因素。如果需要建立一个大型的、功能复杂的企业级数据仓库,那就可能选择 ROLAP。如果希望建立一个目标单一、维数不是很多的分析型数据集市,那么 MOLAP 可能是一个较佳的选择。

3.3   多维数据分析应用与工具

3.3.1   多维数据分析的基本操作

数据仓库中的多维数据根据其维度可以用立方体或者超立方体表示。如果数据的维度超过三个,我们可以利用立方体的思想建立"超立方体"来表示。多维分析是指对以多维形式组织起来的数据采取多种分析操作,以求剖析数据,使分析者、决策者能从多个角度、多侧面地观察数据库中的数据,从而深入地了解包含在数据中的信息、内涵。这些操作包括切片(Slice)、切块(Dice)、旋转(Rotate)、钻取(Drill)等。多维分析方式迎合了人的思维模式,因此,减少了混淆并且降低了出现错误解释的可能性。

(1)切片和切块是在一部分维上选定值后,关心度量数据在剩余维上的分布。在多维分析过程中,如果要对多维数据集的某个维选定一维成员,这种选择操作,就可以称为切片。如果对两个或两个以上的维选定维成员,这种选择操作可以称为切块。实际上,切块操作也可以看成是进行多次切片操作以后,将每次切片操作所得到的切片重叠在一起而形成的。在多维数据结构中,按二维进行切片,按三维进行切块,可得到所需要的数据。如在"城市、产品、时间"三维立方体中进行切块和切片,可得到各城市、各产品的销售情况。其中有两个重要的概念必须掌握:一个是多维数据集的切片数量多少是由所选定的那个维的维成员数量的多寡所决定的;另一个是进行切片操作的目的是使人们能够更好地了解多维数据集,通过切片的操作可以降低多维数据集及其维度,使人们能将注意力集中在较少的维度上进行观察。图 3.9 给出了三维数据的切片与切块的示意图。

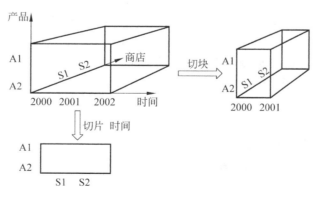

图 3.9   三维数据的切片与切块

(2)钻取是改变维的层次,变换分析的粒度。维层次实际上反映了数据的综合程度。层次越高,代表数据综合度越高,细节越少。钻取包含向下钻取(Drill-down)和向上钻取(Drill-up)/上卷(Roll-up)操作,钻取的深度与维所划分的层次相对应。Drill-up 是在某一维上将低层次的细节数据概括到高层次的汇总数据，或者减少维数；而 Drill-down 则相反，它从汇总数据深入到细节数据进行观察或增加新维（见图 3.10）。

地区	销售额		操作		地区	销售额			
	2002		向下钻取 (Drill-down)			一季度	二季度	三季度	四季度
中国	20 000				中国	5000	6000	4000	5000
美国	10 000		向上钻取 (Drill-up)		美国	2000	3000	3300	1700
日本	24 000				日本	4000	7000	6000	7000

图 3.10　OLAP 的钻取操作

（3）旋转是变换维的方向，即在表格中重新安排维的放置（例如行列互换）。通过旋转可以得到不同视角的数据。

3.3.2　多维数据分析的工具及特点

1. Cognos 公司的 PowerPlay

- 商务绩效评估（Business Performance Measurement，BPM）提供全面的报告和分析环境；
- 向决策者提供企业运行效率的各种关键数据，进行各种各样的分析；
- 只用鼠标点击、拖拉就可以浏览多维数据；
- 自动利用 Web 发布得到的分析报告；
- 支持多种 OLAP Server：Microsoft OLAP Services、Hyperion Essbase、SAP BW、IBM OLAP for DB2；完备的授权和安全体系。

2. Business Objects 公司的 Business Objects（B.O.）

- 易用的 BI 工具，允许用户存取、分析和共享数据；
- 可应用多种数据源，如 RDB、ERP、OLAP、Excel 等；
- 可应用 VBA 和开放式对象模型来进行开发定制。

3. Microsoft 公司的 SQL Server OLAP Service

- 可以使用任何关系数据库或平面文件作为数据源，其中的 PivotTable Service 提供了客户端的数据缓存和计算能力；
- 实现 Client/Server 数据管理，提高响应速度，降低网络流量；
- 通过 OLE DB for OLAP，允许不同的客户端访问。

4. MicroStrategy 公司的 MicroStrategy7

- 新一代的智能平台（Intelligence Platform），面向电子商务应用 e-business 和电子客户关系管理（electronic Customer Relationship Management，eCRM）；
- 具有强大的分析能力；
- 以 Web 为中心的界面；
- 支持上百万的用户和 TB 的数据；快速开发能力，可直接利用已有的数据模式。

5. Oracle DW 公司的 Express Serve Oracle

- 支持 GB～TB 数量级;
- 采用类似数组的结构,避免了连接操作,提高分析性,能提供一组存储过程语言来支持对数据的抽取;用户可通过 Web 和电子表格使用;灵活的数据组织方式,数据可以存放在 Express Server 内,也可直接在 RDB 上使用;有内建的分析函数和 4GL 用户自己定制查询。

6. IBM 公司的 DB2 OLAP Server

- 强大的多维分析工具,把 Hyperion Essbase 的 OLAP 引擎和 DB2 的关系数据库集成在一起;
- 与 Essbase API 完全兼容;
- 数据用星型模型存放在关系数据库 DB2 中。

7. Essbase 公司的 Hyperion Essbase

- 以服务器为中心的分布式体系结构;
- 有超过 100 个的应用程序;
- 有 300 多个用 Essbase 作为平台的开发商;
- 具有几百个计算公式,支持多种计算;
- 用户可以自己构建复杂的查询;
- 快速的响应时间,支持多用户同时读写;
- 有 30 多个前端工具可供选择;
- 支持多种财务标准;
- 能与 ERP 或其他数据源集成。

8. Informix 公司的 Informix Metacube

- 采用 meta cube 技术,通过 OLE 和 ODBC 对外开放;
- 采用中间表技术实现多维分析引擎,提高响应时间和分析能力;
- 开放的体系结构可以方便地与其他数据库及前台工具进行集成。

9. Sybase 公司的 Power dimension

- 数据垂直分割(按"列"存储);
- 采用了突破性的数据存取方法-bit-wise 索引技术;
- 在数据压缩和并行处理方面有独到之处;
- 提供有效的预连接(Pro-Jion)技术。

10. Brio. Enterprise 公司的 Brio Enterprise

- 强大的易用的 BI 工具,提供查询、OLAP 分析和报告的能力;
- 支持多种语言,包括中文;
- Brio. Report 是强大的企业级报告工具。

3.4 从联机分析处理到联机分析挖掘

联机分析挖掘(On-Line Analysis Mining,OLAM)是联机分析处理技术与数据挖掘技术在数据库或数据仓库应用中的结合,是联系分析处理技术的新发展,也是近年来数据库领域的研究重点和热点。

3.4.1 联机分析挖掘形成原因

OLAP与DM虽同为数据库或数据仓库分析工具,但两者的侧重点不同。同时,随着OLAP与DM技术的应用和发展,数据库领域在OLAP基础上对深层次分析的需求与人工智能领域的数据挖掘技术的融合最终促成了联机分析挖掘技术。

一方面,分析工具OLAP功能虽强大,能为客户端应用程序提供完善的查询和分析,但它也存在不足,由于OLAP是一种验证性分析工具,是由用户驱动的,这很大程度上受到用户的假设能力的限制。OLAP分析事先需要对用户的需求有全面而深入的了解,然而用户的需求是不确定的,难以把握,所以OLAP分析常常采用试凑法搜索数据仓库,耗时多而且易产生一些无用的结果。另一方面,数据挖掘可以使用复杂算法来分析数据和创建模型来表示有关数据的信息,用户不必提出确切的要求,系统就能够根据数据本身的规律性,自动挖掘数据潜在的模式,或通过联想建立新的业务模型以辅助决策。但数据挖掘存在一些缺点:如DM由数据驱动,用户需要事先提出挖掘的任务,但很多时候是不能预先知道要挖掘什么样的知识的。若用户仅仅提出挖掘任务,DM工具就遍历整个数据库,将导致搜索空间太大。即使挖掘出了潜在有价值的信息,但它究竟用来做什么分析用,用户也可能不太清楚。

可将OLAP与DM结合使用。OLAP的分析结果可以补充到系统知识库中,为数据挖掘提供分析依据;数据挖掘发现的知识可以指导OLAP的分析,拓展OLAP分析的深度,以便发现OLAP所不能发现的更为复杂、细致的信息。不可否认,两者各有长处,也各有不足。OLAP缺乏灵活性、准确性,而数据挖掘实施代价高昂、实现困难。针对两者的优缺点,人们提出了OLAM。OLAM综合了OLAP和数据挖掘的功能,兼有OLAP多维分析的在线性、灵活性和数据挖掘对数据处理的深入性。借助OLAM,用户既可在多维数据库的不同部位和不同抽象级别交互地执行挖掘,又可以灵活选择所需要的数据挖掘功能,并动态交换数据挖掘任务。

3.4.2 联机分析挖掘概念及特征

1. 联机分析挖掘的概念

联机分析挖掘将联机分析处理与数据挖掘以及在多维数据库中发现的知识集成在一起,提供在不同的数据子集和不同的抽象层上进行数据挖掘的工具。联机分析挖掘为用户选择所期望的数据挖掘功能、动态修改挖掘任务提供了灵活性。在数据仓库的基础上提供更有效的决策支持,鉴于OLAP与DM技术在决策分析中的这种互补性,促成了OLAM技术的形成,其中所包含的关键技术可用如下公式表达:联机分析挖掘(OLAM)=数据仓库(DW)+联机分析处理(OLAP)+数据挖掘(DM)。

但 OLAM 不是这三种技术的单纯叠加,而是多种技术的无缝集成,这种集成将带来 OLAM 技术与其构件技术在基本概念、原理、技术、方法、机制、结构、使用等方面本质上的不同。OLAM 建立在多维数据视图的基础之上,基于超立方体的挖掘算法是其核心所在。超立方体计算与传统挖掘算法的结合使得数据挖掘有了极大的灵活性和交互性。这里所说的立方体计算方法一般指切片、切块、钻取、旋转等操作;而挖掘算法则是指关联、分类、聚类等基于关系型或事务型的挖掘算法。

根据立方体计算和数据挖掘所进行的次序不同组合可以有以下一些模式:

(1) 先进行立方体计算、后进行数据挖掘。在进行数据挖掘以前,先对多维数据进行一定的立方体计算,以选择合适的数据范围和恰当的抽象级别。

(2) 先对多维数据作数据挖掘,然后再利用立方体计算算法对挖掘出来的结果作进一步的深入分析。

(3) 立方体计算与数据挖掘同时进行。在挖掘的过程中,可以根据需要对数据视图作相应的多维操作。这也意味着同一个挖掘算法可以应用于多维数据视图的不同部分。

(4) 回溯操作。OLAM 的挖掘过程是对多维数据视图的一个不断深入的过程。OLAM 的标签的回溯特性,允许用户回溯一步或几步,或回溯至标志处,然后沿着另外的途径进行挖掘,这样用户在挖掘分析中可以交互式地进行立方体计算和数据挖掘。

联机分析处理概念正式提出是在 1997 年,由 Jiawei Han 教授等人在数据立方体的基础上提出多维数据挖掘的概念。这实际上是在 OLAP 系统的基础上,把数据分析算法、数据挖掘算法引进来,解决多维数据环境的数据挖掘问题。因此这时的 OLAM 实际上还是 OLAP 和 DM 的松散结合。之后,国内外研发人员在这方面展开了积极的工作,试图将 OLAP 和 DM 技术有机结合起来形成真正的 OLAM 技术和产品。其分析和挖掘的数据基础也扩大到包括多维数据模型和关系数据模型等在内的多种模型的异构环境,研究重点是如何实现 OLAP 和 DM 技术紧密集成,即针对在异构大数据量的环境中快速响应用户的数据分析和数据挖掘请求的问题进行深入研究。

2. 联机数据挖掘的功能特征

OLAM 融合了三种技术,兼有 OLAP 和 DM 的优点,在 DW 上的数据挖掘和分析更具有灵活性和交互性。其功能特征包括:

(1) 相对 OLAP 和 DW 技术,OLAM 具有较高的执行效率和较快的响应速度。

(2) OLAM 能对任何它想要的数据进行挖掘。OLAM 建立在 OLAP 基础上,因此能方便地对任何一部分数据或不同抽象级别的数据进行挖掘,甚至还可以直接访问存储在底层数据库里的数据。

(3) 在 OLAM 中,用户可以动态选择或添加挖掘算法,并可以动态切换挖掘任务。

(4) OLAM 中挖掘任务具有多样性,算法具有复杂性,因此应具有标签和回溯的功能。标签功能即标记用户的操作状态功能,回溯指的是退回到上次操作状态。OLAM 这种功能可以避免用户因算法的复杂性而在超立方体中"迷失方向"。

(5) OLAM 具有灵活的可视化工具。可视化工具以丰富的图文有效地显示分析和挖掘结果给用户,从而实现交互式处理。

(6) 良好的扩展性。这是指 OLAM 应该高度模块化,能与其他多个子系统集成。

（7）友好的人际交互能力。OLAM 的决策分析过程是要在人的指导下进行,人作为系统的组成部分和系统应用密不可分。人与计算机分别承担各自最擅长的工作,实现资源的合理配置。

3.5 小　结

本章主要阐述多维数据分析技术与方法,研究的主要内容有联机分析处理技术的定义、特性、评价准则及逻辑概念,多维数据的概念模型、逻辑模型、物理模型,OLAP 的多维数据分析基本操作,OLAP 流行产品介绍以及联机分析挖掘 OLAM 的形成原因、功能特征、分析操作与体系结构。

思　考　题

1. 说明 OLAP 技术的定义、特点和评价准则。
2. 解释 OLAP 多维数据结构的三种类型和比较。
3. 列举流行的 OLAP 工具和对应的特点。
4. 阐述联机分析挖掘产生的原因、概念和特征。

第4章 预测模型研究与应用

本章对预测模型展开深入的探讨,指出预测方法的分类和建模的一般步骤;重点阐述了四类典型的预测方法的数学模型和实例应用,包括一元线性回归、多元线性回归、非线性回归预测模型,佩尔、龚珀兹、林德诺三种趋势外推预测模型,移动平均、指数平滑和季节指数三类时间序列预测模型,马尔可夫预测模型。

4.1 预测模型的基础理论

4.1.1 预测方法的分类

按预测目标范围的不同,可分为宏观预测和微观预测,宏观经济预测是指对整个国民经济或一个地区、一个部门的经济发展前景的预测。而微观经济预测是以单个经济单位的经济活动前景作为考察的对象;按预测期限长短不同,可分为长期预测、中期预测和短期预测;按预测结果的性质不同,可分为定性预测与定量预测。

1. 定性预测

主要是根据事物的性质和特点以及过去和现在的有关数据,对事物做非数量化的分析,然后根据这种分析对事物的发展趋势做出判断和预测。定性预测在很大程度上取决于经验和专家的努力,依靠人们的主观判断来取得预测结果。其特点为:简单易行、花费时间少、应用历史较久。当缺乏统计数据,不能构成数学模型或环境变化很大,历史统计数据的规律无法反映事物变化规律时一般用定性预测。主要有以下几种方法:用户意见法(对象调查法)、员工意见法、个人判断、专家会议、特尔菲法、主观概率法、类推法、目标分解法等。这些方法在一定程度上存在片面性、准确度不太高的缺点,可以作为定性预测的辅助方法。

2. 定量预测

定量预测主要利用历史统计数据并通过一定的数学方法建立模型,以模型为主对事物的未来做出判断和预测的数量化分析,也称客观预测。本书所采用的定量预测模型体系如图 4.1 所示。

本章后几节将详细介绍定量预测方法中的回归分析、时间序列分析、趋势外推法、马尔可夫预测等方法。

4.1.2 预测方法的一般步骤

(1)预测目标分析和确定预测期限:确定预测目标和预测期限是进行预测工作的前提。

(2)进行调研,收集资料:预测以一定的资料和信息为基础,以预测目标为中心收集充分、详尽、可靠的资料。同时要去伪存真,去掉不真实和与预测对象关系不密切的资料。

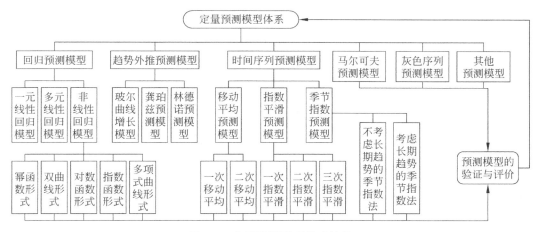

图 4.1　定量预测模型体系结构

（3）选择合适的预测方法：分别研究当前预测理论领域的各种预测模型和预测方法。预测方法的选取应服从预测的目的和资料、信息的条件。同时使用多种预测方法独立地进行预测，并对各种预测值分别进行合理性分析与判断。

（4）考虑模型运行平台：依据预测理论和预测方法，选择合适的数据库和编程语言实现预测模型系统。

（5）对预测的结果进行分析和评估：考核预测结果是否满足预测目标的要求，对各种预测模型进行相关检验，比较预测精确度。根据不同模型的拟合效果和精度，选取精度较高和拟合效果好的模型。

（6）模型的更新：应该根据最新的管理、经济动态和新到来的信息数据，重新调整原来的预测模型以提高预测的准确性。

4.2　回归分析预测模型

4.2.1　一元线性回归预测模型

一元线性回归分析是处理两个变量 x（自变量）和 y（因变量）之间关系的最简单模型，研究的是这两个变量之间的线性相关关系。通过该模型的讨论，不仅可以掌握有关一元线性回归的理论知识，而且可以从中了解回归分析方法的数学模型、基本思想、方法及应用。

4.2.1.1　数学模型

1. 一元回归公式

以影响预测的各因素作为自变量或解释变量 x 和因变量或被解释变量 y 有如下关系：

$$y_i = a + bx_i + u_i \quad (i = 1, 2, \cdots, n) \tag{4.1}$$

式（4.1）称为一元线性回归模型（One Variable Linear Regression Model），其中 u 是一个随机变量称为随机项；a、b 是两个常数，称为回归系数（参数）；i 表示变量的第 i 个观察值，共有 n 组样本观察值。

2. 建立模型与相关检验

1) 参数的最小二乘估计

相应于 y_i 的估计值 $\hat{y}_i = \hat{a} + \hat{b} x_i$，$\hat{y}_i$ 与 y_i 之差称为估计误差或残差，以 ℓ_i 表示，$\ell_i = y_i - \hat{y}_i$。显然，误差 ℓ_i 的大小是衡量估计量 $\hat{a}$，$\hat{b}$ 好坏的重要标志，以误差平方和最小作为衡量总误差最小的准则，并依据这一准则对参数 a, b 作出估计。令

$$Q = \sum_{i=1}^{n} (y_i - \hat{y}_i)^2 = \sum_{i=1}^{n} \ell_i^2 = \sum_{i=1}^{n} (y_i - \hat{a} - \hat{b} x_i)^2 \qquad (4.2)$$

使 Q 达到最小以估计出 $\hat{a}$，$\hat{b}$ 的方法称为最小二乘法（Method of Least-Squares）。由多元微分学可知，使 Q 达到最小的参数的 $\hat{a}$，$\hat{b}$ 的最小二乘估计量（Least-Squares Estimator of Regression Coefficient）必须满足：

$$\begin{cases} \dfrac{\partial Q}{\partial \hat{a}} = -2 \sum_{i=1}^{n} (y_i - \hat{a} - \hat{b} x_i) = 0 \\ \dfrac{\partial Q}{\partial \hat{b}} = -2 \sum_{i=1}^{n} (y_i - \hat{a} - \hat{b} x_i) x_i = 0 \end{cases} \qquad (i = 1, 2, \cdots, n) \qquad (4.3)$$

解上述方程组得

$$\hat{b} = \frac{\displaystyle\sum_{i=1}^{n} x_i y_i - \bar{x} \sum_{i=1}^{n} y_i}{\displaystyle\sum_{i=1}^{n} x_i^2 - \bar{x} \sum_{i=1}^{n} x_i} = \frac{\displaystyle\sum_{i=1}^{n} x_i y_i - n \bar{x} \bar{y}}{\displaystyle\sum_{i=1}^{n} (x_i - \bar{x})^2}, \quad \hat{a} = \bar{y} - \hat{b} \bar{x} \qquad (4.4)$$

其中：$\bar{x} = \dfrac{1}{n} \sum_{i=1}^{n} x_i$，$\bar{y} = \dfrac{1}{n} \sum_{i=1}^{n} y_i$。

若令

$$l_{xx} = \sum_{i=1}^{n} (x_i - \bar{x})^2 \qquad l_{yy} = \sum_{i=1}^{n} (y_i - \bar{y})^2 \qquad l_{xy} = \sum_{i=1}^{n} (x_i - \bar{x})(y_i - \bar{y})$$

则式（4.4）可以写成

$$\begin{cases} \hat{a} = \bar{y} - \hat{b} \bar{x} \\ \hat{b} = \dfrac{l_{xy}}{l_{xx}} \end{cases}$$

2) 相关性检验

一般情况下，在一元线性回归时，用相关性检验较好，相关系数 R（Sample Correlation Coefficient）是描述变量 x 与 y 之间线性关系密切程度的一个数量指标。

$$R = \frac{\displaystyle\sum_{i=1}^{n} x_i y_i - n \bar{x} \bar{y}}{\sqrt{\displaystyle\sum_{i=1}^{n} x_i^2 - n \bar{x}^2} \sqrt{\displaystyle\sum_{i=1}^{n} y_i^2 - n \bar{y}^2}} = \frac{l_{xy}}{\sqrt{l_{xx} l_{yy}}} \quad (-1 \leqslant R \leqslant 1) \qquad (4.5)$$

查相关系数临界值表，若 $R > R_a(n-2)$，则线性相关关系显著，通过检验，可以进行预测；反之，没有通过检验，该一元回归方程不可以作为预测模型。

3．应用回归方程进行预测

1）预测值的点估计

当方程通过检验后，由已经求出的回归方程和给定的某一个解释变量 x_0，可以求出此条件下的点预测值，输入 x_0 的值，则预测值为 $\hat{y}_0 = \hat{a} + \hat{b} x_0$。

2）区间估计

为估计预测风险和给出置信水平（Confidence Level），应继续做区间估计（Interval Estimation），也就是在一定的显著性水平下，求出置信区间（Confidence Region），即求出一个正实数 δ，使得实测值 y_0 以 α 的概率落在区间 $(\hat{y}_0 - \delta, \hat{y}_0 + \delta)$ 内，满足 $P(\hat{y}_0 - \delta, \hat{y}_0 + \delta) = \alpha$。由于预测值和实际值都服从正态分布，从而预测误差 $y_0 - \hat{y}_0$ 也服从正态分布，$\delta = t_{\frac{\alpha}{2}}(n-2) \times \sigma \times \sqrt{1 + \frac{1}{n} + \frac{(x_0 - \bar{x})^2}{l_{xx}}}$，$\sigma = \sqrt{(l_{yy} - b \times l_{xy})/(n-2)}$，求出 δ 后将得出结论：在 α 的概率下，预测范围为 $(\hat{y}_0 - \delta, \hat{y}_0 + \delta)$。

4.2.1.2　一元线性回归模型实例

表 4.1 给出的是 1991—2002 年某城市的水路货运量，下面将根据此表数据建立一元线性回归模型并对 2002 年以后的水路货运量进行预测。

表 4.1　1991—2002 年某城市的水路货运量

序号 x_i	年份	水路货运量 y_i	序号 x_i	年份	水路货运量 y_i
1	1991	1659	7	1997	2364
2	1992	1989	8	1998	2354
3	1993	2195	9	1999	2418
4	1994	2255	10	2000	2534
5	1995	2329	11	2001	2568
6	1996	2375	12	2002	2835

具体过程如下所示，其中在计算过程中所用到的中间数据均列入表 4.2。

1．计算 $\bar{x}, \bar{y}$

$$\bar{x} = \frac{1}{n} \sum_{i=1}^{n} x_i$$

$$= \frac{1}{12}(1+2+3+4+5+6+7+8+9+10+11+12)$$

$$= 6.5$$

$$\bar{y} = \frac{1}{n} \sum_{i=1}^{n} y_i$$

$$= \frac{1}{12}(1659 + 1989 + 2195 + 2255 + 2329 + 2375 + 2364 + 2354 + 2418 + 2534$$

$$+ 2568 + 2835)$$
$$= 2323$$

表 4.2 1991—2002 年某城市水路货运量一元线性回归计算过程

序号 x_i	年份	$\bar{x}$	$(x_i - \bar{x})$	$(x_i - \bar{x})^2$	水路货运量 y_i	$\bar{y}$	$(y_i - \bar{y})$	$(y_i - \bar{y})^2$
1	1991	6.5	−5.5	30.25	1659	2323	−664	440 896
2	1992	6.5	−4.5	20.25	1989	2323	−334	111 556
3	1993	6.5	−3.5	12.25	2195	2323	−128	16 384
4	1994	6.5	−2.5	6.25	2255	2323	−68	4624
5	1995	6.5	−1.5	2.25	2329	2323	6	36
6	1996	6.5	−0.5	0.25	2375	2323	52	2704
7	1997	6.5	0.5	0.25	2364	2323	41	1681
8	1998	6.5	1.5	2.25	2354	2323	31	961
9	1999	6.5	2.5	6.25	2418	2323	95	9025
10	2000	6.5	3.5	12.25	2534	2323	211	44 521
11	2001	6.5	4.5	20.25	2568	2323	245	60 025
12	2002	6.5	5.5	30.25	2835	2323	512	262 144

2. 分别计算 l_{xx}, l_{yy}, l_{xy}

$$l_{xx} = \sum_{i=1}^{n} (x_i - \bar{x})^2$$

$$= 30.25 + 20.25 + 12.25 + 6.25 + 2.25 + 0.25 + 0.25 + 2.25 + 6.25$$
$$+ 12.25 + 20.25 + 30.25 = 143$$

$$l_{yy} = \sum_{i=1}^{n} (y_i - \bar{y})^2$$

$$= 440\,896 + 111\,556 + 16\,384 + 4624 + 36 + 2704 + 1681 + 961 + 9025$$
$$+ 44\,521 + 60\,025 + 262\,144 = 954\,557$$

$$l_{xy} = \sum_{i=1}^{n} (x_i - \bar{x})(y_i - \bar{y})$$

$$= (-5.5) \times (-664) + (-4.5) \times (-334) + (-3.5) \times (-128)$$
$$+ (-2.5) \times (-68) + (-1.5) \times 6 + (-0.5) \times 52 + 0.5 \times 41$$
$$+ 1.5 \times 31 + 2.5 \times 95 + 3.5 \times 211 + 4.5 \times 245 + 5.5 \times 512$$
$$= 3652 + 1503 + 448 + 170 - 9 - 26 + 20.5 + 46.5 + 237.5 + 738.5$$
$$+ 1102.5 + 2816 = 10\,699.5$$

3. 计算系数 $\hat{a}, \hat{b}$

$$\hat{b} = \frac{l_{xy}}{l_{xx}} = \frac{10\,699.5}{143} = 74.822,$$

$$\hat{a} = \bar{y} - \hat{b}\bar{x} = 2323 - 74.822 \times 6.5 = 1836.657$$

所以此预测模型为

$$\hat{y} = \hat{a} + \hat{b}x = 1836.657 + 74.822x \tag{4.6}$$

4. 一元线性回归方程的相关性检验

相关系数

$$R = \frac{l_{xy}}{\sqrt{l_{xx}l_{yy}}} = \frac{10\,699.5}{\sqrt{143 \times 954\,557}} = 0.9158$$

因为相关系数 $R = 0.9158$，接近 $+1$，属于正相关，所以可以认为 x 和 y 之间存在显著的线性关系，式(4.6)可以作为预测模型。

5. 预测分析

根据上面所求的一元线性预测模型 $y = 1836.657 + 74.822x$，如果要预测 2004 年货运量的点估计值和区间估计值，将 $x = 14$ 代入式(4.6)，得

$$Y_{2004} = 1836.657 + 74.822x_{14}$$
$$= 1836.657 + 74.822 \times 14$$
$$= 2884(四舍五入结果)$$

Y_{2004} 的 95% 的估计区间：

$$\sigma = \sqrt{(l_{yy} - b \times l_{xy})/n - 2}$$
$$= \sqrt{(954\,557 - 74.822 \times 10\,699.5)/(12 - 2)}$$
$$= 124.0963$$

$$\delta = t_{\frac{\alpha}{2}}(n-2) \times \sigma \times \sqrt{1 + \frac{1}{n} + \frac{(x_0 - \bar{x})^2}{l_{xx}}}$$
$$= t_{0.025}(10) \times 287.645 \times \sqrt{1 + \frac{1}{12} + \frac{(14 - 6.5)^2}{143}}$$
$$= 2.228\,14 \times 124.0963 \times 1.2152 = 336$$

所以 Y_{2004} 的 95% 的估计区间为 $(2884 - 336, 2884 + 336) = (2548, 3220)$。

上述一元线性回归预测模型完整过程的编程实现界面如图 4.2 所示。

4.2.2 多元线性回归预测模型

对多元线性回归模型(Multivariate Linear Regression Model)的基本假设是在对一元线性回归模型的基本假设基础之上，还要求所有自变量彼此线性无关，这样随机抽取 n 组样本观察值就可以进行参数估计。

4.2.2.1 数学模型

1. 多元回归公式

$$y_i = b_0 + b_1 x_1 + b_2 x_2 + \cdots + b_k x_k + u_i \quad (i = 1, 2, \cdots, n) \tag{4.7}$$

2. 建立模型与相关检验

1) 参数的最小二乘估计

式(4.7)对应的样本回归模型为 $\hat{y}_i = \hat{b}_0 + \hat{b}_1 x_{1i} + \hat{b}_2 x_{2i} + \cdots + \hat{b}_k x_{ki} (i = 1, 2, \cdots, n)$。利用

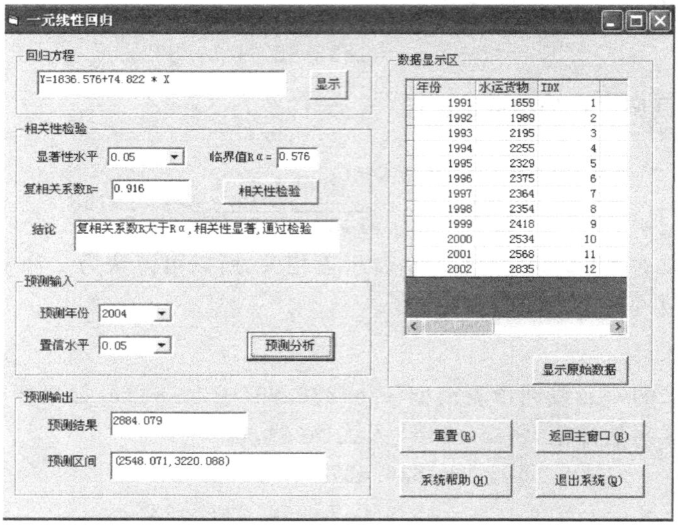

图 4.2　对水路货运量预测的一元线性回归模型

最小二乘法求参数估计量 $\hat{b}_0, \hat{b}_1, \hat{b}_2, \cdots, \hat{b}_k$。设残差平方和为 Q，则 $Q = \sum_{i=1}^{n} (y_i - (\hat{b}_0 + \hat{b}_1 x_{1i} + \hat{b}_2 x_{2i} + \cdots + \hat{b}_k x_{ki}))^2$ 要达到最小。

由偏微分知识可知：

$$\begin{cases} \dfrac{\partial Q}{\partial \hat{b}_0} = -2 \sum_{i=1}^{n} (y_i - (\hat{b}_0 + \hat{b}_1 x_{1i} + \hat{b}_2 x_{2i} + \cdots + \hat{b}_k x_{ki})) = 0 \\ \quad \vdots \\ \dfrac{\partial Q}{\partial \hat{b}_k} = -2 \sum_{i=1}^{n} (y_i - (\hat{b}_0 + \hat{b}_1 x_{1i} + \hat{b}_2 x_{2i} + \cdots + \hat{b}_k x_{ki})) x_{ki} = 0 \end{cases} \tag{4.8}$$

经整理，写成矩阵形式，得到

$$\boldsymbol{x}\hat{B} = \boldsymbol{y} \Rightarrow (\boldsymbol{x}^{\mathrm{T}} \boldsymbol{x})\hat{B} = \boldsymbol{x}^{\mathrm{T}} \boldsymbol{y} \Rightarrow \hat{B} = (\boldsymbol{x}^{\mathrm{T}} \boldsymbol{x})^{-1} (\boldsymbol{x}^{\mathrm{T}} \boldsymbol{y}) \tag{4.9}$$

其中，$\boldsymbol{x} = \begin{bmatrix} 1 & x_{11} & x_{21} & \cdots & x_{k1} \\ 1 & x_{12} & x_{22} & \cdots & x_{k2} \\ \vdots & \vdots & \vdots & \vdots & \vdots \\ 1 & x_{1n} & x_{2n} & \cdots & x_{kn} \end{bmatrix}$，$\boldsymbol{y} = \begin{bmatrix} y_1 \\ y_2 \\ \vdots \\ y_n \end{bmatrix}$，$\hat{B} = \begin{bmatrix} \hat{b}_0 \\ \hat{b}_1 \\ \vdots \\ \hat{b}_k \end{bmatrix}$，$\boldsymbol{x}^{\mathrm{T}}$ 为 $\boldsymbol{x}$ 的转置矩阵。

2) 多元线性回归模型的检验

TSS：$\sum_{i=1}^{n} (y_i - \bar{y})^2$ 表示观察值 y_i 与其平均值的总离差平方和。

ESS：$\sum_{i=1}^{n} (\hat{y}_i - \bar{y})^2$ 表示由回归方程中 x 的变化而引起的称为回归平方和。

RSS：为 TSS$-$ESS$= \sum_{i=1}^{n} (y_i - \hat{y}_i)^2$ 表示不能用回归方程解释的部分，是由其他未能控

制的随机干扰因素引起的残差平方和。

（1）拟合优度检验。拟合优度 R^2（Goodness of Fit）：$R^2 = \text{ESS}/\text{TSS}(0 \leqslant R^2 \leqslant 1)$。拟合优度是衡量回归平方和在总离差平方和中所占的比重大小。比重越大线性回归效果越好，也就是 R^2 越接近 1，回归直线与样本观察值拟合得越好。拟合优度也称为决定系数或相关系数。

拟合优度的修正值 $\bar{R}^2 = 1 - (1-R^2)\dfrac{n-1}{n-m-1}$，其中 n 为样本总数，m 为自变量个数，$n-m-1$ 为 RSS 的自由度，$n-1$ 为 TSS 的自由度。

（2）F 检验。在多元线性回归模型中，所得回归方程的显著性检验（F 检验）是指回归系数总体的回归显著性。F 检验的步骤为

① 假设 $H_0: b_1 = b_2 = \cdots = b_k = 0$，备择假设：$H_1: b_j$ 不全为零 $(j = 1,2,\cdots,k)$；

② 计算构造统计量 $F = \dfrac{\dfrac{\text{ESS}}{k}}{\dfrac{\text{RSS}}{n-k-1}}$（$n$ 为样本总数，k 为自变量个数）；

③ 给定显著性水平 α，确定临界值 $F_\alpha(k, n-k-1)$；

④ 把 F 与 $F_\alpha(k, n-k-1)$ 相比较，若 $F > F_\alpha(k, n-k-1)$ 则认为回归方程有显著意义，否则，判定回归方程预测不显著。

（3）t 检验。对引入回归方程的自变量逐个进行显著性检验的过程，称为回归系数的显著性检验（t-test or Student-Test），t 检验的步骤为

① 假设 $H_0: b_i = 0$，备择假设 $H_1: b_i \neq 0 (i = 1,2,\cdots,n)$；

② 计算统计量 $|T_i|$，即

$$|T_i| = \frac{\hat{b}_i}{\sqrt{\dfrac{1}{n-k-1}\sum\limits_{i=1}^{n}(y_i - \hat{y}_i)^2 (\boldsymbol{x}^{\mathrm{T}}\boldsymbol{x})_{ii}^{-1}}} \tag{4.10}$$

③ 给定显著性水平 α，确定临界值 $t_{\frac{\alpha}{2}}(n-k-1)$；

④ $|T_i|$ 与 $t_{\frac{\alpha}{2}}(n-k-1)$ 比较，也就是统计量与临界值比较。若 $|T_i| > t_{\frac{\alpha}{2}}(n-k-1)$，则认为回归系数 $\hat{b}_i$ 与零有显著差异，必须在原回归方程中保留 x_i；否则，应去掉 x_i 重新建立回归方程。

3. 应用回归方程进行预测

1）预测值的点估计

当方程通过检验后，由已经求出的回归方程和给定的解释变量 $X_0 = (x_{01}, x_{02}, \cdots, x_{0k})$，可以求出此条件下的点预测值，输入 X_0 的值，则预测值 $\hat{y}_i = \hat{b}_0 + \hat{b}_1 x_{01} + \hat{b}_2 x_{02} + \cdots + \hat{b}_k x_{0k}$。

2）区间估计

为估计预测风险和给出置信水平，应继续做区间估计，也就是在一定的显著性水平下，求出置信区间，即求出一个正实数 δ，使得实测值 y_0 以 α 的概率落在区间 $(\hat{y}_0 - \delta, \hat{y}_0 + \delta)$ 内，满足 $P(\hat{y}_0 - \delta, \hat{y}_0 + \delta) = \alpha$，其中 $\delta = t_{\frac{\alpha}{2}}(n-m-1) \times \sigma \times \sqrt{1 + X_0(X^{\mathrm{T}}X)^{-1}X^{\mathrm{T}}}$，$\sigma = \sqrt{\text{RSS}/n-m-1}$。

4.2.2.2 应用多元回归方程进行客运量预测的实例

为了简明,下面以仅含两个自变量(人口数及城市 GDP)建立某城市水路客运量的二元线性回归预测模型问题为例,具体数据见表 4.3。

表 4.3 1991—2002 年某城市的水路客运量,人口数及城市 GDP

序号	年份	水路客运量 y	市人口数 x_1	城市 GDP x_2
1	1991	342	520	211.9
2	1992	466	522.9	244.6
3	1993	492	527.1	325.1
4	1994	483	531.5	528.1
5	1995	530	534.7	645.1
6	1996	553	537.4	733.1
7	1997	581.5	540.4	829.7
8	1998	634.8	543.2	926.3
9	1999	656.1	545.3	1003.1
10	2000	664.4	551.5	1110.8
11	2001	688.3	554.6	1235.6
12	2002	684.4	557.93	1406

具体预测过程如下,其中在计算过程中所用到的中间数据均列入表 4.4。

表 4.4 1991—2002 年某城市水路货运量预测的二元线性回归模型计算过程

年份	x_{1i}	$\bar{x}_1$	$(x_{1i}-\bar{x}_1)$	x_{2i}	$\bar{x}_2$	$(x_{2i}-\bar{x}_2)$	y_i	$\bar{y}$	$(y_i-\bar{y})$
1991	520	538.88	−18.88	211.9	766.62	−554.72	342	564.625	−222.625
1992	522.9	538.88	−15.98	244.6	766.62	−522.02	466	564.625	−98.625
1993	527.1	538.88	−11.78	325.1	766.62	−441.52	492	564.625	−72.625
1994	531.5	538.88	−7.38	528.1	766.62	−238.52	483	564.625	−81.625
1995	534.7	538.88	−4.18	645.1	766.62	−121.52	530	564.625	−34.625
1996	537.4	538.88	−1.48	733.1	766.62	−33.52	553	564.625	−11.625
1997	540.4	538.88	1.52	829.7	766.62	63.08	581.5	564.625	16.875
1998	543.2	538.88	4.32	926.3	766.62	159.68	634.8	564.625	70.175
1999	545.3	538.88	6.42	1003.1	766.62	236.48	656.1	564.625	91.475
2000	551.5	538.88	12.62	1110.8	766.62	344.18	664.4	564.625	99.775
2001	554.6	538.88	15.72	1235.6	766.62	468.98	688.3	564.625	123.675
2002	557.93	538.88	19.05	1406	766.62	639.38	684.4	564.625	119.775

1. 参数估计

从表 4.3 中的数据出发，在 x_1，x_2 和 y 之间建立回归方程：$\hat{y} = \hat{b}_0 + \hat{b}_1 x_1 + \hat{b}_2 x_2$，其中回归系数的估计仍用最小二乘法解得 $\hat{b}_0 = \bar{y} - \hat{b}_1 \bar{x}_1 - \hat{b}_2 \bar{x}_2$，并且满足下述方程组：

$$\begin{cases} l_{11}\hat{b}_1 + l_{12}\hat{b}_2 = l_{1y} \\ l_{21}\hat{b}_1 + l_{22}\hat{b}_2 = l_{2y} \end{cases} \tag{4.11}$$

其中：$\bar{y} = \dfrac{1}{n}\sum_{i=1}^{n} y_i$，$\bar{x}_1 = \dfrac{1}{n}\sum_{i=1}^{n} x_{1i}$，$\bar{x}_2 = \dfrac{1}{n}\sum_{i=1}^{n} x_{2i}$。

令

$$l_{11} = \sum_{j=1}^{n}(x_{1j} - \overline{x_1})^2, \quad l_{22} = \sum_{j=1}^{n}(x_{2j} - \overline{x_2})^2, \quad l_{12} = l_{21} = \sum_{j=1}^{n}(x_{1j} - \overline{x_1})(x_{2j} - \overline{x_2}),$$

$$l_{1y} = \sum_{j=1}^{n}(x_{1j} - \overline{x_1})(y_j - \bar{y}), \quad l_{2y} = \sum_{j=1}^{n}(x_{2j} - \overline{x_2})(y_j - \bar{y}), \quad l_{yy} = \sum_{j=1}^{n}(y_j - \bar{y})^2$$

解式(4.11)所示的方程组，得到 $\hat{b}_1 = \dfrac{l_{1y}l_{22} - l_{2y}l_{12}}{l_{11}l_{22} - l_{12}l_{21}}$，$\hat{b}_2 = \dfrac{l_{2y}l_{11} - l_{1y}l_{21}}{l_{11}l_{22} - l_{12}l_{21}}$。

将表 4.4 中的数据代入式(4.11)，得

$$l_{yy} = \sum_{j=1}^{n}(y_j - \bar{y})^2 = 125\,733.4, \quad l_{11} = \sum_{j=1}^{n}(x_{1j} - \overline{x_1})^2 = 1656.185$$

$$l_{22} = \sum_{j=1}^{n}(x_{2j} - \overline{x_2})^2 = 1\,680\,550, \quad l_{12} = l_{21} = \sum_{j=1}^{n}(x_{1j} - \overline{x_1})(x_{2j} - \overline{x_2}) = 52\,533.95$$

$$l_{1y} = \sum_{j=1}^{n}(x_{1j} - \overline{x_1})(y_j - \bar{y}) = 13\,800.16, \quad l_{2y} = \sum_{j=1}^{n}(x_{2j} - \overline{x_2})(y_j - \bar{y}) = 433\,936.1$$

$$\hat{b}_1 = \frac{l_{1y}l_{22} - l_{2y}l_{12}}{l_{11}l_{22} - l_{12}l_{21}} = \frac{13\,800.16 \times 1\,680\,550 - 433\,936.1 \times 52\,533.95}{1656.185 \times 1\,680\,550 - 52\,533.95^2} = 16.839$$

$$\hat{b}_2 = \frac{l_{2y}l_{11} - l_{1y}l_{21}}{l_{11}l_{22} - l_{12}l_{21}} = \frac{433\,936.1 \times 1656.185 - 13\,800.16 \times 52\,533.95}{1656.185 \times 1\,680\,550 - 52\,533.95^2} = -0.268$$

$$\hat{b}_0 = \bar{y} - \hat{b}_1\bar{x}_1 - \hat{b}_2\bar{x}_2 = 564.625 - 16.839 \times 538.88 + 0.268 \times 766.62 = -8304.12$$

因此，所确定的二元回归方程为

$$y = -8304.12 + 16.839x_1 - 0.268x_2$$

2. 回归方程的显著性检验

回归方程的显著性检验计算过程所需数据均列入表 4.5 中。

1）拟合优度检验

将表 4.5 中的数据代入模型检验参数中，得

拟合优度 $R^2 = \text{ESS}/\text{TSS} = 116\,009.766/125\,733.422 = 0.9226$；

拟合优度修正值 $\bar{R}^2 = 1 - (1 - R^2)\dfrac{12 - 1}{12 - 2 - 1} = 0.9054$。

2）F 检验

$$F=\frac{\dfrac{\text{ESS}}{2}}{\dfrac{\text{RSS}}{12-2-1}}=\frac{116\,009.766/2}{9723.656/9}=53.688$$

给定显著性水平 $\alpha=0.05$，$F_\alpha(2,12-2-1)=4.256$，$F>F_\alpha(k,n-k-1)$ 则回归方程有显著意义。

表 4.5　1991—2002 年某城市水路货运量二元线性回归模型检验计算过程

年份	x_{1i}	x_{2i}	$\hat{y}_i$	y_i	$\bar{y}$	$(y_i-\bar{y})$	$(\hat{y}_i-\bar{y})$	$(y_i-\hat{y}_i)$
1991	520	211.9	395.371	342	564.625	-222.625	-169.254	-53.371
1992	522.9	244.6	435.440	466	564.625	-98.625	-129.185	30.560
1993	527.1	325.1	484.590	492	564.625	-72.625	-80.035	7.410
1994	531.5	528.1	504.278	483	564.625	-81.625	-60.347	-21.278
1995	534.7	645.1	526.806	530	564.625	-34.625	-37.819	3.194
1996	537.4	733.1	548.688	553	564.625	-11.625	-15.937	4.312
1997	540.4	829.7	573.316	581.5	564.625	16.875	8.691	8.184
1998	543.2	926.3	594.576	634.8	564.625	70.175	29.951	40.224
1999	545.3	1003.1	609.356	656.1	564.625	91.475	44.731	46.744
2000	551.5	1110.8	684.894	664.4	564.625	99.775	120.269	-20.494
2001	554.6	1235.6	703.649	688.3	564.625	123.675	139.024	-15.349
2002	557.93	1406	714.055	684.4	564.625	119.775	149.430	-29.655

3）t 检验

给定显著性水平 $\alpha=0.05$，临界值 $t_{\frac{\alpha}{2}}(n-k-1)=2.262$；计算估计标准误差 s_y，

$$s_y=\sqrt{\frac{\text{RSS}}{n-m-1}}=\sqrt{\frac{9723.656}{12-2-1}}=32.869$$

由公式 $|T_i|=\dfrac{\hat{b}_i}{\sqrt{\dfrac{1}{n-k-1}\displaystyle\sum_{i=1}^{n}(y_i-\hat{y}_i)^2(x^\mathrm{T}x)_{ii}^{-1}}}$ 计算得 $|T_1|>t_{\frac{\alpha}{2}}(n-k-1)$ 并且

$|T_2|>t_{\frac{\alpha}{2}}(n-k-1)$，认为回归系数 $\hat{b}_1$ 和 $\hat{b}_2$ 与零有显著差异，在原回归方程中保留 x_1 和 x_2。

3. 预测分析

根据上面所求的多元线性回归预测模型 $y=-8304.12+16.839x_1-0.268x_2$，预测 2004 年的货运量，将 $x_1=560$，$x_2=1546$ 代入上式，分别得到点估计值和区间估计值。

$$y_{2004}=-8304.12+16.839\times560-0.268\times1546=711.294$$

y_{2004} 的 95% 的估计区间为 $(711.294-110.198,711.294+110.198)=(601.096,821.492)$

上述多元回归预测模型完整过程的编程实现界面如图 4.3 所示。

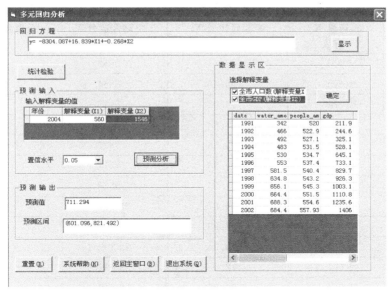

图 4.3 水路客运量多元回归预测模型(解释变量为某市人口数与某市 GDP)

4.2.3 非线性回归预测模型

1. 数学模型

在许多实际问题中,不少经济变量之间的关系为非线性的,可以通过变量代换把本来应该用非线性回归处理的问题近似转化为线性回归问题,再进行分析预测。表 4.6 中列举的是五种常见的非线性模型及线性变换的方式,这些非线性模型都可转化为一元或多元线性模型,利用前面介绍过的一元和多元线性回归模型的最小二乘法求出参数估计、模型的拟合优度和显著性检验及评价预测模型的预测精度等。

表 4.6 五种常见的非线性模型及线性变换的方式

幂函数模型	$y=ax^b$	$y'=\lg(y)$ $x'=\lg(x)$ $a'=\lg(a)$	$y'=a'+bx'$
双曲线模型	$1/y=a+b(1/x)$	$y'=1/y$ $x'=1/x$	$y'=a+bx'$
对数函数模型	$y=a+b\lg(x)$	$x'=\lg(x)$	$y=a+bx'$
指数函数模型	$y=ae^{bx}$	$y'=\ln(y)$ $a'=\ln(a)$	$y'=a'+bx$
多项式曲线模型	$y=b_0+b_1x+b_2x^2+\cdots+b_kx^k$	$x_1=x,x_2=x^2,\cdots,x_k=x^k$	$y=b_0+b_1x_1+b_2x_2+\cdots$ $+b_kx_k$

2. 应用非线性模型进行客运量预测的实例

根据某省交通统计汇编材料得到表 4.7 中所列数据,包括某省 1987—2006 年全社会客运量、旅客周转量、公路客运量和公路旅客周转量。

表 4.7　某省全社会客运量、旅客周转量、公路客运量和公路旅客周转量

年份	客运量 X_1 /万人	旅客周转量 X_2 /亿人千米	公路客运量 X_3 /万人	公路旅客周转量 X_4 /亿人千米
1987	10 091	88.4	8552	59.9
1988	10 551	93.46	8864	64.81
1989	10 389	94.01	8928	97.66
1990	10 702	87.67	9475	65.77
1991	11 078	95.86	9880	71.83
1992	10 565	99.98	9277	69.89
1993	11 063	111.9	9528	73.38
1994	25 163	146.87	23 518	101.77
1995	21 697	137.93	20 095	93.1
1996	23 904	149.94	22 397.1	102.4
1997	25 003.7	172.4	23 437.9	119.5
1998	29 863	189.85	28 048	131.8
1999	32 962.2	237.99	30 796	164.2
2000	33 704	237.94	31 586	171.2
2001	39 984.4	304.2	37 909	232.76
2002	38 879.6	281.6	36 726	210.1
2003	35 156	263.45	33 039	192.87
2004	38 902	317.76	36 502	227.21
2005	41 079	331.6	38 509	233.12
2006	43 844	362.4	40 861	247.71

　　运行非线性回归中的多项式预测模型,以参数 $m=5$ 为例,得到运行界面如图 4.4 所示。

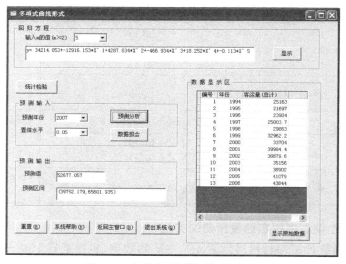

图 4.4　多项式预测模型运行界面

多项式预测模型(参数 $m=5$)的统计检验过程如图 4.5 所示。

图 4.5　多项式预测模型统计检验过程图

为了观察预测模型对原始数据的拟合效果,单击"数据拟合"按钮(见图 4.4),得到的预测模型拟合效果界面如图 4.6 所示。

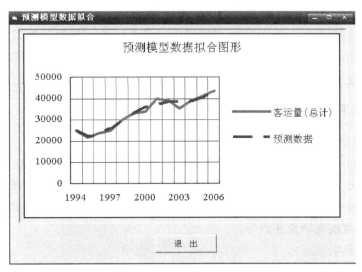

图 4.6　多项式预测模型对原始数据拟合图形($m=5$)

通过对表 4.7 中的客运量和旅客周转量、公路客运量和公路旅客周转量数据分别进行运算,得到非线性回归曲线方程见表 4.8。

表 4.8　各种非线性预测模型的曲线方程

	客运量 X_1	旅客周转量 X_2	公路客运量 X_3	公路旅客周转量 X_4
幂函数模型	$Y=20\ 139.248\times X^{0.272}$	$Y=113.517\times X^{0.405}$	$Y=18\ 774.511\times X^{0.275}$	$Y=77.038\times X^{0.429}$
双曲线模型	$1/Y=0.000\ 03+1/X$	$1/Y=0.003\ 43+1/X$	$1/Y=0.000\ 03+1/X$	$1/Y=0.004\ 79+1/X$
对数函数模型	$Y=18\ 330.605+8506.681\times\ln X$	$Y=85.365+89.755\times\ln X$	$Y=17\ 071.195+8047.939\times\ln X$	$Y=56.196+66.38\times\ln X$
指数函数模型	$Y=21\ 798.595\times e^{(0.056\times X)}$	$Y=128.220\times e^{(0.083\times X)}$	$Y=20\ 368.250\times e^{(0.057\times X)}$	$Y=88.142\times e^{(0.087\times X)}$
多项式模型	$Y=19\ 311.878+2301.041\times X-37.005\times X^2$	$Y=108.696+18.771\times X+0.015\times X^2$	$Y=17\ 754.345+2286.716\times X-43.313\times X^2$	$Y=63.906+18.056\times X-0.301\times X^2$

4.3　趋势外推预测模型

趋势外推法的基本理论是:事物发展过程一般都是渐进式的变化,而不是跳跃式的变化,决定事物过去发展的因素在很大程度上也决定该事物未来的发展,事物的变化不会太大。依据这种规律推导,就可以预测出它的未来趋势和状态。趋势外推预测模型是在对研究对象过去和现在的发展作了全面分析之后,利用某种模型描述某一参数的变化规律,然后以此规律进行外推。趋势外推预测模型包括佩尔预测模型、龚珀兹预测模型、林德诺预测模型和其他一些生长曲线和包络曲线预测模型等。建立趋势外推预测模型主要包括六个步骤:选择预测参数;收集必要的数据;拟合曲线;趋势外推;预测说明;研究预测结果在制订规划和决策中的应用。

4.3.1　佩尔预测模型

1. 佩尔曲线数学模型

佩尔(Raymond Pearl,1879—1940)是美国生物学家和人口统计学家,他曾对生物繁殖和人口增长进行过集中研究,发现它们都符合 S 形曲线的规律。Pearl 曲线能较好地描述技术增长和新技术扩散过程。例如,某种耐用消费品的普及过程、流行商品的累计销售额以及被置于孤岛上的动植物增长现象等。

佩尔曲线的数学模型为

$$y(t)=\frac{L}{1+ae^{-bt}} \tag{4.12}$$

其中:$a>0,b>0,t$ 为时间,L 为渐进线值(极限值)。

佩尔曲线参数的求解方法如下:首先利用三次样条插值法来实现非等时距沉降时间序列的等时距变换,然后将等时间序列的样本分为三段:第一段为 $t=1,2,3,\cdots,r$;第二段为

$t=r+1,r+2,r+3,\cdots,2r$；第三段为 $t=2r+1,2r+2,2r+3,\cdots,3r$。设 S_1,S_2,S_3 分别为这三个段内各项数值的倒数之和，则有

$$\begin{cases} S_1 = \displaystyle\sum_{t=1}^{r} \frac{1}{y(t)} \\[2mm] S_2 = \displaystyle\sum_{t=r+1}^{2r} \frac{1}{y(t)} \\[2mm] S_3 = \displaystyle\sum_{t=2r+1}^{3r} \frac{1}{y(t)} \end{cases} \tag{4.13}$$

将佩尔预估模型改写为倒数形式，即

$$\frac{1}{y(t)} = \frac{1}{L} + \frac{ae^{-bt}}{L} \tag{4.14}$$

则有

$$\begin{cases} S_1 = \displaystyle\sum_{t=1}^{r} \frac{1}{y(t)} = \frac{r}{L} + \frac{a}{L}\sum_{t=1}^{r} e^{-bt} = \frac{r}{L} + \frac{ae^{-b}(1-e^{-rb})}{L(1-e^{-b})} \\[3mm] S_2 = \displaystyle\sum_{t=r+1}^{2r} \frac{1}{y(t)} = \frac{r}{L} + \frac{ae^{-(r+1)b}(1-e^{-rb})}{L(1-e^{-b})} \\[3mm] S_3 = \displaystyle\sum_{t=2r+1}^{3r} \frac{1}{y(t)} = \frac{r}{L} + \frac{ae^{-(2r+1)b}(1-e^{-rb})}{L(1-e^{-b})} \end{cases} \tag{4.15}$$

于是各参数的计算公式为

$$b = \frac{\ln\dfrac{(S_1-S_2)}{(S_2-S_3)}}{r} \tag{4.16}$$

$$L = \frac{r}{S_1 - \dfrac{(S_1-S_2)^2}{(S_1-S_2)-(S_2-S_3)}} \tag{4.17}$$

$$a = \frac{(S_1-S_2)^2(1-e^{-b})L}{[(S_1-S_2)-(S_2-S_3)]e^{-b}(1-e^{-rb})} \tag{4.18}$$

2. 应用佩尔曲线模型进行客运量预测

根据表 4.7 中的数据，应用佩尔曲线模型对某省全社会客运总量进行预测，得到的运行界面如图 4.7 所示。

为了观察预测模型对原始数据的拟合效果，单击"显示拟合图形"按钮，得到的拟合图形如图 4.8 所示。

通过对某省全社会客运量和旅客周转量、公路客运量和公路旅客周转量时间序列数据分别进行运算，得到对应的佩尔预测模型参数和曲线方程如表 4.9 所示。

利用表 4.9 所列的预测模型，通过计算得出不同运量预测对象的预测值序列 $\hat{X}_1,\hat{X}_2$，$\hat{X}_3,\hat{X}_4$（参见表 4.10），同时列出预测序列对原数据序列的拟合相对误差值 $\Delta_1,\Delta_2,\Delta_3,\Delta_4$ 和各自的平均相对误差 $\bar{\Delta}((\Delta_i=x_i^{(0)}(t)-\hat{x}_i(t))/x_i^{(0)}(t)\times100\%)$。

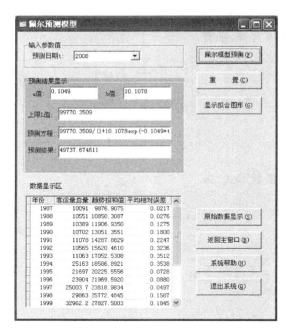

图 4.7 佩尔预测模型运行界面

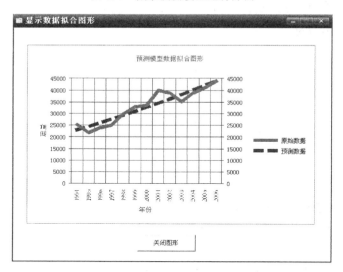

图 4.8 佩尔预测模型对原始数据的拟合图形

表 4.9 不同时间序列的佩尔预测模型参数和曲线方程

参数和方程 预测对象	L	a	b	佩尔曲线方程
全社会客运量 X_1	99 770.3509	0.1049	10.1078	$X_1(t)=\dfrac{99\,770.3509}{1+10.1078\mathrm{e}^{-0.1049t}}$
全社会旅客周转量 X_2	1157.7932	0.0641	11.1763	$X_2(t)=\dfrac{1157.7932}{1+11.1763\mathrm{e}^{-0.0641t}}$

参数和方程 预测对象	L	a	b	佩尔曲线方程
公路客运量 X_3	79 255.3012	0.1192	9.5699	$X_3(t)=\dfrac{79\,255.3012}{1+9.5699\mathrm{e}^{-0.1192t}}$
公路旅客周转量 X_4	1925.3401	0.0806	34.3134	$X_4(t)=\dfrac{1925.3401}{1+34.3134\mathrm{e}^{-0.0806t}}$

表 4.10* 不同预测对象的佩尔模型拟合值和相对误差序列（1997—2006 年）

年份	$\hat{X}_1$ /万人	Δ_1 /%	$\hat{X}_2$ /亿人千米	Δ_2 /%	$\hat{X}_3$ /万人	Δ_3 /%	$\hat{X}_4$ /亿人千米	Δ_4 /%
1997	23 818.98	4.97	172.37	2.86	22 148.41	5.82	127.2025	6.08
1998	25 772.48	15.87	189.85	1.36	24 100.09	16.38	137.1215	3.88
1999	27 827.5	18.45	237.99	20.46	26 145.02	17.79	147.7505	11.13
2000	29 979.99	12.42	237.94	14.24	28 274.5	11.71	159.13	7.58
2001	32 224.4	24.08	304.2	38.62	30 477.9	24.38	171.3016	35.88
2002	34 553.64	12.52	281.6	21.87	32 742.73	12.17	184.3069	13.99
2003	36 959.13	4.88	263.45	8.35	35 054.91	5.75	198.1881	2.68
2004	39 430.82	1.34	317.76	24.28	37 399.08	2.4	212.9868	6.68
2005	41 957.4	2.09	331.6	23.42	39 759	3.14	228.7443	1.91
2006	44 526.4	1.53	362.4	28.46	42 117.98	2.98	245.5003	0.9
$\overline{\Delta}$/%	9.81		18.31		10.25		9.07	

* 说明：4.3.2 节和 4.3.3 节中的 $\hat{X}_1,\hat{X}_2,\hat{X}_3,\hat{X}_4,\Delta_1,\Delta_2,\Delta_3,\Delta_4$ 的意思均和此节相同。

通过分析表 4.10 所列的平均相对误差，可以看出佩尔曲线模型预测方法对某省全社会客运量和公路旅客周转量的预测效果较好。可以较好地拟合出运量数据的发展趋势，而且随着时间的推进，预测序列和原序列越来越贴近，因此佩尔曲线预测方法比较适用于长期预测，得到的曲线方程也能较好地反映出预测对象在未来的发展趋势。

4.3.2 龚珀兹预测模型

1. 龚珀兹曲线数学模型

龚珀兹(Benjamin Gompertz,1779—1865)是英国统计学家和数学家,他在研究控制死亡率问题时提出了一种曲线,被人们称作龚珀兹曲线,可以用于技术增长和技术扩散预测。

1) 数学模型

$$X(t)=Ka^{b^t} \tag{4.19}$$

通常 $0<a<1$ 且 $0<b<1$，其中，$X(t)$ 为函数值，t 为时间，k 为渐进线值（极限值）。对 Gompertz 模型两边同时取对数，可以得到 $\ln(Y_t/K)=b^t\ln a$，再取对数，则得 $\ln\ln(Y_t/K)=t\ln b+\ln(1/a)$，式中 a、b 为待定参数。

2）模型参数估计

应用最小二乘原理取待定系数 a、b。构造新方程：

$$\phi=\sum[t\ln b+\ln(1/a)-\ln\ln(K/Y_t)]^2 \tag{4.20}$$

令 $\dfrac{\partial\phi}{\partial\ln b}=0$，$\dfrac{\partial\phi}{\partial\ln\ln(1/a)}=0$，则

$$\sum t^2\ln b+\sum t\ln\ln(1/a)=\sum t\ln\ln(K/t) \tag{4.21}$$

$$\sum t\ln b+\sum\ln\ln(1/a)=\sum\ln\ln(K/t) \tag{4.22}$$

联立上述两式，构建向量，求得参数 a 和 b：

$$\begin{pmatrix}\ln b\\\ln\ln(1/a)\end{pmatrix}=\begin{bmatrix}\sum t^2 & \sum t\\\sum t & n\end{bmatrix}^{-1}\cdot\begin{bmatrix}\sum t(\ln\ln(k/y))\\\sum\ln\ln(k/y)\end{bmatrix} \tag{4.23}$$

2. 应用龚珀兹曲线模型进行客运量预测

根据表 4.7 中的数据，应用龚珀兹曲线预测模型对某省公路客运量进行预测，程序运行界面如图 4.9 所示。

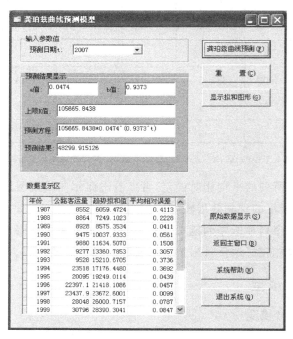

图 4.9　龚珀兹曲线预测模型运行界面

为了观察预测模型对原始数据的拟合效果，单击"显示拟合图形"按钮，得到的拟合图形如图 4.10 所示。

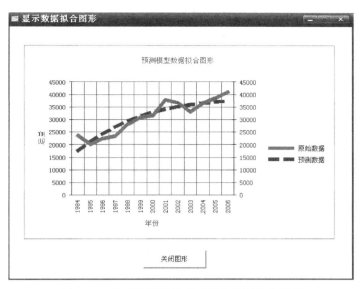

图 4.10　龚珀兹预测模型对原始数据拟合图形

　　通过对某省全社会客运量和旅客周转量、某省公路客运量和公路旅客周转量时间序列数据分别进行运算,得到龚珀兹预测模型的参数和曲线方程如表 4.11 所示。

表 4.11　不同时间序列的龚珀兹预测模型参数和曲线方程

预测对象 ＼ 参数和方程	$\hat{K}$	$\hat{a}$	$\hat{b}$	龚珀兹曲线方程
全社会客运量 X_1	127 776.0752	0.0482	0.9443	$X_1(t)=127\,776.0752\times0.0482^{0.9443^t}$
全社会旅客周转量 X_2	16.0407	4.6063	1.0405	$X_2(t)=16.0407\times4.6063^{1.0405\wedge t}$
公路客运量 X_3	105 665.8438	0.0474	0.9373	$X_3(t)=105\,665.8438\times0.0474^{0.9373\wedge t}$
公路旅客周转量 X_4	45.2448	1.3645	1.1047	$X_4=45.2448\times1.3645^{1.1047\wedge t}$

　　根据表 4.11 所列的龚珀兹预测模型,计算得出不同预测对象的龚珀兹模型拟合值和相对误差序列,如表 4.12 所示。

　　通过分析表 4.12 所列的平均相对误差,可以看出龚珀兹曲线模型预测方法对某省全社会客运量、旅客周转量和公路客运量的预测效果较好。发现某省全社会客运量、公路客运量的发展趋势是先快速增加,后缓慢增加;而某省全社会旅客周转量、公路旅客周转量的发展趋势是先缓慢增加,后快速增加。这是因为旅客周转量反映的是运输业旅客运输工作量的综合性指标,是运输工具所载运的全体旅客运送距离的综合,因此旅客周转量的增长是运量的增长和运输距离同时增长的结果。近年来,某省的公路里程数逐年增加,因此旅客周转量的增长速率也越来越快,龚珀兹曲线的预测结果很好地说明了这一趋势,非常适用于长期预测。

表 4.12 不同预测对象的龚珀兹模型拟合值和相对误差序列（1995—2006）

年份	$\hat{X}_1$ /万人	Δ_1 /%	$\hat{X}_2$ /亿人千米	Δ_2 /%	$\hat{X}_3$ /万人	Δ_3 /%	$\hat{X}_4$ /亿人千米	Δ_4 /%
1995	20 903.72	3.79	142.2857	3.06	19 249.01	4.39	96.9022	3.92
1996	23 122.28	3.38	155.4234	3.53	21 418.11	4.57	104.9471	2.43
1997	25 432.97	1.69	170.3818	1.17	23 672.6	0.99	114.613	4.24
1998	27 826.49	7.32	187.4755	1.27	26 000.72	7.87	126.3295	4.33
1999	30 293.08	8.81	207.0838	14.92	28 390.3	8.47	140.6701	16.73
2000	32 822.63	2.69	229.6654	3.6	30 829.07	2.46	158.4122	8.07
2001	35 404.83	12.93	255.7784	18.93	33 304.77	13.82	180.625	28.86
2002	38 029.37	2.24	286.1043	1.57	35 805.44	2.57	208.802	0.62
2003	40 686.04	13.59	321.4799	18.05	38 319.5	13.78	245.0666	21.3
2004	43 364.82	10.29	362.9374	12.45	40 835.96	10.61	292.4937	22.32
2005	46 056.07	10.81	411.7571	19.47	43 344.45	11.16	355.627	34.45
2006	48 750.5	10.06	469.5351	22.82	45 835.38	10.85	441.3275	43.87
$\overline{\Delta}$/%	7.3		10.07		7.62		15.92	

4.3.3　林德诺预测模型

1. 林德诺曲线数学模型

林德诺（Ridenour）生长曲线模型常用于新技术发展和新产品销售的预测，林德诺模型是基于下述假设条件建立的：新产品的推广或熟悉新产品的人数的增长率与已熟悉新产品的人数和未熟悉新产品的人数的乘积成正比。

其数学模型的一般形式为：

$$N(t) = \frac{L}{1 + \left(\dfrac{L}{N_0} - 1\right)\mathrm{e}^{-at}} \quad (t \geqslant t_0, a > 0) \tag{4.24}$$

其中，$N(t)$ 为 t 时的预测量；N_0 为 $t = t_0$ 时的量；a 为校正系数；L 为 $N(t)$ 的极限值。

因 Pearl 预测模型的形式为 $N(t) = \dfrac{L}{1 + b\mathrm{e}^{-at}}$，$a > 0$。因此不难看出 Pearl 模型和 Ridenour 模型满足的是同一个微分方程，求解的方式相似，可转换为：

$$\frac{1}{N(t)}\frac{N(t)}{\mathrm{d}t} = a\left(1 - \frac{N(t)}{L}\right) \tag{4.25}$$

2. 应用林德诺曲线模型进行客运量预测

根据表 4.7 中的数据，应用林德诺曲线模型对某省旅客周转量进行预测。根据预测对象数据时间序列,程序运行的结果界面如图 4.11 所示。

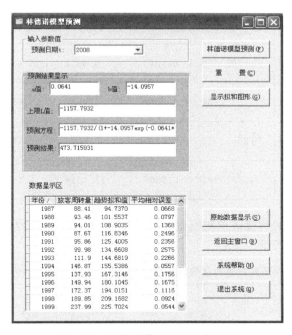

图 4.11　林德诺模型预测运行界面

　　为了观察预测模型对原始数据的拟合效果,单击"显示拟合图形"按钮,得到的拟合图形如图 4.12 所示。

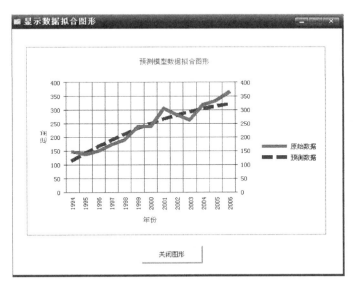

图 4.12　林德诺预测模型对原始数据拟合图形

　　通过对某省全社会客运量和旅客周转量、公路客运量和公路旅客周转量时间序列数据分别进行运算,得到林德诺预测模型的参数和曲线方程如表 4.13 所示。

表 4.13　不同时间序列的林德诺预测模型参数和曲线方程

预测对象 ＼ 参数和方程	$\hat{L}$	$\hat{a}$	$\hat{b}=\left(\dfrac{L}{N_0}-1\right)$	林德诺曲线方程
全社会客运量 X_1	99 770.3509	0.1049	8.8871	$X_1(t)=\dfrac{99\,770.3509}{(1+8.8871\mathrm{e}^{-0.1049t})}$
全社会旅客周转量 X_2	−1157.7932	0.0641	−14.0957	$X_2(t)=\dfrac{-1157.7932}{(1-14.0957\mathrm{e}^{-0.0641t})}$
公路客运量 X_3	79 255.3012	0.1192	8.2675	$X_3(t)=\dfrac{79\,255.3012}{(1+8.2675\mathrm{e}^{-0.1192t})}$
公路旅客周转量 X_4	1925.3401	0.0806	31.1318	$X_4(t)=\dfrac{1925.3401}{(1+31.1318\mathrm{e}^{-0.0806t})}$

通过表 4.13 所列的林德诺预测模型,计算得出不同预测对象的林德诺模型拟合值和相对误差序列如表 4.14 所示。

表 4.14　不同预测对象的林德诺模型拟合值和相对误差序列(1995—2006 年)

年份	$\hat{X}_1$ /万人	Δ_1 /%	$\hat{X}_2$ /亿人千米	Δ_2 /%	$\hat{X}_3$ /万人	Δ_3 /%	$\hat{X}_4$ /亿人千米	Δ_4 /%
1995	22 380.55	3.05	167.3146	17.56	20 707.99	2.96	119.8148	22.3
1996	24 253.75	1.44	180.1045	16.75	22 582.94	0.82	129.1991	20.74
1997	26 230.59	4.68	194.0151	11.16	24 556.45	4.55	139.2618	14.21
1998	28 308.16	5.49	209.1682	9.24	26 621.4	5.36	150.0428	12.16
1999	30 482.08	8.14	225.7024	5.44	28 768.67	7.05	161.5828	1.62
2000	32 746.44	2.92	243.7766	2.39	30 987.18	1.93	173.9235	1.57
2001	35 093.81	13.94	263.5739	15.41	33 264.04	13.96	187.1067	24.4
2002	37 515.27	3.64	285.3063	1.3	35 584.87	3.21	201.1743	4.44
2003	40 000.47	12.11	309.2204	14.8	37 934.06	12.9	216.1681	10.78
2004	42 537.81	8.55	335.6051	5.32	40 295.24	9.41	232.129	2.12
2005	45 114.62	8.95	364.8009	9.1	42 651.68	9.71	249.0966	6.41
2006	47 717.38	8.12	397.2122	8.76	44 986.81	9.17	267.1088	7.26
$\overline{\Delta}$/%	6.75		9.76		6.75		10.66	

通过分析表 4.14 所列的平均相对误差,可以看出林德诺曲线模型预测方法的对客运量数据序列的预测精度要高于佩尔曲线模型。其中对某省全社会客运量和公路客运量的预测效果较好,也较适用于长期预测。

4.4 时间序列预测模型

4.4.1 移动平均预测模型

1. 移动平均法的数学模型

1) 一次移动平均法

一次移动平均法是在算术平均法的基础上加以改进,其基本思想是每次取一定数量周期的数据平均,按时间顺序逐次推进。每推进一个周期,舍去前一个周期的数据,增加一个新周期的数据,再进行平均。一次移动平均法一般只应用于一个时期后的预测(即预测第 $t+1$ 期)。

一次移动平均法预测模型:

$$\hat{Y}_{t+1} = M_t^{(1)} \tag{4.26}$$

其中,一次移动平均数 $M_t^{(1)} = \dfrac{y_t + y_{t-1} + \cdots + y_{t-N+1}}{N}$,$M_t^{(1)}$ 代表第 t 期一次移动平均值,N 代表计算移动平均值时所选定的数据个数。一般情况下,N 越大,修匀的程度越强,波动也越小;N 越小,对变化趋势反应越灵敏,但修匀的程度越差。实际预测中可以利用试算法,即选择几个 N 值进行计算,比较它们的预测误差,从中选择使误差较小的 N 值。

2) 二次移动平均法

当序列具有线性增长的发展趋势时,用一次移动平均预测会出现滞后偏差,表现为对于线性增长的时间序列预测值偏低。这时,可进行二次移动平均计算,二次移动平均就是将一次移动平均再进行一次移动平均来建立线性趋势模型。

二次移动平均法的线性趋势预测模型:

$$\hat{y}_{t+\tau} = \hat{a}_t + \hat{b}_t \tau \tag{4.27}$$

其中,截距为 $\hat{a}_t = 2M_t^{(1)} - M_t^{(2)}$,斜率为 $\hat{b}_t = \dfrac{2}{N-1}(M_t^{(1)} - M_t^{(2)})$,$\tau$ 为预测超前期。$M_t^{(1)}$ 为一次移动平均数,$M_t^{(2)}$ 代表第 t 期二次移动平均值二次移动平均数,计算公式为 $M_t^{(2)} = \dfrac{M_t^{(1)} + M_{t-1}^{(1)} + \cdots M_{t-N+1}^{(1)}}{N}$,$N$ 代表计算移动平均值时所选定的数据个数。

二次移动平均法有多期预测能力,短期预测效果较好,操作简单但不能应付突发事件。

确定计算期数 N 的多少对这种预测的影响很大。计算期的多少应根据未来趋势与过去的关系确定。移动平均预测模型中移动平均数 N 的选择为:期数越多,修匀的作用越大,趋势就越平滑;反之则反映波动灵敏。一般来说,当时间序列的变化趋势较为稳定时,N 可以取大些;当时间序列波动较大,变化明显时,N 可以取小些。从理论上说,它应与循环变动或季节变动周期吻合,这样可以消除循环变动和季节变动的影响。实际预测中可以利用试算法,即选择几个 N 值进行计算,比较它们的预测误差,从中选择使误差较小的 N 值。

2. 移动平均数学模型应用举例一

某地区各工商单位 1993—2001 年缴纳的税金数据如表 4.15 第二栏,试用二次移动平均法预测 2002 年及之后两年的税金额。从工商税金数据的观察值判断,该时间序列近似值呈直线上升趋势,可用二次移动平均法预测。为了提高灵敏度 N 取 3。根据公式(4.26)计算一次平均移动平均值如表 4.15 的第三栏;根据公式(4.27)计算的二次移动平均值如表 4.15 所示的第四栏。参数 $\hat{a}_t, \hat{b}_t$ 的计算如下:

$$a_t = 2M_t^{(1)} - M_t^{(2)} = 2153.33 \times 2 - 1935.55 = 2371.11$$

$$b_t = \frac{2}{N-1}(M_t^{(1)} - M_t^{(2)}) = \frac{1}{3-1}(2153.33 - 1935.33) = 217.78$$

表 4.15　1993—2001 年某地区各单位缴纳的税金数据和一次、二次移动均值($N=3$)[66]

年份	工商税金 Y_t/万元	一次移动均值 $M_t^{(1)}$	二次移动均值 $M_t^{(2)}$
1993	820	—	—
1994	950	—	—
1995	1140	970.00	—
1996	1380	1156.67	—
1997	1510	1343.33	1156.67
1998	1740	1543.33	1347.78
1999	1920	1723.33	1536.66
2000	2130	1930.33	1732.22
2001	2410	2153.33	1953.33

根据 $y_{t+\tau} = \hat{a}_t + \hat{b}_t \tau$ 模型,预测公式为 $\hat{y}_t = 2371.11 + 217.28\tau$,设 2002 年 $\tau = 1$,2003 年 $\tau = 2$,2004 年 $\tau = 3$,则预测值分别为:

$$\hat{y}_{2002} = 2371.11 + 217.78 \times 1 = 2588.89$$

$$\hat{y}_{2003} = 2371.11 + 217.78 \times 2 = 2806.67$$

$$\hat{y}_{2004} = 2371.11 + 217.78 \times 3 = 3024.45$$

3. 移动平均数学模型应用举例二

根据表 4.7 的数据,应用移动平均模型对某省全社会客运总量进行预测,得到一次移动平均和二次移动平均预测结果,程序运行界面如图 4.13 所示。

为了观察预测模型对原始数据的拟合效果,单击"数据拟合"按钮,得到的拟合图形如图 4.14 所示。

4.4.2　指数平滑预测模型

指数平滑法是用过去时间数列值的加权平均数作为预测值,它是加权移动平均法的一种特殊情形。根据平滑次数的不同,指数平滑法分为一次指数平滑法、二次指数平滑法和三次指数平滑法等。但它们的基本思想都是:预测值是以前观测值的加权和,对不同的数据给予不同的权,新数据给较大的权,旧数据给较小的权。

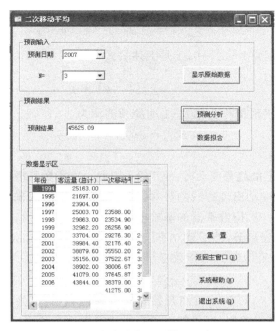

图 4.13　移动平均预测模型运行界面

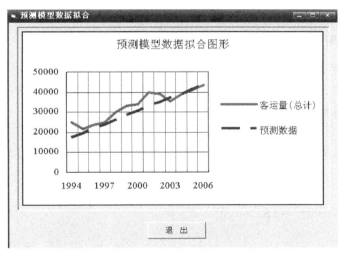

图 4.14　二次移动平均预测模型对原始数据拟合图形($N=3$)

1. 指数平滑预测模型

1）一次指数平滑法

设时间序列为 $y_1, y_2, \cdots, y_t$，则一次指数平滑公式为：

$$S_t^{(1)} = \alpha y_t + (1-\alpha) S_{t-1}^{(1)} \tag{4.28}$$

公式(4.28)中 $S_t^{(1)}$ 为第 t 周期的一次指数平滑值；α 为加权系数，$0 < \alpha < 1$。为了弄清指数平滑的实质，将上述公式依次展开，可得：

$$S_t^{(1)} = \alpha \sum_{j=0}^{t-1} (1-\alpha)^j y_{t-j} + (1-\alpha)^t S_0^{(1)} \qquad (4.29)$$

由于 $0 < \alpha < 1$，当 $t \to \infty$ 时，$(1-\alpha) \to 0$，于是上述公式变为：

$$S_t^{(1)} = \alpha \sum_{j=0}^{\infty} (1-\alpha)^j y_{t-j} \qquad (4.30)$$

以第 t 周期的一次指数平滑值作为第 $t+1$ 期的预测值为：

$$\hat{y}_{t+1} = S_t^{(1)} = \alpha y_t + (1-\alpha)\hat{y}_t \qquad (4.31)$$

2）二次指数平滑法

当时间序列没有明显的趋势变动时，使用第 t 周期一次指数平滑就能直接预测第 $t+1$ 期之值。但当时间序列的变动出现直线趋势时，用一次指数平滑法来预测存在着明显的滞后偏差。修正的方法是在一次指数平滑的基础上再作二次指数平滑，利用滞后偏差的规律找出曲线的发展方向和发展趋势，然后建立直线趋势预测模型，即二次指数平滑法。

设一次指数平滑为 $S_t^{(1)}$，则二次指数平滑 $S_t^{(2)}$ 的计算公式为：

$$S_t^{(2)} = \alpha S_t^{(1)} + (1-\alpha) S_{t-1}^{(2)} \qquad (4.32)$$

若时间序列 $y_1, y_2, \cdots, y_t$ 从某时期开始具有直线趋势，且认为未来时期亦按此直线趋势变化，则与趋势移动平均类似，可用如下的直线趋势模型来预测：

$$\hat{y}_{t+T} = a_t + b_t T \quad (T = 1, 2, \cdots, t) \qquad (4.33)$$

公式（4.33）中 t 为当前时期数；T 为由当前时期数 t 到预测期的时期数；$\hat{y}_{t+T}$ 为第 $t+T$ 期的预测值；a_t 为截距，b_t 为斜率，其计算公式为 $a_t = 2S_t^{(1)} - S_t^{(2)}$，$b_t = \dfrac{\alpha}{1-\alpha}(S_t^{(1)} - S_t^{(2)})$。

3）三次指数平滑法

若时间序列的变动呈现出二次曲线趋势，则需要用三次指数平滑法。三次指数平滑是在二次指数平滑的基础上再进行一次平滑，其计算公式为：

$$S_t^{(3)} = \alpha S_t^{(2)} + (1-\alpha) S_{t-1}^{(3)} \qquad (4.34)$$

三次指数平滑法的预测模型为：

$$\hat{y}_{t+T} = a_t + b_t T + c_t T^2 \qquad (4.35)$$

其中：

$$a_t = 3S_t^{(1)} - 3S_t^{(2)} + S_t^{(3)}$$

$$b_t = \frac{\alpha}{2(1-\alpha)^2}\big[(6-5\alpha)S_t^{(1)} - 2(5-4\alpha)S_t^{(2)} + (4-3\alpha)S_t^{(3)}\big]$$

$$c_t = \frac{\alpha}{2(1-\alpha)^2}\big[S_t^{(1)} - 2S_t^{(2)} + S_t^{(3)}\big]$$

2. 指数平滑法的应用举例

1）二次指数平滑法的应用举例

某公司 1990—2001 年营业额如表 4.16 第三栏，预测 2002—2004 年该公司的营业额。从观察期时间序列资料可知变动趋势接近直线上升，可用二次指数平滑法。因观察值期数较少，初始值用最初两期观察值平均为 124 万元代替。取 $\alpha = 0.4$。按公式（4.31）计算一次指数平滑值，如表 4.16 第四栏。

表 4.16 某饮食公司 1990—2001 年营业额资料和预测过程[66] （单位：万元）

年份	t	年营业额 Y_t	$S_t^{(1)}(\alpha=0.4)$	$S_t^{(2)}(\alpha=0.4)$	预测值 $\hat{Y}_t$
1990	0	120	124.0	124.0	104.8
1991	1	128	125.6	124.6	117.5
1992	2	130	127.4	125.7	130.2
1993	3	142	133.2	128.7	142.9
1994	4	140	135.9	131.6	155.6
1995	5	154	143.2	136.2	168.3
1996	6	170	153.9	143.2	181.0
1997	7	196	170.7	154.3	193.7
1998	8	210	186.4	167.1	206.4
1999	9	225	201.9	181.0	219.1
2000	10	228	212.3	193.5	231.8
2001	11	245	225.4	206.3	244.5

$$S_1^{(1)}=0.4\times128+(1-0.4)\times124=125.6$$
$$S_8^{(1)}=0.4\times210+(1-0.4)\times170.7=186.4$$

其他略。

按公式(4.32)，根据一次指数平滑资料 $S_t^{(1)}$ 作二次指数平滑，平滑值如表 4.16 中第五栏。如

$$S_1^{(2)}=0.4\times125.6+(1-0.4)\times124=124.6$$
$$S_8^{(2)}=0.4\times186.4+(1-0.4)\times154.3=167.1$$

其他略。

预测模型参数：

$$a_t=2S_t^{(1)}-S_t^{(2)}=2\times225.4-206.3=244.5$$
$$b_t=\frac{\alpha}{1-\alpha}(S_t^{(1)}-S_t^{(2)})=\frac{0.4}{1-0.4}(225.4-206.3)=12.7$$

预测方程为 $\hat{y}_{t+T}=244.5+12.7T$。

按建立的预测方程计算预测值（理论趋势值）见表 4.16 中第六栏。如：

$$\hat{Y}_{2001}=\hat{Y}_{11+0}=244.5+12.7\times0=244.5$$
$$\hat{Y}_{2000}=\hat{Y}_{11-1}=244.5+12.7\times(-1)=231.8$$

按预测方程预测未来期的年营业额为：

$$\hat{Y}_{2002}=\hat{Y}_{11+1}=244.5+12.7\times1=257.2$$
$$\hat{Y}_{2003}=\hat{Y}_{11+2}=244.5+12.7\times2=269.9$$
$$\hat{Y}_{2004}=\hat{Y}_{11+3}=244.5+12.7\times3=282.6$$

2）应用指数平滑法进行客运量预测

根据表 4.7 中的数据，应用指数平滑法对某省全社会客运总量建立一次、二次和三次指

数预测模型,其中一次指数平滑预测的程序运行结果界面如图 4.15 所示。

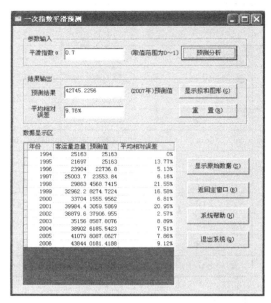

图 4.15　一次指数平滑预测模型运行界面

采用一次指数平滑、二次指数平滑和三次指数平滑方法分别预测某省公路客运量(数据为表 4.7 中的 X_3),$\hat{X}_{31}$ 为一次指数平滑预测值,$\hat{X}_{32}$ 为二次指数平滑预测值,$\hat{X}_{33}$ 为三次指数平滑预测值,预测结果对比如表 4.17 所示。

表 4.17　利用指数平滑法预测某省公路客运量对比结果(α 取 0.7)

年份	实际公路客运量	$\hat{X}_{31}$		$\hat{X}_{32}$		$\hat{X}_{33}$	
		预测值	相对误差	预测值	相对误差	预测值	相对误差
1994	23 518.0	23 518.0000	0	23 518.0000	0	23 518.0000	0
1995	20 095.0	23 518.0000	14.55%	21 121.9000	14.55%	21 121.9000	4.86%
1996	22 397.1	21 121.9000	6.04%	22 014.5397	19.61%	22 014.5397	1.74%
1997	23 437.9	22 014.5397	6.47%	23 010.8922	5.63%	23 010.8922	1.86%
1998	28 048.0	23 010.8922	21.89%	26 536.8677	16.58%	26 536.8677	5.69%
1999	30 796.0	26 536.8677	16.05%	29 518.2603	1.38%	29 518.2603	4.33%
2000	31 586.0	29 518.2603	7%	30 965.6781	6.14%	30 965.6781	2%
2001	37 909.0	30 965.6781	22.42%	35 826.0034	12.65%	35 826.0034	5.81%
2002	36 726.0	35 826.0034	2.51%	36 456.0010	11.49%	36 456.0010	0.74%
2003	33 039.0	36 456.0010	9.37%	34 064.1003	14.82%	34 064.1003	3.01%
2004	36 502.0	34 064.1003	7.16%	35 770.6301	12.76%	35 770.6301	2.04%
2005	38 509.0	35 770.6301	7.66%	37 687.4890	4.16%	37 687.4890	2.18%
2006	40 861.0	37 687.4890	8.42%	39 908.9467	2.24%	39 908.9467	2.39%
平均相对误差		9.96%		9.39%		2.82%	

可以看出三次指数平滑预测方法的拟合效果明显好于一次和二次指数平滑,三种指数平滑对公路客运量年度数据进行拟合得到的相对误差序列如图4.16所示。

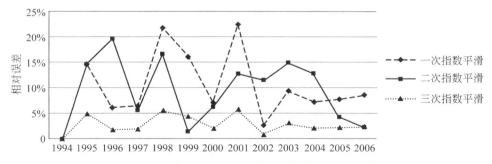

图4.16　一次、二次和三次指数平滑法拟合的相对误差序列曲线

在指数平滑法中,预测成功的关键是 α 的选择。α 的大小规定了在新预测值中新数据和原预测值所占的比例。α 值愈大,新数据所占的比重就愈大,原预测值所占比重就愈小,反之亦然。指数平滑值与所有的数据都有关,权重衰减,距离现在越远的数据权系数越小。权重衰减的速度取决于 α 的大小,α 越大,衰减越快;α 越小,衰减越慢。

三次指数平滑预测中,α 的不同取值对预测效果的影响,如表4.18所示。

表 4.18　α 不同取值时的三次指数平滑预测结果比较　　　（单位:万人）

年份	实际公路客运量	$\alpha=0.5$		$\alpha=0.7$		$\alpha=0.9$	
		预测值	相对误差	预测值	相对误差	预测值	相对误差
1994	23 518.0	23 518.0000	0	23 518.0000	0	23 518.0000	0
1995	20 095.0	21 806.5000	7.85%	21 121.9000	4.86%	20 437.3000	1.67%
1996	22 397.1	22 101.7998	1.34%	22 014.5397	1.74%	22 201.1196	0.88%
1997	23 437.9	22 769.8501	2.93%	23 010.8922	1.86%	23 314.2223	0.53%
1998	28 048.0	25 408.9250	10.39%	26 536.8677	5.69%	27 574.6222	1.72%
1999	30 796.0	28 102.4625	9.58%	29 518.2603	4.33%	30 473.8622	1.06%
2000	31 586.0	29 844.2313	5.84%	30 965.6781	2%	31 474.7862	0.35%
2001	37 909.0	33 876.6156	11.90%	35 826.0034	5.81%	37 265.5786	1.73%
2002	36 726.0	35 301.3078	4.04%	36 456.0010	0.74%	36 779.9579	0.15%
2003	33 039.0	34 170.1539	3.31%	34 064.1003	3.01%	33 413.0958	1.12%
2004	36 502.0	35 336.0770	3.30%	35 770.6301	2.04%	36 193.1096	0.85%
2005	38 509.0	36 922.5385	4.30%	37 687.4890	2.18%	38 277.4110	0.61%
2006	40 861.0	38 891.7692	5.06%	39 908.9467	2.39%	40 602.6411	0.64%
平均相对误差		5.37%		2.82%		0.87%	

加权系数 α 取值分别为 0.5、0.7 和 0.9 时，应用三次指数平滑对公路客运量年度数据进行拟合得到的相对误差序列，如图 4.17 所示。

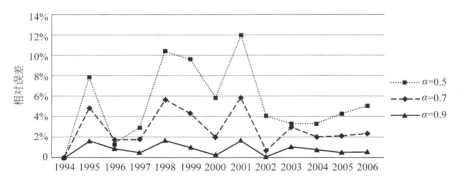

图 4.17　α 不同取值的三次指数平滑拟合的相对误差序列曲线

可以看出，α 取 0.9 时的预测效果较好，拟合原始序列的平均相对误差达到了 0.87%，具有很高的精度。因此，在选用指数平滑法进行研究时，对于不同预测对象，可先选择不同的 α 值，比较对原序列拟合的平均相对误差和拟合图形的效果，确定预测模型的 α 值。

4.4.3　季节指数预测模型

季节指数预测法是指变量在一年内以季（月）的循环为周期特征，通过计算变量的季节指数达到预测目的的一种方法。季节指数法的预测过程：首先分析判断时间序列观察数据是否呈季节性波动。通常可将 3～5 年的资料按月或按季展开，绘制历史曲线图，以观察其在一年内有无周期性波动来做出判断；然后将各种因素结合起来考虑，即考虑它是否还受长期趋势变动的影响，是否受随机波动的影响等。

1. 季节指数水平法

1）季节指数水平法模型

第一步：收集三年以上各年中各月或季数据 Y_t，形成时间序列。

第二步：计算各年同季或同月的平均值 $\overline{Y}_i$：$\overline{Y}_i = \sum_{i=1}^{n} Y_i \Big/ n$，$Y_i$ 为各年各月或各季观察值，n 为年数。

第三步：计算所有年度所有季或月的平均值 $\overline{Y}_0$：$\overline{Y}_0 = \sum_{i=1}^{n} \overline{Y}_i \Big/ n$，$n$ 为一年季数或月数。

第四步：计算各季或各月的季节比率 f_i（即季节指数）：$f_i = \overline{Y}_i / \overline{Y}_0$。

第五步：计算预测期趋势值 $\hat{X}_t$。趋势值是不考虑季节变动影响的市场预测趋势估计值。其计算方法有多种，可以采用以观察年的年均值除以一年的月数或季数。

第六步：建立季节指数水平预测模型，进行预测，即 $\hat{Y}_t = \hat{X}_t \cdot f_t$。

2）季节指数水平法应用举例

某地区棉衣、毛衣、皮衣 1998—2001 年各季销售额如表 4.19 的第 2～5 栏，试预测 2002 年各季销售额。具体预测过程如下：

（1）计算各年同季的季平均销售额于表 4.19 第六栏。如第一季为：

$$\frac{148+138+150+145}{4}=145.25$$

（2）计算所有年所有季的季平均销售额。

$$\bar{Y}_0 = \frac{145.25+62.5+76.5+172.2}{4}=114.125$$

（3）计算各季节比率，列入表 4.19 第七栏。如第二季为：

$$f_2 = 62.5/114.125 = 54.67\%$$

（4）预测年的季趋势值 $\hat{X}_t$。

$$\hat{X}_t = \frac{145+66+78+173}{4}=115.5$$

（5）2002 年各季预测值 $\hat{Y}_t$ 列于表 4.19 第八栏。如第三季为：

$$\hat{Y}_3 = 115.5\times0.6703 = 77.42$$

表 4.19　1998—2001 年各季销售额数据及预测过程[66]

季节	各年销售额				季均销售 $\bar{Y}_t$	季节比率 $f_t/\%$	预测值 $\hat{Y}_t$
	1998	1999	2000	2001			
第一季	148	138	150	145	145.25	127.27	147.00
第二季	62	64	58	66	62.50	54.76	63.25
第三季	76	80	72	78	76.50	67.03	77.42
第四季	164	172	180	173	172.25	150.93	174.32

2. 季节指数趋势法

长期趋势的季节指数法是指在时间序列观察值既有季节周期变化，又有长期趋势变化的情况下，首先建立趋势预测模型，再在此基础上求得季节指数，最后建立数学模型进行预测的一种方法。

1）季节指数趋势法模型

第一步：以一年的季数 4 或一年的月数 12 为 N，对观察值的时间序列进行 N 项移动平均。由于 N 为偶数，应再对相邻两期移动的平均值再平均后对正，形成新序列 M_t，以此为长期趋势。

第二步：将各期观察值除去同期移动均值得到季节比率 $f_t(f_t = Y_t/M_t)$，以消除趋势。

第三步：将各年同季或同月的季节比率平均，季节平均比率 F_i 可消除不规则变动。i 表示季别或月份别。

第四步：计算时间序列线性趋势预测值 $\hat{X}_t$，模型为 $\hat{X}_t = a+bt$，可以采用多种方法，这里可以采用移动平均法：

$$b=\frac{M_t\ 末项-M_t\ 首项}{M_t\ 项数}; \quad a=\frac{\sum\limits_{t=1}^{n}Y_t - b\sum\limits_{t=1}^{n}t}{n}$$

第五步：求季节指数趋势预测值 $\hat{Y}_t = \hat{X}_t \cdot F_i$。

2）季节指数趋势法应用举例

某公司水产品 1998—2001 年各季销售额数据如表 4.20 所示，试预测 2002 年各季水产品销售额。预测过程如下：

（1）将数列 Y_t 进行四项移动平均，平均值于表第四栏如 1998 年一、二、三、四季平均值 302.5 放在三、四季之间。

（2）将相邻两移动平均值 M_t 平均对应于表第五栏。如（302.5＋332.5）/2＝317.5 置 1998 年第三季。

（3）将同期 Y_t 除以 M_t 算出各期季节比率 f_t 于表第六栏。如 1999 年第一季 f_t 为 460/401.3＝1.1463。

（4）计算季节比率平均值 F_i。各季平均比率之和应等于季数。由于小数原因，可能略大于或小于季数，计算调整系数调整平均比率。调整系数 $r = \dfrac{季数}{平均比率之和} = \dfrac{4}{4.01} = 0.9975$。将系数 r 乘平均比率为调整后平均比率 F_i 列于表 4.21。

表 4.20　各季销售额数据及预测[66]　　　　　　　（单位：万元）

年	季	销售额 Y_t	移动均值 $N=4$	对正均值 $M_t(N=2)$	季节比率 f_t	长期趋势 $\hat{X}_t$	预测值 $\hat{Y}_t$
1998	1	340	—	—	—	288.43	313.8
	2	210	—	—	—	316.14	284.2
	3	300	302.5	317.5	0.9449	343.85	319.2
	4	360	332.5	357.5	1.0070	370.56	402.9
1999	1	460	382.5	401.3	1.1462	399.27	434.5
	2	410	420.0	446.3	0.9187	426.98	383.9
	3	450	472.5	481.3	0.9350	454.69	422.1
	4	570	490.0	498.8	1.1427	482.40	523.1
2000	1	530	507.5	516.3	1.0265	510.11	555.1
	2	480	525.0	537.5	0.8930	537.82	483.6
	3	520	550.0	570.0	0.9123	565.53	525.0
	4	670	590.0	602.5	1.1120	593.24	643.3
2001	1	690	615.0	627.5	1.0996	620.95	675.7
	2	580	640.0	650.0	0.8923	648.66	583.2
	3	620	660.0	—	—	676.37	627.9
	4	750	—	—	—	704.08	763.5

表 4.21　季节比率平均值

季	1998	1999	2000	2001	比率合计	平均比率	调整比率
一	—	1.1463	1.0265	1.0996	3.2724	1.0908	1.0881
二	—	0.9187	0.8930	0.8923	2.7040	0.9013	0.8991
三	0.9449	0.9350	0.9123	—	2.7922	0.9307	0.9284
四	1.0070	1.1427	1.1120	—	3.2617	1.0872	1.0844

（5）建立趋势模型,计算各期线性值 $\hat{X}_t$。如模型参数 a,b 值按移动平均算法计算,

$$b = \frac{M_t \text{ 末项} - M_t \text{ 首项}}{M_t \text{ 项数}} = \frac{650 - 317.5}{16 - 4} = 27.71$$

$$a = \frac{\sum_{t=1}^{n} Y_t - b\sum_{t=1}^{n} t}{n} = \frac{7940 - 27.71 \times 136}{16} = 260.72$$

趋势模型则为 $\hat{X}_t = 260.72 + 27.71t$。

各年各季预测趋势值 $\hat{X}_t$ 计算结果见表 4.20 第七栏。如 1998 年第一季与第二季为

$$\hat{X}_1 = 260.72 + 27.71 \times 1 = 288.43; \quad \hat{X}_2 = 260.72 + 27.71 \times 2 = 316.14$$

2002 年各季趋势预测值为:

第一季　$\hat{X}_{17} = 260.72 + 27.71 \times 17 = 731.79;$

第二季　$\hat{X}_{18} = 260.72 + 27.71 \times 18 = 759.50;$

第三季　$\hat{X}_{19} = 787.21;$

第四季　$\hat{X}_{20} = 814.92$

（6）各季预测 $\hat{Y}_t$ 按 $\hat{Y} = \hat{X}_t \cdot F_i$ 模型计算。

通过表 4.21,得

$$F_1 = 1.0881, \quad F_2 = 0.8991, \quad F_3 = 0.9284, \quad F_4 = 1.0844$$

2001 年第四季以前计算结果见表 4.20 第八栏。

2002 年四个季度的预测值分别为:

第一季　$731.79 \times 1.0881 = 796.3$

第二季　$759.50 \times 0.8991 = 682.9$

第三季　$787.21 \times 0.9284 = 730.8$

第四季　$814.92 \times 1.0844 = 883.7$

季节比率平均值见表 4.21。

4.5　基于神经网络的预测模型

1. 神经网络的基础知识

人工神经网络（Artificial Neural Networks,ANN）作为一种先进的人工智能技术,十分

适合处理非线性和含噪音的数据,尤其是对那些以处理含有模糊、不完整、不严密的知识或数据为特征的问题。神经网络模型是通过数据本身的内在联系进行建模,而建模过程就是学习过程,是一种归纳思维的方法。所建立的模型应具有良好的适应性与自学习能力、较强的抗干扰能力。

误差反向传播神经网络(Back Propagation Neural Networks,BPNN)是目前应用最广的前向型网络之一,是多层前馈神经网络的核心部分,体现了神经网络最精华的部分。BP 网络具有三层或三层以上的阶层,各层之间的神经元实现全连接,而每层内各神经元之间无连接,按有导师的方式进行学习。在实际应用中,绝大部分的 BP 模型是采用 BP 网络和它的变化形式。已经被广泛应用在模式识别、图像处理、系统辨识、函数拟合、优化计算、最优预测和自适应控制等领域。

BP 神经网络的基本结构如图 4.18 所示。

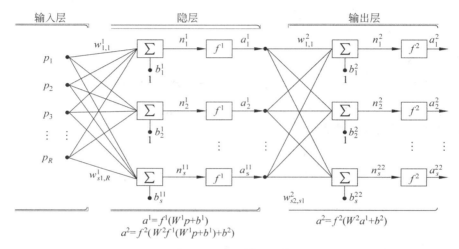

图 4.18　三层神经网络

对于层数的划分,目前有两种不同的观点:一种观点是把输入层看作神经网络的一层,另一种观点认为输入层不参与调整权值,不进行网络的优化计算,不看作单独的一层。由于输入层是否应该算作一层并不影响网络的整体效果,本书把输入层算作神经网络的第一层。

图 4.18 中字母上标的数字表示层数,其中输入层(Input Layer)的输入样本 $p,p=(p_1,p_2,p_3,\cdots,p_R)$,$p_i$ 表示输入样本的第 i 个元素。W^1 表示从输入层到隐层的权值矩阵,$w_{j,i}^1$ 表示输入层的第 i 个分量到隐层的第 j 个分量的连接权,b_i^1 表示隐层的第 i 个神经元的偏置值,n_i^1 表示隐层第 i 个神经元的净输入,f^1 表示隐层的激励函数。a^1 表示隐层的网络输出向量,它同时也是输出层的输入向量。其他符号类似,表示隐层到输出层的相关值。

2. BP 网络的算法过程

BP 网络建模过程由四个部分组成:

(1)输入模式由输入层经中间层向输出层的“前向传播”过程;

(2)网络的希望输出与网络实际输出之差的误差信号由输出层经中间层向输入层逐层修正连接权的“误差反向传播”过程;

（3）由"前向传播"与"误差反向传播"的反复交替进行的网络"记忆训练"过程；

（4）网络趋向收敛即网络的全局误差趋向极小值的"学习收敛"过程。

1）正向传播过程

假设目前存在一个样本集合：

$$\{p_1,t_1\},\{p_2,t_2\},\{p_3,t_3\},\cdots,\{p_q,t_q\},\{p_1,a_1\},\{p_2,a_2\},\{p_3,a_3\},\cdots,\{p_q,a_q\}$$

这里 p_q 为网络输入，t_q 为对应的目标输出，a_q 为对应的网络输出，每输入一个样本对 $\{p_q,t_q\}$，便将网络输出与目标输出相比较。算法将调整网络参数，以使均方误差最小化：

$$F(x) = E[e^2] = E[(t-a)^2] \tag{4.36}$$

这里 x 是网络权值和偏置值的向量，如果网络输出有多个，则上式的一般形式是：

$$F(x) = E[e^T e] = E[(t-a)^T(t-a)] \tag{4.37}$$

用某一个样本的均方误差来代替整体的均方误差。采用最小二乘学习（Least Means Square, LMS）算法，即梯度搜索技术，以使网络对实际输出与期望输出的误差平方和为最小。

$$\hat{F}(x) = e(k)^T e(k) = (t(k) - a(k))^T (t(k) - a(k)) \tag{4.38}$$

近似均方误差的最速下降法为：

$$w_{i,j}^m(k+1) = w_{i,j}^m(k) - L_r \frac{\partial \hat{F}}{\partial w_{i,j}^m} \tag{4.39}$$

$$b_i^m(k+1) = b_i^m(k) - L_r \frac{\partial \hat{F}}{\partial b_i^m} \tag{4.40}$$

这里的 L_r 是学习速率（也称学习速度，也可以用字母 α 表示）。

由于误差是权值的隐函数，所以下面用微积分中的链法则来计算偏导数。假设有一个函数 f，它仅是变量 n 的显式函数。现在求 f 关于变量 w 的导数，链法则为：

$$\frac{\mathrm{d}f(n(w))}{\mathrm{d}w} = \frac{\mathrm{d}f(n(w))}{\mathrm{d}n} \times \frac{\mathrm{d}n(w)}{\mathrm{d}w} \tag{4.41}$$

下面用这个法则来求式（4.39）和式（4.40）中的偏导数：

$$\frac{\partial \hat{F}}{\partial w_{i,j}^m} = \frac{\partial \hat{F}}{\partial n_i^m} \times \frac{\partial n_i^m}{\partial w_{i,j}^m} \tag{4.42}$$

$$\frac{\partial \hat{F}}{\partial b_i^m} = \frac{\partial \hat{F}}{\partial n_i^m} \times \frac{\partial n_i^m}{\partial b_i^m} \tag{4.43}$$

每个等式的第二项都可以很容易地算出，因为 m 层的网络净输入是那一层中的权值和偏置值的显式函数：

$$n_i^m = \sum_{j=1}^{s^{m-1}} w_{i,j}^m a_j^{m-1} + b_i^m \tag{4.44}$$

因此，

$$\frac{\partial n_i^m}{\partial w_{i,j}^m} = a_j^{m-1}, \qquad \frac{\partial n_i^m}{\partial b_i^m} = 1 \tag{4.45}$$

如果定义

$$s_i^m = \frac{\partial \hat{F}}{\partial n_i^m} \tag{4.46}$$

（$\hat{F}$ 对 m 层的输入的第 i 个元素变化的敏感性，也可以说是局部梯度），则式（4.42）和（4.43）可以简化为：

$$\frac{\partial \hat{F}}{\partial w_{i,j}^m} = s_i^m a_j^{m-1} \tag{4.47}$$

$$\frac{\partial \hat{F}}{\partial b_i^m} = s_i^m \tag{4.48}$$

现在可以将近似下降法表示为：

$$w_{i,j}^m(k+1) = w_{i,j}^m(k) - L_r s_i^m a_j^{m-1} \tag{4.49}$$

$$b_i^m(k+1) = b_i^m(k) - L_r s_i^m \tag{4.50}$$

用矩阵的形式表示，则为：

$$\boldsymbol{W}^m(k+1) = \boldsymbol{w}^m(k) - L_r \boldsymbol{s}^m (\boldsymbol{a}^{m-1})^T \frac{-b \pm \sqrt{b^2 - 4ac}}{2a} \tag{4.51}$$

$$\boldsymbol{b}_i^m(k+1) = \boldsymbol{b}_i^m(k) - L_r \boldsymbol{s}^m \tag{4.52}$$

这里，$\boldsymbol{s}^m$ 为：

$$\boldsymbol{s}^m = \frac{\partial F}{\partial \boldsymbol{n}^m} = \begin{bmatrix} \dfrac{\partial F}{\partial n_1^m} \\ \dfrac{\partial F}{\partial n_2^m} \\ \vdots \\ \dfrac{\partial F}{\partial n_{s^m}^m} \end{bmatrix} \tag{4.53}$$

2）反向传播过程

现在还需要计算敏感性的反向传播 $\boldsymbol{S}^m$，这要求再次使用链法则。正是这个过程给出了反向传播这个词，因为它描述了第 m 层的敏感性通过第 $m+1$ 层的敏感性来计算的递推关系。

推出敏感性的递推关系需要使用雅可比矩阵，下面求这个矩阵的一个表达式。考虑矩阵的 i,j 元素：

$$\frac{\partial n_i^{m+1}}{\partial n_j^m} = \frac{\partial \left[\sum_{k=1}^{s^m} w_{i,k}^{m+1} a_k^m + b_i^{m+1} \right]}{\partial n_j^m} = w_{i,j}^{m+1} \frac{\partial f^m(n_j^m)}{\partial n_j^m} = w_{i,j}^{m+1} \dot{f}^m(n_j^m) \tag{4.54}$$

$$\dot{f}^m(n_j^m) = \frac{\partial f^m(n_j^m)}{\partial n_j^m} \tag{4.55}$$

因而雅可比矩阵可以写成

$$\frac{\partial \boldsymbol{n}^{m+1}}{\partial \boldsymbol{n}^m} = \boldsymbol{W}^{m+1} \dot{\boldsymbol{F}}^m(\boldsymbol{n}^m) \tag{4.56}$$

这里，

$$\dot{\boldsymbol{F}}^m(\boldsymbol{n}^m) = \begin{bmatrix} \dot{f}^m(n_1^m) & 0 & \cdots & 0 \\ 0 & \dot{f}^m(n_2^m) & \cdots & 0 \\ \vdots & \vdots & \vdots & \vdots \\ 0 & 0 & \cdots & \dot{f}^m(n_{s^m}^m) \end{bmatrix} \tag{4.57}$$

现在可以使用矩阵形式的链法则写出敏感性的递推关系式：

$$\boldsymbol{s}^m = \frac{\partial F}{\partial \boldsymbol{n}^m} = \left(\frac{\partial \boldsymbol{n}^{m+1}}{\partial \boldsymbol{n}^m}\right)^T \frac{\partial F}{\partial \boldsymbol{n}^{m+1}}$$

$$= \dot{\boldsymbol{F}}^m(\boldsymbol{n}^m)(\boldsymbol{W}^{m+1})^T \frac{\partial F}{\partial \boldsymbol{n}^{m+1}} = \dot{\boldsymbol{F}}^m(\boldsymbol{n}^m)(\boldsymbol{W}^{m+1})^T \boldsymbol{s}^{m+1} \tag{4.58}$$

这就是反向传播算法的本质,敏感性从最后一层通过网络被反向传播到最后一层：

$$\boldsymbol{s}^M \to \boldsymbol{s}^{M-1} \to \cdots \to \boldsymbol{s}^2 \to \boldsymbol{s}^1 \tag{4.59}$$

这里值得强调的是,BP 算法使用的是在 LMS 算法中用到的相同的近似最速下降法。唯一复杂的是,为了计算梯度,需要首先反向传播敏感性。反向传播的优点是可以很有效地实现链法则。

计算递推算法的起点 $\boldsymbol{s}^M$,即网络的最后一层

$$s_i^M = \frac{\partial F}{\partial n_i^M} = \frac{\partial (\boldsymbol{t}-\boldsymbol{a})^T(\boldsymbol{t}-\boldsymbol{a})}{\partial n_i^M} = \frac{\partial \sum\limits_{j=1}^{s^M}(t_j - a_j)^2}{\partial n_i^M} = -2(t_i - a_i)\frac{\partial a_i}{\partial n_i^M} \tag{4.60}$$

由于,

$$\frac{\partial a_i}{\partial n_i^M} = \frac{\partial a_i^M}{\partial n_i^M} = \frac{\partial f^M(n_i^M)}{\partial n_i^M} = \dot{f}^M(n_i^M) \tag{4.61}$$

可以得到

$$s_i^M = -2(t_i - a_i)\dot{f}^M(n_i^M) \tag{4.62}$$

这可以用矩阵形式表示成

$$\boldsymbol{s}^M = -2\dot{\boldsymbol{F}}^M(\boldsymbol{n}^M)(\boldsymbol{t}-\boldsymbol{a}) \tag{4.63}$$

3）BP 算法的总结

第一步是通过网络将每次的输入向前传播：

$$\boldsymbol{a}^0 = \boldsymbol{p} \tag{4.64}$$

$$\boldsymbol{a}^{m+1} = \boldsymbol{f}^{m+1}(\boldsymbol{w}^{m+1}\boldsymbol{a}^m + \boldsymbol{b}^{m+1}), \quad (m = 0,1,\cdots,M-1) \tag{4.65}$$

$$\boldsymbol{a}^m = \boldsymbol{a}^{m+1} \tag{4.66}$$

每个输入向量的误差平方和为

$$E_q = \sum_{j=1}^{s^M}(t_{j,q} - a_{j,q}^M)^2 \tag{4.67}$$

总的平方误差

$$E = \frac{1}{Q}\sum_{q=1}^{Q} E_q \tag{4.68}$$

下一步是通过网络将敏感性反向传播：

$$s^M = -2\dot{F}^M(n^M)(t-a) \tag{4.69}$$

$$s^m = \dot{F}^m(n^m)(W^{m+1})^T s^{m+1} \tag{4.70}$$

最后,使用近似的最速下降法更新权值和偏置值:

$$W^m(k+1) = W^m(k) - L_r s^m (a^{m-1})^T \tag{4.71}$$

$$b^m(k+1) = b^m(k) - L_r s^m \tag{4.72}$$

至此,BP 算法完成一次完整的训练过程。重复整个过程,直到达到设定的最小误差或者最大的学习次数,则 BP 算法完成,建立 BP 神经网络模型。

图 4.19 为 BP 算法的整个流程。

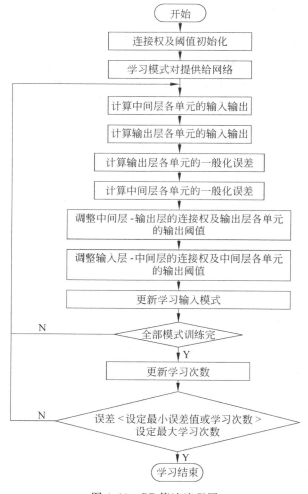

图 4.19 BP 算法流程图

综上所述,可以看出 BP 算法的基本思想是多层网络运行 BP 学习算法时,在正向传播过程中,输入信息从输入层经隐含层逐层处理,并传向输出层,每一层神经元的状态只影响下一层神经元的状态。如果在输出层不能得到期望输出,则转入反向传播,使误差信号沿原来的连接通路返回,通过修改各层神经元的权值,使误差信号最小。

3. 实例分析

1）用 BP 网络优化函数

假定用 BP 网络逼近函数：$f(x)=1+\sin\left(\dfrac{\pi}{4}x\right)$，$-2\leqslant x\leqslant 2$。

BP 网络的激励函数有许多形式，需要多次尝试选取较优的函数。经过比较，发现在 BP 网络中，隐含层采用 Sigmoid 函数（S 型函数），输出层采用线性函数效果很好。因此，隐含层与输入层之间采用式(4.73)的 S 型函数作为激励函数，x 为隐含层的净输入，λ 为陡度因子，设 $\lambda=1$，只在训练进入"假饱和"时调用对 λ 的计算过程。输出层与隐含层之间采用式(4.74)的线性函数，为了更简单起见，本算例取 $a=1,b=0$。

$$y=\frac{1}{1+\mathrm{e}^{\frac{-x}{\lambda}}} \tag{4.73}$$

$$y=ax+b \tag{4.74}$$

在开始 BP 算法前，需要选择网络权值和偏置值的初始值。通常选择较小的随机值，这里选择的值如下所示：

$$\boldsymbol{W}^1(0)=\begin{bmatrix}-0.27\\-0.41\end{bmatrix},\quad \boldsymbol{b}^1(0)=\begin{bmatrix}-0.48\\0.13\end{bmatrix}$$

$$\boldsymbol{W}^2(0)=\begin{bmatrix}0.09 & -0.17\end{bmatrix},\quad \boldsymbol{b}^2(0)=\begin{bmatrix}0.48\end{bmatrix}$$

神经网络的训练集可以通过计算函数在几个点的函数值来得到。现在开始执行算法，对初始输入，选择 $x=1$，即 $a^0=x=1$。

第一层输出为：

$$a^1=f^1(W^1a^0+b^1)=f^1\left\{\begin{bmatrix}-0.27\\-0.41\end{bmatrix}[1]+\begin{bmatrix}-0.48\\-0.13\end{bmatrix}\right\}=f^1\left\{\begin{bmatrix}-0.75\\-0.54\end{bmatrix}\right\}$$

$$=\begin{bmatrix}\dfrac{1}{1+\mathrm{e}^{0.75}}\\[2mm]\dfrac{1}{1+\mathrm{e}^{0.54}}\end{bmatrix}=\begin{bmatrix}0.321\\0.368\end{bmatrix}$$

第二层的输出为：

$$a^2=f^2(W^2a^1+b^2)=f^2\left\{\begin{bmatrix}0.09 & -0.17\end{bmatrix}\begin{bmatrix}0.321\\0.368\end{bmatrix}+\begin{bmatrix}0.48\end{bmatrix}\right\}=\begin{bmatrix}0.446\end{bmatrix}$$

误差将为：

$$e=t-a=\left\{1+\sin\left(\frac{\pi}{4}x\right)\right\}-a^2=\left\{1+\sin\left(\frac{\pi}{4}\times1\right)\right\}-0.446=1.261$$

下一阶段是反向传播算法。在反向传播算法开始前，需要首先计算传输函数的导数 $\dot{f}^1(n)$ 和 $\dot{f}^2(n)$。

对第一层：

$$\dot{f}^1(n)=\frac{\partial\dfrac{1}{1+\mathrm{e}^{-n}}}{\partial n}=\frac{\mathrm{e}^{-n}}{(1+\mathrm{e}^{-n})^2}=\left(1-\frac{1}{1+\mathrm{e}^{-n}}\right)\left(\frac{1}{1+\mathrm{e}^{-n}}\right)=(1-a^1)(a^1)$$

对第二层：

$$\dot{f}^2(n)=\frac{\partial(n)}{\partial n}=1$$

下面可以执行反向传播算法了。起始点在第二层。由式(4.69)得：

$$s^M = -2\dot{F}^M(n^M)(t-a) \tag{4.75}$$

$$s^m = \dot{F}^m(n^m)(W^{m+1})^T s^{m+1} \tag{4.76}$$

$$s^2 = -2\dot{F}^2(n^2)(t-a) = -2[\dot{f}^2(n^2)](1.261) = -2[1](1.261)$$
$$= -2.522$$

第一层的敏感性由第二层的敏感性反向传播得到，由式(4.70)得：

$$s^1 = \dot{F}^1(n^1)(w^2)^T s^2 = \begin{bmatrix} (1-a_1^1)(a_1^1) & 0 \\ 0 & (1-a_2^1)(a_2^1) \end{bmatrix} \begin{bmatrix} 0.09 \\ -0.17 \end{bmatrix} [-2.522]$$

$$= \begin{bmatrix} (1-0.321)(0.321) & 0 \\ 0 & (1-0.368)(0.368) \end{bmatrix} \begin{bmatrix} 0.09 \\ -0.17 \end{bmatrix} [-2.522]$$

$$= \begin{bmatrix} 0.218 & 0 \\ 0 & 0.233 \end{bmatrix} \begin{bmatrix} -0.227 \\ 0.429 \end{bmatrix} = \begin{bmatrix} -0.0495 \\ 0.0997 \end{bmatrix}$$

算法的最后阶段时更新权值。为了简单起见，这里学习速率设为 $L_r = 0.1$。由式(4.71)和(4.72)得：

$$W^2(1) = W^2(0) - L_r s^2 (a^1)^T$$
$$= [0.09 \quad -0.17] - 0.1[-0.2522][0.321 \quad 0.368]$$
$$= [0.171 \quad -0.0772]$$

$$b^2(1) = b^2(0) - L_r s^2$$
$$= [0.48] - 0.1[-2.522] = [0.732]$$

$$W^1(1) = W^1(0) - L_r s^1 (a^0)^T$$
$$= \begin{bmatrix} -0.27 \\ -0.41 \end{bmatrix} - 0.1 \begin{bmatrix} -0.0495 \\ 0.0997 \end{bmatrix} [1] = \begin{bmatrix} -0.265 \\ -0.420 \end{bmatrix}$$

$$b^1(1) = b^1(0) - L_r s^1$$
$$= \begin{bmatrix} -0.48 \\ -0.13 \end{bmatrix} - 0.1 \begin{bmatrix} -0.0495 \\ 0.0997 \end{bmatrix} = \begin{bmatrix} -0.475 \\ -0.140 \end{bmatrix}$$

这就完成了 BP 算法的第一次迭代。下一步可以选择另一个输入 x，执行算法的第二次迭代过程。迭代过程一直进行下去，直到网络响应和目标函数之差达到某一可以接受的水平。

2）应用 BP 神经网络预测交通客运量

（1）网络结构的确定包括输入节点数、隐含层节点数、输出节点数以及隐含层和输出层的传递函数。由 Kolmogorov 定理指出一个三层人工神经网络能够模拟任何连续函数，对于复杂的非线性函数，三层网络的拟合效果和收敛速度明显优于四层或更多层结构的 ANN。所以本文也选择只有一个隐含层的前馈 ANN 作为预测交通运量的网络结构。本算例通过三层前馈神经网络实现对交通运量预测。选定输入层四个节点：城市人口数、城市旅游人口数、本市的 GDP 和城市第三产业产值。由于网络对隐含层的神经元数目很敏感，神经元太少网络很难适应，太多又可能设计出超适应的网络。一般若输入层节点数为 n，可以对隐含层节点数在 $2n+1$ 左右范围测试，最终确定一个较好的隐含层节点数。输出层为一个节点，即某市的公路客运量。传递函数：输入层—隐含层使用双曲正切 Sigmoid 传递函数；隐含层—输出层使用线性传递函数。

（2）设置参数进行网络训练,包括选定期望误差最小值、最大循环次数、学习速率等相关参数。本实例中设置期望误差最小值(err_goal)等于 0.01;设定最大循环次数(max_epoch)等于 20 000;设置修正权值和阈值的学习速率 L_r(Learning rate)=0.15。

（3）对输入输出数据样本对进行标准化处理后,进行网络训练,如图 4.20 所示,经过 89 次训练,网络误差达到 0.009 895 67,小于 0.01,网络训练停止,建立 BP 神经网络模型可以用来交通运量预测。

（4）BP 神经网络预测模型拟合结果的对比分析。建立的 BP 神经网络预测模型对交通运输量实际值的拟合效果如图 4.21 所示。为了说明基于 ANN 的交通运量预测模型方法的有效性,采用同样的一组数据,相同的解释变量,本文将使用多元线性回归预测方法做出比较分析。因此采用城市人口数、城市旅游人口数、本市的 GDP 和城市第三产业产值作为自变量,得到多元线性回归模型: $Y = -16.73 \times X_1 + 12.52 \times X_2 + 1.89 \times X_3 + 0.84 \times X_4$ ($R^2 = 0.999\,796$,$F = 8565.311$)。BP 神经网络预测模型与多元线性回归预测模型的误差对比分析,如表 4.22 所示。

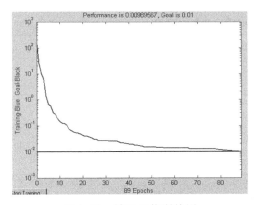

图 4.20　神经网络训练图

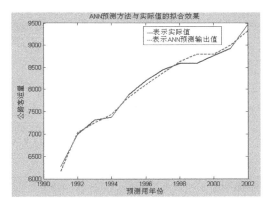

图 4.21　BP 神经网络预测模型拟合结果

表 4.22　ANN 与多元线性回归预测模型对公路客运量预测精度的对比分析

年份	公路客运	神经网络预测模型	神经网络预测模型误差/%	多元回归预测模型	多元回归预测模型误差/%
1992	6999	7024	0.35	6969	0.42
1993	7311	7239	0.98	7182	1.77
1994	7376	7468	1.25	7624	3.36
1995	7867	7902	0.45	7922	0.7
1996	8191	8262	0.87	8104	1.07
1997	8453	8339	1.35	8288	1.96
1998	8594	8652	0.67	8547	0.55
1999	8595	8640	0.52	8655	0.7
2000	8766	8840	0.84	8849	0.95
2001	8930	8999	0.77	9017	0.98
2002	9475	9577	1.08	9348	1.35

由表 4.22 可以得到结论,相比多元线性回归预测模型,基于 ANN 的交通运量预测模型的预测精确性较高。

(5)利用交通运量预测的神经网络模型进行预测分析。应用神经网络模型对该城市 2004 年公路客运量做出预测,与该市统计年鉴公布的数据十分相近。同时,利用这个模型可以得到今后几年的客运量预测值,如应用该模型分析出该城市 2005 年将比 2004 年的公路客运量增长 5.3% 左右。

3)神经网络在库存预测中的应用

对于物流企业来说,节约成本的最好方法就是更加充分利用仓库,让有限的仓库最大限度地发挥。如果能够掌握各个客户的进出库规律,预测出客户未来几天的进出库数量,就能够避开客户的仓库使用高峰,制定合理的进出库方案,优化各种资源。

在此选用的是某第三方物流中心的仓库的库存量数据,预测每天的进出库数量。利用第三方物流中心仓库的"出库单"记录中所有的历史出库记录。样本数据共包括从 2004 年 3 月 2 日到 2004 年 6 月 25 日的所有出库记录。原始出库单记录方式如表 4.23 所示。

表 4.23 某仓库的部分出库记录数据表

出库单号	货品代码	数量/箱	出库单号	货品代码	数量/箱
2004030201	0125	10.1	2004030201	1102	160
2004030201	3387	20	2004030201	3936	36
2004030202	2151	11	2004030202	3387	22
2004030203	3130	33.25	2004030204	3130	77.2
2004030204	3292	11	2004030205	3292	44
2004030206	1102	25	2004030207	3360	41
⋮	⋮	⋮	⋮	⋮	⋮

以上就是 2004 年 3 月部分出库单记录。在该模型中需要预测的是未来几天的出库数量,所以样本数据的行应该是某个日期各个货品的出库数量。为此,需对样本数据进行预处理,对样本数据的表现形式作一个转换。为此,转换后的数据格式如表 4.24 所示。

表 4.24 数据转换后的数据格式

日期	货品 3221	货品 0125	货品 3310	⋯
20040314	100	0	252.1	⋯
20040315	236	253	100.6	⋯
20040316	325.25	22.167	10	⋯
20040317	256.69	225.36	1000	⋯

本例选取了货品代码为 3221 来做库存预测,其他货品的预测与此相类似。该预测模型类似于一个时间序列预测。通过前一段时间的出库数量来预测未来几天的出库,其模型相当于:

$$(N - n\mathrm{Div}, N - (n-1)\mathrm{Div}, \cdots, N - \mathrm{Div}, N) \Rightarrow N + \mathrm{Div} \tag{4.77}$$

其中 Div 为样本数据取样间隔,n 为间隔数。

在本模型中,商品生产企业在每一个月都有一个结算日,在结算日前后,都会以优惠的价格来冲击市场,扩大销售额度。所以,在该模型中 $n\mathrm{Div} > 30$。为此,取 Div = 10,$n = 3$。即

$$(N - 2 \times 10, N - 1 \times 10, N) \Rightarrow N + 10 \tag{4.78}$$

这里的 $N - x$ 代表 x 天以前的出库数量,$N + x$ 代表预测出的第 x 天以后的出库数量。依据该标准,样本数据需重组为 $(N - 2 \times 10, N - 1 \times 10, N, N + 10)$。

按照上述方法对样本数据处理,形成神经网络的挖掘样本一共有 95 条。为了验证神经网络的有效性,为此将样本划分为训练样本(80 条记录)和测试样本(15 条记录),训练样本用于训练神经网络,测试样本用于验证神经网络模型的有效性。

样本数据的大小范围对神经网络训练的效果有着明显的影响,实践证明,样本数据都集中在 [0,1] 时能够达到很好的收敛效果,为此,可将样本数据进行缩放,让样本数据的数值都限定在 [0,1] 之间。对所有的样本数据都除以 10 000,在网络仿真中,对网络输出乘以 10 000 即可恢复原始输出。

神经网络在理论上可以逼近任意的函数,但是该函数的逼近需要不断地修改网络结构和学习参数。网络结果包括网络输入参数、输出参数、隐含层神经元个数、隐含层、输出层函数。学习参数包括学习速率、训练次数、训练精度。通过不断地修改网络结构和参数,用测试集来评价网络训练效果,最后确定的参数如下:

输入元素个数	4	输出元素个数	1
隐含层神经元个数	12	隐含层传递函数	Tansig
输出层传递函数	Tansig	学习速率	0.2
训练次数	10 000	训练精度	0.000 001

网络的最后收敛效果如图 4.22 所示。在图 4.23 和图 4.24 所示的网络仿真和仿真误差分析中,前 80 条为训练样本的仿真,后 15 条为测试样本的仿真,从以上的仿真效果分析来看,该神经网络模型能够有效地预测出货运量,误差精度在一个可以接受的范围内,是一个有效的货运预测分析方法。

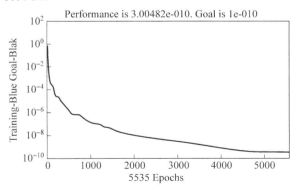

图 4.22　网络的最后收敛效果

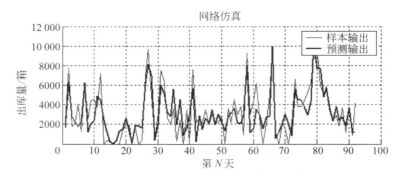

图 4.23　神经网络最后的拟合效果

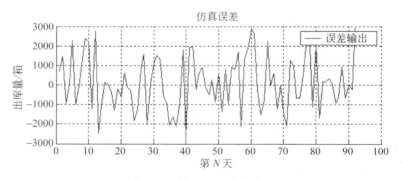

图 4.24　神经网络训练误差

4.6　马尔可夫预测模型

马尔可夫(1856—1922)是俄国著名数学家。马尔可夫预测法是现代预测方法中的一种,具有较高的科学性、准确性和适应性,广泛应用在自然科学和经济管理领域。马尔可夫预测模型是将时间序列看作一个过程,通过对事物不同状态的初始概率与状态之间转移概率的研究,确定状态变化趋势,预测事物的未来。当我们需要知道一个事物(如市场占有率,设备更新等)经过一段时间后的未来状态,或由一种状态转移到另一种状态的概率时就可以运用马尔可夫预测模型。

1. 马尔可夫预测方法数学模型

1) 适用的条件

转移概率矩阵逐期不变;状态个数保持不变;状态的转移只受前一期的影响,而与前一期以前的状态无关。

2) 转移概率矩阵模型

若系统状态的变化可能产生的状态数有 k 个,即系统状态有 $S_1, S_2, \cdots, S_k$。系统现在处于 S_i 状态,下一步转移到 S_j 状态的条件概率记为 $p_{ij}^{(k)}$,则系统状态总的转移情况可用以下的矩阵表示:

$$p_{ij}^{(k)} = \begin{bmatrix} p_{11} & p_{12} & \cdots & p_{1k} \\ p_{21} & p_{22} & \cdots & p_{2k} \\ \vdots & \vdots & & \vdots \\ p_{k1} & p_{k2} & \cdots & p_{kk} \end{bmatrix}$$

并且满足

$$\sum_{j=1}^{k} p_{ij} = p_{i1} + p_{i2} + \cdots + p_{ik} = 1 \quad (i = 1,2,\cdots,k)$$

根据本期和转移状态,可以预测下期情况或下几期的情况:设事物的前状态为 $S(n-1)$,后状态为 $S(n)$,转移状态矩阵为 $\boldsymbol{P}$,则三者的关系为 $S(n)=S(n-1) \cdot \boldsymbol{P}$。计算矩阵的平衡状态:只要转移矩阵不变,不管占有率如何改变,系统最后总会达到平衡状态(稳定状态),即 $S(n) \cdot \boldsymbol{P} = S(n)$。

2. 马尔可夫预测方法应用实例

1) 应用马尔可夫模型进行运输市场占有率预测

运输市场占有率主要是指运输企业运输某种货物量占该市场同种货物总量的百分比。应用马尔可夫模型预测运输市场占有率与稳定后的市场占有率。

假设现有甲、乙、丙三家运输公司运输同一种货物,假定该种货物的总运量不变,均为6000 吨。第一期甲公司运量为 2700 吨,乙公司运量为 2100 吨,丙公司运量 1200 吨,第二期三家公司该种货物运量的变化情况列成统计表如表 4.25 所示。

表 4.25 第二期三家公司该种货物运量的变化情况

公司名称	第二期运量变动情况			
	甲	乙	丙	总计
甲	1500	200	1000	2700
乙	200	1600	300	2100
丙	50	50	1100	1200
总计	1750	1850	2400	6000

第一步:求出初始状态概率向量。用 $a_1(0)$、$a_2(0)$、$a_3(0)$ 分别表示甲、乙、丙公司第一期的状态概率,有 $a_1(0)=2700/6000=0.45$,$a_2(0)=2100/6000=0.35$,$a_3(0)=1200/6000=0.20$。

第二步:计算一次转移概率,并用转移矩阵 $\boldsymbol{p}$ 表示:

$$\boldsymbol{p} = \begin{bmatrix} \dfrac{1500}{2700} & \dfrac{200}{2700} & \dfrac{1000}{2700} \\ \dfrac{200}{2100} & \dfrac{1600}{2100} & \dfrac{300}{2100} \\ \dfrac{50}{1200} & \dfrac{50}{1200} & \dfrac{1100}{1200} \end{bmatrix} = \begin{bmatrix} 0.56 & 0.07 & 0.37 \\ 0.10 & 0.76 & 0.14 \\ 0.04 & 0.04 & 0.92 \end{bmatrix}$$

第三步:根据初始状态概率向量和转移矩阵,对以后各期的市场占有率情况作分析预测。第二期的市场占有率预测为:

$$a = (0.45,0.35,0.20) \begin{bmatrix} 0.56,0.07,0.37 \\ 0.10,0.76,0.14 \\ 0.04,0.04,0.92 \end{bmatrix} = (0.294,0.306,0.400)$$

以后各期的市场占有率就以前一期所得的状态概率向量与转移矩阵相乘得到。

第四步：稳定状态下的市场占有率分析。

从上面的计算结果看，如果三家公司无大的竞争措施出台，市场占有率将逐渐趋于稳定，这种现象称为市场占有率平衡状态。这是由于市场占有率经过多次转移概率变化，其变化幅度逐渐减小的结果。

$$(a_1, a_2, a_3) \begin{bmatrix} 0.56 & 0.07 & 0.37 \\ 0.10 & 0.76 & 0.14 \\ 0.04 & 0.04 & 0.92 \end{bmatrix} = (a_1, a_2, a_3)$$

求解得到市场平衡状态下，甲公司的市场占有率为 10.3%，乙公司为 15.4%，丙公司为 74.3%。

第五步：采取措施改变状态转移矩阵来改变企业的市场占有率。

甲、乙两公司应意识到自己的市场占有率在逐渐减小，为了提高经济效益和竞争能力扭转不利局面，甲乙两公司需积极寻求新的突破点，扩大市场占有率。

假设甲、乙两公司分别从丙公司赢得 20% 和 15% 的市场占有率，则新的状态转移概率为 $\begin{bmatrix} 0.56 & 0.07 & 0.37 \\ 0.10 & 0.76 & 0.14 \\ 0.20 & 0.15 & 0.65 \end{bmatrix}$ 从该状态转移概率矩阵计算得稳定状态下的市场占有率：甲公司为 26.1%，乙公司为 33.2%，丙公司为 40.7%。表明甲、乙公司的市场占有状况有了一定程度的改善。

2）应用马尔可夫模型进行客运市场占有率状态预测

应用马尔可夫状态预测方法对客运市场几种运输方式的市场占有率进行预测。如表 4.26 所示，2006 年某省客运量总量为 43 844 万人，铁路、公路、水运和航空的客运量分别为 1680、41 101、535、528，计算得四种运输方式的初期占有率 $P_0 = (0.038, 0.937, 0.012, 0.012)$，其中公路客运量占客运量总量的 93.74%，可见在该省的客运市场上，公路运输是占据主导地位的运输方式，因此科学地进行公路客运量和周转量预测是十分必要的。

表 4.26 某省客运市场运输方式初期占有率（2006 年）/%

运输方式	初期占有率	铁路	公路	水路	航空
铁路	0.038 316 41	0.027 121	0.007 442	0.000 71	0.003 043
公路	0.937 437 6	0.014 054	0.921 58	0.001 206	0.000 598
水路	0.012 196 01	0.000 502	0.001 021	0.010 262	0.000 411
航空	0.012 049 95	0.000 29	0.001 92	0.000 23	0.009 61

运行程序中的马尔可夫预测方法，得到运行界面如图 4.25 所示。

通过计算，可以得出第 t 期后的客运市场占有率和状态转移矩阵，图 4.25 中显示的是第 5 期（2011 年）客运市场四种运输方式铁路、公路、水路和航空的市场占有率，分别为 4.85%、91.88%、1.36% 和 1.92%。根据马尔可夫模型，当状态转移进行到一定阶段就会达到稳态，在本例中，稳定状态值为 (0.0510, 0.9071, 0.0164, 0.0256)。

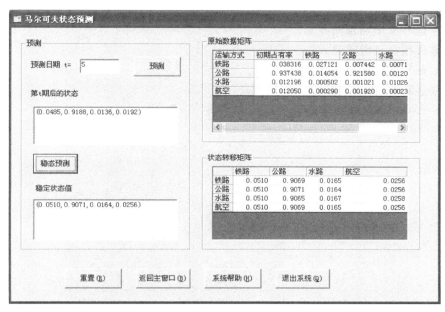

图 4.25　马尔可夫状态预测运行界面

4.7　小　　结

本章重点研究预测模型研究与应用,对于预测理论与算法进行了广泛而具体的研究,包括预测方法的分类、预测的步骤;阐述了多种预测方法,包括回归分析法、趋势外推法、时间序列预测和马尔可夫预测,同时对多种预测算法的预测结果选择和预测效果的评价;在实际应用中,要根据样本的数据特征和需要预测的期限来决定使用何种模型或组合使用某些模型,同时将定量与定性分析相结合,才能得到较为完整的趋势分析,提高辅助决策支持的能力。

思　考　题

1. 阐述预测方法的分类。

2. 描述预测的一般步骤。

3. 掌握一元线性回归预测方法。

4. 掌握多元线性回归预测方法。

5. 解释非线性回归预测方法。

6. 叙述趋势外推预测方法包含哪些模型。

7. 掌握佩尔(Pearl)预测模型。

8. 掌握龚珀兹(Gompertz)预测模型。

9. 掌握林德诺（Ridenour）预测模型。

10. 掌握移动平均预测方法。

11. 掌握指数平滑预测方法。

12. 掌握季节指数预测方法。

13. 描述马尔可夫预测过程。

第5章 关联规则模型及应用

首先解释关联规则的定义,阐述关联规则在知识管理过程中的重要作用;详细描述 Apriori 关联规则算法的相关概念和计算流程;提出一种改进的 Apriori 关联规则方法;最后给出 Apriori 关联规则方法的实例。

5.1 关联规则的基础理论

5.1.1 关联规则的定义与解释

关联规则(Association Rules)是指在大型的数据库系统中,迅速找出各事物之间潜在的、有价值的关联,用规则表示出来,经过推理、积累形成知识后,得出重要的相关联的结论,从而为当前市场经济提供准确的决策手段。

关联规则的应用已经比较广泛,如条形码的应用已使大型零售商品的组织问题成为现实,从决策领域到通信报警系统的应用,以及诊断和预测等相关领域。

(1)在主题数据库(销售分析库)中,可以对所有销售的物品、价格、数量、时间(季节)、地区等相关因素进行分析,利用关联规则来发现它们之间的联系,决定如何进货以及物品在货架的摆放形式等。

(2)如果当前的主题是贷款客户的相关信息,那么利用关联规则算法,可以找出贷款与产品、贷款与库存、贷款与利润、贷款与收入、贷款与贷款人等之间的关联,从而分析会存在风险的贷款情况的关联因素,根据这些规则决定是否给客户发放贷款。

如果当前主题库是某类疾病的患者数据库,那么可以根据每个患者发病史、病状、饮食习惯、居住区、工作、脾气、性格及环境等因素,找出它们之间共同的、潜在的联系,可以做出预防某种疾病的措施。

关联规则的研究和应用是数据挖掘中最活跃和比较深入的分支,目前,已经提出了许多关联规则挖掘的理论和算法。最为著名的是 R. Agrawal 等提出的 Apriori 及其改进算法。为了发现有意义的关联规则,需要给定两个阈值:最小支持度(Minimum Support)和最小可信度(Minimum Confidence)。挖掘出的关联规则必须满足用户规定的最小支持度,它表示了一组项目关联在一起需要满足的最低联系程度。挖掘出的关联规则也必须满足用户规定的最小可信度,它反映了一个关联规则的最低可靠度。在这个意义上,数据挖掘系统的目的就是从数据库中挖掘出满足最小支持度和最小可信度的关联规则。

5.1.2 关联规则在知识管理过程中的作用

知识管理是一个过程,通过这一过程可以学习新知识和获得新经验,并将这些新知识和新经验反映出来,进行共享,以用来促进、增强个人的知识和机构组织的价值。如果我们将数据管理中的数据提取作为数据仓库的低层管理过程,那么数据库知识发现(Knowledge

Discovery in Databases，KDD)的过程则可作为数据仓库的高层管理的过程,而关联规则又作为数据仓库的主要内容出台,所以关联规则作为知识管理过程的重要内容,具体的知识管理过程如图 5.1 所示。

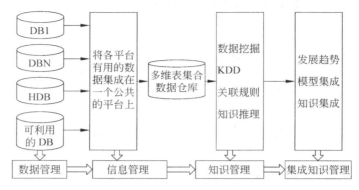

图 5.1   知识管理过程及其发展

知识管理的基础内容包括从系统继承过来的模型与知识。在未来的发展趋势中,也可以根据模型的集成进行模型的推理、知识的推理等推导过程来产生规则和获得知识。这个阶段产生的规则应该是信息集成后的规则。如果在 KDD 过程中的一条通用的规则是:IF 表达式(前件)THEN 动作(后件){其中:前件作为表达式的概念,后件作为满足表达式的逻辑状态所产生的动作},那么在这个阶段的规则形式可以写成:IF 有用的模型 THEN 集成与提炼新的模型;或者 IF 有用的知识 THEN 集成与提炼新的知识。当然,知识集成是按照新的、更高更复杂的问题需求而集成的。这个阶段的基础应该是 KDD 处理后的结果,也就是说 KDD 作为知识集成阶段的基础。因此,知识管理是以 DBS 为基础,应用多种知识发现和决策支持理论与技术方法。而模型的挖掘与知识的挖掘、模型的集成与知识的集成阶段将是知识管理的未来发展趋势。

如果只利用简单的统计与分析方法寻找事物间的关联,可能只看到外部事物间的关联,而无法找到事物内部间的关联。关联规则在大型的数据库系统中为我们提供了各属性(项)之间的潜在的、有价值的联系,使用关联规则也能找出其他主题的大型数据库中的各属性之间的潜在的间接的关联。这对于分析各类事物将要导致其他的潜在的发展趋势是十分重要的。在 KDD 中利用关联规则算法解决这一类问题是目前挖掘潜在的相关联的各事物间关系较好的方法。关联规则在知识管理中起着一种桥梁的作用,如图 5.2 所示,在数据仓库系统中属于数据挖掘和 DSS 的技术。换句话说,数据挖掘的结果会产生许多有价值的模型,在数据挖掘过程中能根据不同的主题发现不同的模式,而这些模式可以是一个表达式、一个过程、一个规则、一条有意义的信息、继承过来的知识等。

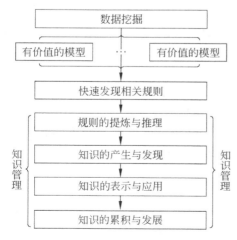

图 5.2   关联规则在知识管理中的桥梁作用

5.2 Apriori 关联规则算法

5.2.1 关联规则算法的相关概念

下面简要介绍关联规则的相关概念。

1. 项集或候选项集

项集 Item＝{Item$_1$，Item$_2$，…，Item$_m$}；TR 是事物的集合；TR⊂Item，并且 TR 是一个 {0,1}属性的集合。集合 k_Item＝{Item$_1$，Item$_2$，…，Item$_k$}称为 k 项集或者 k 项候选项集。假设 DB 包含 m 个属性(A，B，…，M)；1 项集 1_Item＝{{A}，{B}，…，{M}}，共有 m 个候选项集；2 项集 2_Item＝{{A，B}，{A，C}，…，{A，M}，{B，C}，…，{B，M}，{C，D}，…，{L，M}}，共有[$m×(m-1)/2$]个项集；3 项集 3_Item＝{{A，B，C}，{A，B，D}，…，{A，B，M}，{A，C，D}，{A，C，E}，…，{B，C，D}，{B，C，E}，…，{B，C，M}，…，{K，L，M}}；依次类推，m 项集 m_Item＝{A，B，C，…，M}，有一个项集。

2. 支持度

支持度 support 简写为 sup，指的是某条规则的前件或后件对应的支持数与记录总数的百分比。假设 A 的支持度是 sup(A)，

$$sup(A)＝|\{TR|TR⊇A\}|/|n|；$$

$A⇒B$ 的支持度

$$sup(A⇒B)＝sup(A∪B)＝|\{TR|TR⊇A∪B\}|/|n|，$$

其中，A∪B 表示 A 和 B 同时出现在一条记录中，n 是 DB 中的总的记录数目。

3. 可信度

可信度 confidence 简写为 conf，规则 $A⇒B$ 具有可信度 conf($A⇒B$)表示 DB 中包含 A 的事物同时也包含 B 的百分比，是 A∪B 的支持度 sup(A∪B)与前件 A 的支持度 sup(A) 的百分比：

$$conf(A⇒B)＝sup(A∪B)/sup(A)$$

4. 强项集和非频繁项集

如果某 k 项候选项集的支持度大于等于所设定的最小支持度阈值，则称该 k 项候选项集为 k 项强项集(Large k-itemset)或者 k 项频繁项集(Frequent k-itemset)。同时，对于支持度小于最小支持度的 k 项候选项集称为 k 项非频繁项集。

定理(频繁项集的反单调性)：设 A、B 是数据集 DB 中的项集，若 A 包含于 B，则 A 的支持度大于 B 的支持度；若 A 包含于 B，且 A 是非频繁项集，则 B 也是非频繁项集；若 A 包含于 B，且 B 是频繁项集，则 A 也是频繁项集。

5. 产生关联规则

若 A，B 为项集，$A⊂$Item，$B⊂$Item 并且 $A∩B＝∅$，一个关联规则是形如 $A⇒B$ 的蕴涵式。当前关联规则算法普遍基于 Support-Confidence 模型。支持度是项集中包含 A 和 B 的记录数与所有记录数之比，描述了 A 和 B 这两个物品集的并集 C 在所有的事务中出现的概率有多大，能够说明规则的有用性。规则 $A⇒B$ 在项集中的可信度，是指在出现了物品

集 A 的事务 T 中,物品集 B 也同时出现的概率有多大,能够说明规则的确定性。产生关联规则,即从强项集中产生关联规则。在最小可信度的条件下,若强项集的可信度满足最小可信度,称此 k 项强项集为关联规则。例如:若 $\{A,B\}$ 为 2 项强项集,同时 $\text{conf}(A \Rightarrow B)$ 大于等于最小可信度,即 $\sup(A \cup B) \geqslant \text{min\_sup}$ 且 $\text{conf}(A \Rightarrow B) \geqslant \text{min\_conf}$,则称 $A \Rightarrow B$ 为关联规则。

5.2.2 关联规则算法的流程

R. Agrawal 等人在 1993 年设计了一个 Apriori 算法,这是一种最有影响力的挖掘布尔关联规则频繁项集的算法。其核心是基于两阶段的频集思想的递推算法。该关联规则在分类上属于单维、单层、布尔关联规则。该算法将关联规则挖掘分解为两个子问题:

(1) 找出存在于事务数据库中所有的频繁项目集。即那些支持度大于用户给定支持度阈值的项目集。

(2) 在找出的频繁项目集的基础上产生强关联规则。即产生那些支持度和可信度分别大于或等于用户给定的支持度和可信度阈值的关联规则。

在上述子问题中,(2)相对容易些,因为它只需要在已经找出的频繁项目集的基础上列出所有可能的关联规则,同时,满足支持度和可信度阈值要求的规则被认为是有趣的关联规则。但由于所有的关联规则都是在频繁项目集的基础上产生的,已经满足了支持度阈值的要求,只需要考虑可信度阈值的要求,只有那些大于用户给定的最小可信度的规则才被留下来。第一个步骤是挖掘关联规则的关键步骤,挖掘关联规则的总体性能由第一个步骤决定,因此,所有挖掘关联规则的算法都是着重于研究第一个步骤。

Apriori 算法在寻找频繁项集时,利用了频繁项集的向下封闭性(反单调性),即频繁项集的子集必须是频繁项集,采用逐层搜索的迭代方法,由候选项集生成频繁项集,最终由频繁项集得到关联规则,这些操作主要是由连接和剪枝来完成。下面为 Apriori 算法的基本流程。

```
L₁={Large 1-itemsets}          //扫描所有事务,计算每项出现次数,产生频繁 1-项集集合 L₁
for(k=2; Lₖ₋₁≠∅; k++) do         //进行迭代循环,根据前一次的 Lₖ₋₁得到频繁 k-项集集合 Lₖ
  begin
  Cₖ'=join(Lₖₘ,Lₖₙ)
                   //join 对每两个有 k-1 个共同项目的长度为 k 的模式 Lₖₘ和 Lₖₙ进行连接
  Cₖ=prune(Cₖ')                  //prune 根据频繁项集的反单调性,对 Cₖ'进行减枝,得到 Cₖ
  Cₖ=apriori-gen(Lₖ₋₁)          //产生 k 项候选项集 Cₖ
  for all transactions t∈D do    //扫描数据库一遍
   begin
     Cₜ=subset(Cₖ,t)            //确定每个事务 t 所含 k-候选项集的 subset(Cₖ,t)
     for all candidates c∈ Cₜ do
       c.count++                 //对候选项集的计数存放在 hash 表中
       end
     Lₖ={c∈ Cₜ|c.count≥min_sup}  //删除候选项集中小于最小支持度的,得到 k-频繁项集 Lₖ
   end
   for all subset s⊆Lₖ          //对于每个频繁项集 Lₖ,产生 Lₖ 的所有非空子集 s
   If conf(s⇒Lₖ-s)>=min_conf    //可信度大于最小可信度的强集为关联规则
   Then Output(s⇒Lₖ-s)          //由频繁项集产生关联规则
  end
end                              //得到所有的关联规则
```

Apriori 算法最大的问题是产生大量的候选项集,可能需要频繁重复扫描数据库,因此为候选项集合理分配内存,实现对大型数据库系统快速扫描的技术和方法是提高管理规则效率的重要途径,面向大型数据库,从海量数据中高效提取关联规则是非常重要的。

5.2.3 基于 Apriori 算法的关联规则算例

根据某超市的五条客户购物清单记录(见表 5.1),设最小支持度为 40%,最小置信度为 60%,计算基于 Apriori 算法的频繁项集和关联规则(见表 5.2)。

表 5.1　五条客户购物清单记录

记录号	购物清单	记录号	购物清单
401	咖啡、果酱、面包、香皂、香肠	404	咖啡、洗衣粉、香肠
402	果酱、香肠	405	咖啡、面包、牛奶
403	咖啡、牛奶、香肠		

表 5.2　频繁项集计算过程

候选项集	频繁项集
1 项候选项集 C1	1 项频繁项集 L1

1 项候选项集 C1

咖啡	4
香肠	4
果酱	2
面包	2
香皂	1
牛奶	2
洗衣粉	1

1 项频繁项集 L1

咖啡	4
香肠	4
果酱	2
面包	2
牛奶	2

2 项候选项集 C2

咖啡,香肠	3
咖啡,果酱	1
咖啡,面包	2
咖啡,牛奶	2
香肠,果酱	2
香肠,面包	1
香肠,牛奶	1
果酱,面包	1
果酱,牛奶	0
面包,牛奶	1

2 项频繁项集 L2

咖啡,香肠	3
咖啡,面包	2
咖啡,牛奶	2
香肠,果酱	2

候选项集	频繁项集
3 项候选项集 C3	3 项频繁项集 L3

3 项候选项集 C3：

咖啡,香肠,面包	1
咖啡,香肠,牛奶	1
咖啡,面包,牛奶	1
咖啡,香肠,果酱	1

3 项频繁项集 L3：空集

根据表 5.2,通过 L2 进行链接,形成三项候选项集,但因为该 C3 集合中的每个项集都有不频繁子集,所以该三项集的集合应被剪掉,L3 为空;最大频繁项集为 L2。

由 L2 形成的可能关联规则如下：

(1) 咖啡$\Rightarrow$香肠,confidence=3/4=75％ (2) 香肠$\Rightarrow$咖啡,confidence=3/4=75％

(3) 咖啡$\Rightarrow$面包,confidence=2/4=50％ (4) 面包$\Rightarrow$咖啡,confidence=2/2=100％

(5) 咖啡$\Rightarrow$牛奶,confidence=2/4=50％ (6) 牛奶$\Rightarrow$咖啡,confidence=2/2=100％

(7) 香肠$\Rightarrow$果酱,confidence=2/4=50％ (8) 果酱$\Rightarrow$香肠,confidence=2/2=100％

因为最小置信度为 60％,关联规则为(1)、(2)、(4)、(6)、(8)。

5.3 改进的 Apriori 关联规则方法

本节介绍一种改进 Apriori 关联规则算法,实现对大型数据库系统扫描时关联规则的快速提取,采用了合理分配内存的方法,给出计算长度 k 的强项集存储分配公式,提出了由候选集快速产生强项集的算法,提高了大型数据库产生强项集的效率,该算法与现存算法相比,降低了时间复杂度,同时对于动态存储空间的分配有更强的准确性,在各种条件下效率方面优于 Apriori 算法。

5.3.1 动态存储空间的构建

为了充分利用空间,在程序设计中采用了合理分配内存的方法,给出了计算长度 k 的强项集存储分配公式：$b_k = \sum_{i=1}^{n_k} C_{p_{ki}}^2$,其中 C_k 表示 k 项候选项集。

这个公式为动态运行机制开辟了准确的存储空间。以下部分为分配空间的具体解释：

设共有 M 个属性 $\{a_1, a_2, \cdots, a_M\}$

$k=1$ 时,1-项强项集共有 m_1 个属性,即 $\{a_{11}, a_{12}, \cdots, a_{1m_1}\}$。

$k=2$ 时,2-项候选集为 1-项强项集中属性的两两组合,所以 2-项候选集中所占空间为 $b_2 = C_{m_1}^2$;扫描数据库,求 2-项强项集。2-项强项集共有 m_2 个属性即 $\{a_{21}, a_{22}, \cdots, a_{2m_2}\}$。

$k=3$ 时,3-项候选集为 2-项强项集中每次取出首位相同的两个项集做连接操作,其中,将首位相同的这些属性的集合用 S_{3i} 表示 $\{s_{31}, s_{32}, \cdots, s_{3n_3}\}$。相对应在 2-项强项集中,包含这些属性的项出现的次数分别合计为 $\{p_{31}, p_{32}, \cdots, p_{3n_3}\}$,3-项候选项集所占空间为 $b_3 =$

$$\sum_{i=1}^{n_3} C_{p_{3i}}^2 p_{3i} \geqslant 2, i = 1, 2, \cdots, n_3 \text{。扫描数据库,求 3-项强项集。}$$

同理,依次求 $k-1$ 项强项集,$k-1$ 项强项集共有 m_{k-1} 个属性 $\{a_{(k-1)1}, a_{(k-1)2}, \cdots, a_{(k-1)m_{k-1}}\}$。

当求 k 项强项集时,将 $(k-1)$ 项强项集中各个项集前 $(k-2)$ 个属性相同的这些属性的集合用 S_{ki} 表示 $\{s_{k1}, s_{k2}, \cdots, s_{kn_k}\}$,相对应在 $(k-1)$ 项强项集中,包含这些属性的项出现的次数分别合计为 $\{p_{k1}, p_{k2}, \cdots, p_{kn_k}\}$,$k$ 项候选项集所占空间为 $b_k = \sum_{i=1}^{n_k} C_{p_{ki}}^2 p_{ki} \geqslant 2, i = 1, 2, \cdots, n_k$。

5.3.2 快速产生强项集的算法流程

快速产生强关联属性 (L_k) 的方法描述如图 5.3 所示。

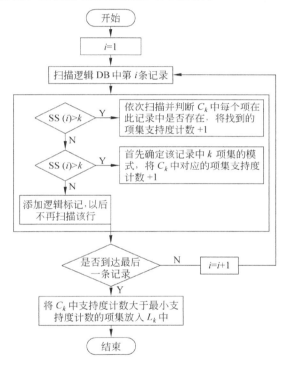

图 5.3 快速产生强关联属性 (L_k) 的方法

(图中 SS(i) 代表第 i 条记录中含有 1 的个数)

(1) 扫描事务数据库中的每个事务,产生候选 1-项集的集合 C_1;

(2) 根据最小支持度 min_sup,由候选 1-项集的集合 C_1,产生强 1-项集合 L_1,对于在事务数据库中出现次数比最小支持度 min_sup 计数少的属性列进行逻辑标记,在以后的各次扫描中跳过这些属性;

(3) 求 k 项集,令 $k=1$;

(4) 由 L_k 产生候选 $(k+1)$-项集的集合 C_{k+1};

(5) 根据最小支持度 min_sup,由候选 $(k+1)$-项集的集合 C_{k+1},产生 $(k+1)$-强项集的

集合 L_{k+1}，方法是扫描数据库，当执行到第 i 行时：

① 若该行的项集长度小于 $(k+1)$，则对该行作出逻辑标记，在以后的各次扫描中，都可以跳过该行，不再扫描；

② 若该行的项集长度等于 $(k+1)$，确定该行项集的模式，与候选项集中的模式进行匹配，匹配成功则该项集的支持度计数器 $+1$，对候选项集中的其他模式，在本行中不再扫描；匹配不成功则跳过本行；

③ 若该行的长度大于 $(k+1)$，将此行中与候选 $k+1$ 项集模式相匹配的项集支持度计数器 $+1$。将候选集 C_{k+1} 中所有项集的支持度与 min_sup 进行比较，产生 L_{k+1}。

(6) 若 $L_{k+1} \neq \varnothing$，则 $k=k+1$，跳往步骤(4)，否则，跳往步骤(7)；

(7) 根据最小置信度 min_conf，由强项集产生关联规则，结束。

5.3.3 改进算法的时间复杂性分析

Apriori 算法的时间复杂性为 $\lg \begin{bmatrix} m \\ k \end{bmatrix} \approx k\lg(m/k)$。一般来说，$k \ll p$，而 p 作为被删除的列，k 作为强项集的长度。对改进后的关联规则算法的时间复杂度的分析如下：

(1) 在最坏的情况下，当 $p=k$ 时，有 $\lg \begin{bmatrix} m-p \\ k \end{bmatrix} \approx k\lg((m-k)/k) \approx k\lg(m/k)$；

(2) 当 $k<p$ 或者 $k \ll p$（属于一般的情况）时，满足 $\lg \begin{bmatrix} m-p \\ k \end{bmatrix} \approx k\lg((m-p)/k)$。

因此，共节省时间是 $k\lg(p/k)$｛一般地说，$k \ll p$｝，这对于一个大型的数据库提高系统的使用效率来说是非常重要的。

在解决以上三个主要研究问题后，总结改进的 Apriori 方法的计算步骤，快速产生强关联属性的关联规则方法总体流程为：

(1) 将 DBS 问题转换成抽象的 DBS：将数据库中的数量相关的问题转换成逻辑相关的问题。按照决策问题要求，将数据库中的各个属性转换成多维逻辑属性。

(2) 求强项集：该问题可以分解为两个子问题：

① 求出 D 中满足最小支持度 min_sup 的所有强项集；

② 利用强项集生成满足最小可信度 min_conf 的所有关联规则。

本方法对子问题①的求解是知识发现的关键部分。具体方案描述如下：由候选 1-项集的集合 C_1，产生强 1-项集合 L_1，对于在数据库中出现次数比 min_sup 计数少的属性列进行逻辑标记，在以后的各次扫描中跳过这些属性；求 k 项集，令 $k=1$；由 L_k 产生候选 $(k+1)$-项集的集合 C_{k+1}；根据 min_sup，由候选 $(k+1)$-项集的集合 C_{k+1} 产生 $(k+1)$-强项集的集合 L_{k+1}，当执行到第 i 行，若该行的项集长度小于 $(k+1)$，则对该行做出逻辑标记，在以后的各次扫描中，都可以跳过该行，不再扫描；若该行的项集长度等于 $(k+1)$，确定该行项集的模式，与候选项集中的模式进行匹配，匹配成功则该项集的支持度计数器 $+1$，对候选项集中的其他模式，在本行中不再扫描；匹配不成功则跳过本行；若该行的长度大于 $(k+1)$，将此行中与候选 $k+1$ 项集模式相匹配的项集支持度计数器 $+1$，将候选集 C_{k+1} 中所有项集的支持度与 min-sup 进行比较，产生 L_{k+1}。

(3) 将抽象的 DBS 问题转换成 DBS，表达关联规则。

总体流程图如图 5.4 所示。

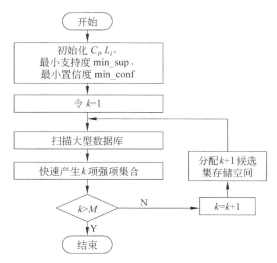

图 5.4　快速产生强关联属性的关联规则方法总体流程图

5.4　Apriori 关联规则方法的实例

通过关联规则分析受过高等教育与性别、工资收入、职业、年龄等之间的潜在关联。给出一个简单的数据库的例子,如表 5.3 所示。

表 5.3　一个简单的数据库的例子

RECID	SEX	AGE	KNOWLEDGE	OCCUPATION	WAGES
100	male	46	Doctor	Teacher	7500
200	female	32	Master	Teacher	6500
300	male	35	Bachelor	Technician	4900
400	male	40	Master	Teacher	6000
500	male	37	Doctor	Teacher	7000
600	male	25	Bachelor	Technician	4000

1. 首先将实际的 DBS 问题转换成逻辑值

对性别 SEX 二元化(1:male,2:female);对年龄 AGE 离散化(3:old,AGE$\geqslant$40;4young,AGE$<$40);对是否受过研究生教育 KNOWLEDGE 离散化(博士或者硕士,5:high;本科和本科以下,6:low);对职业 OCCUPATION 进行二元化处理(7:Teacher,高校教师;8:Technician,非高校教师);对收入 WAGES 进行二元化处理(9:WAGES$>$5000,10:WAGES$<$5000)。通过以上的数据规约,表 5.4 给出了与表 5.3 相对应的逻辑表格。

表 5.4　数据库对应的逻辑库

RECID	SEX		AGE		KNOWLEDGE		OCCUPATION		WAGES	
	1	2	3	4	5	6	7	8	9	10
100	1	0	1	0	1	0	1	0	1	0
200	0	1	0	1	1	0	1	0	1	0
300	1	0	0	1	0	1	0	1	0	1
400	1	0	1	0	1	0	1	0	1	0
500	1	0	0	1	1	0	1	0	1	0
600	1	0	0	1	0	1	0	1	0	1

用关联规则算法找出表 5.4 中各属性之间有价值的、潜在的关联的信息即规则,希望最终可以获得高等教育与工资、性别与职业、职务与工资等属性之间的关联。经过检索逻辑库(参见表 5.4)得到每条记录中各个 Item 的取值,如表 5.5 所示。

2. 设最小支持度 min_sup＝0.5,最小置信度 min_conf＝0.7 求得关联规则

通过数据库查询(参见表 5.5)得到 k 项候选集和 k 项强项集(L_k)及关联规则。

(1) 求 1 项集和 1 项强项集,如表 5.6 所示。

表 5.5　数据库中记录的属性项取值集合

Recid	Items	Recid	Items
100	1, 3, 5, 7, 9	400	1, 3, 5, 7, 9
200	2, 4, 5, 7, 9	500	1, 4, 5, 7, 9
300	1, 4, 6, 8, 10	600	1, 4, 6, 8, 10

表 5.6　1 项集和 1 项强项集

Item	Sum	sup(I)	L_1	Item	Sum	sup(I)	L_1
{1}	5	5/6	√	{6}	2	2/6	
{2}	1	1/6		{7}	4	4/6	√
{3}	2	2/6		{8}	2	2/6	
{4}	4	4/6	√	{9}	4	4/6	√
{5}	4	4/6	√	{10}	2	2/6	

所以 1 项强项集 $L_1 = \{\{1\}, \{4\}, \{5\}, \{7\}, \{9\}\}$。

(2) 通过 1 项强项集得到 2 项候选集,再计算 2 项集的支持度得到 2 项强项集,如表 5.7 所示。所以 2 项强项集

$$L_2 = \{\{1,4\}, \{1,5\}, \{1,7\}, \{1,9\}, \{5,7\}, \{5,9\}, \{7,9\}\}$$

表 5.7 2 项集和 2 项强项集

Items	Sum	$\sup(I_m \bigcup I_n)$	L_2	Items	Sum	$\sup(I_m \bigcup I_n)$	L_2
{1, 4}	3	3/6	√	{4, 7}	2	2/6	
{1, 5}	3	3/6	√	{4, 9}	2	2/6	
{1, 7}	3	3/6	√	{5, 7}	4	4/6	√
{1, 9}	3	3/6	√	{5, 9}	4	4/6	√
{4, 5}	2	2/6		{7, 9}	4	4/6	√

（3）通过 1 项强项集的支持度 sup(A) 计算 2 项强项集的可信度

$$\text{conf}(I_m \Rightarrow I_n) = \sup(I_m \bigcup I_n)/\sup(I_m),$$

得到 2 项关联规则,如表 5.8 所示。

表 5.8 2 项强项集的可信度和 2 项关联规则

Items	I_m（前件）	I_n（后件）	$\sup(I_m \bigcup I_n)$	$\sup(I_m)$	$\text{conf}(I_m \Rightarrow I_n)$	2 项关联规则
{1, 4}	1	4	3/6	5/6	3/5	
	4	1	3/6	4/6	3/4	√
{1, 5}	1	5	3/6	5/6	3/5	
	5	1	3/6	4/6	3/4	√
{1, 7}	1	7	3/6	5/6	3/5	
	7	1	3/6	4/6	3/4	√
{1, 9}	1	9	3/6	5/6	3/5	
	9	1	3/6	4/6	3/4	√
{5, 7}	5	7	4/6	4/6	1	√
	7	5	4/6	4/6	1	√
{5, 9}	5	9	4/6	4/6	1	√
	9	5	4/6	4/6	1	√
{7, 9}	7	9	4/6	4/6	1	√
	9	7	4/6	4/6	1	√

产生的 2 项关联规则为

$I(4) \Rightarrow I(1)$;　$I(5) \Rightarrow I(1)$;　$I(7) \Rightarrow I(1)$;　$I(9) \Rightarrow I(1)$;　$I(5) \Rightarrow I(7)$;

$I(7) \Rightarrow I(5)$;　$I(5) \Rightarrow I(9)$;　$I(9) \Rightarrow I(5)$;　$I(7) \Rightarrow I(9)$;　$I(9) \Rightarrow I(7)$

（4）通过 2 项强项集得到 3 项候选集,再计算 3 项集的支持度得到 3 项强项集,如表 5.9 所示。所以 3 项强项集

$$L_3 = \{\{1, 5, 7\}, \{1, 5, 9\}, \{1, 7, 9\}, \{5, 7, 9\}\}$$

（5）计算 3 项强项集的可信度,得到 3 项关联规则,如表 5.10 所示。

表 5.9 3 项集和 3 项强项集

Items	Sum	$\sup(I_m \cup I_n \cup I_p)$	L_3	Items	Sum	$\sup(I_m \cup I_n \cup I_p)$	L_3
{1, 4, 5}	1	1/6		{1, 5, 9}	3	3/6	√
{1, 4, 7}	1	1/6		{1, 7, 9}	3	3/6	√
{1, 4, 9}	1	1/6		{5, 7, 9}	4	4/6	√
{1, 5, 7}	3	3/6	√				

表 5.10 3 项强项集的可信度和 3 项关联规则

Items	I_m（前件）	I_n（后件）	$\sup(I_m)$	$\mathrm{conf}(I_m \Rightarrow I_n)$	3 项关联规则
{1, 5, 7} $\sup(I_m \cup I_n) = 3/6$	1	5, 7	5/6	3/5	
	5	1, 7	4/6	3/4	√
	7	1, 5	4/6	3/4	√
	1, 5	7	3/6	1	√
	1, 7	5	3/6	1	√
	5, 7	1	4/6	3/4	√
{1, 5, 9} $\sup(I_m \cup I_n) = 3/6$	1	5, 9	5/6	3/5	
	5	1, 9	4/6	3/4	√
	9	1, 5	4/6	3/4	√
	1, 5	9	3/6	1	√
	1, 9	5	3/6	1	√
	5, 9	1	4/6	3/4	√
{1, 7, 9} $\sup(I_m \cup I_n) = 3/6$	1	7, 9	5/6	3/5	
	7	1, 9	4/6	3/4	√
	9	1, 7	4/6	3/4	√
	1, 7	9	3/6	1	√
	1, 9	7	3/6	1	√
	7, 9	1	4/6	3/4	√
{5, 7, 9} $\sup(I_m \cup I_n) = 4/6$	5	7, 9	4/6	1	√
	7	5, 9	4/6	1	√
	9	5, 7	4/6	1	√
	5, 7	9	4/6	1	√
	5, 9	7	4/6	1	√
	7, 9	5	4/6	1	√

如表 5.10 所示,产生的关联规则为:

$$I(5){\Rightarrow}I(1,7), \quad I(7){\Rightarrow}I(1,5), \quad I(1,5){\Rightarrow}I(7),$$
$$I(1,7){\Rightarrow}I(5), \quad I(5,7){\Rightarrow}I(1), \quad I(5){\Rightarrow}I(1,9),$$
$$I(9){\Rightarrow}I(1,5), \quad I(1,5){\Rightarrow}I(9), \quad I(1,9){\Rightarrow}I(5),$$
$$I(5,9){\Rightarrow}I(1), \quad I(7){\Rightarrow}I(1,9), \quad I(9){\Rightarrow}I(1,7),$$
$$I(1,7){\Rightarrow}I(9), \quad I(1,9){\Rightarrow}I(7), \quad I(7,9){\Rightarrow}I(1),$$
$$I(5){\Rightarrow}I(7,9), \quad I(7){\Rightarrow}I(5,9), \quad I(9){\Rightarrow}I(5,7),$$
$$I(5,7){\Rightarrow}I(9), \quad I(5,9){\Rightarrow}I(7), \quad I(7,9){\Rightarrow}I(5)$$

(6) 由 3 项强项集 $L_3=\{\{1,5,7\},\{1,5,9\},\{1,7,9\},\{5,7,9\}\}$,可知 4 项集只有一个 $\{1,5,7,9\}$,如表 5.11 所示。

表 5.11　4 项集和 4 项强项集

Items	Sum	$\sup(I_m \bigcup I_n \bigcup I_p)$	L_4
$\{1,5,7,9\}$	3	3/6	√

(7) 计算 4 项强项集的可信度,得到 4 项关联规则,如表 5.12 所示。

表 5.12　计算 4 项强项集的可信度和 4 项关联规则

Items	I_m(前件)	I_n(后件)	$\sup(I_m)$	$\mathrm{conf}(I_m{\Rightarrow}I_n)$	4 项关联规则
	1	5,7,9	5/6	3/5	
	5	1,7,9	4/6	3/4	√
	7	1,5,9	4/6	3/4	√
	9	1,5,7	4/6	3/4	√
	1,5	7,9	3/6	1	√
	1,7	5,9	3/6	1	√
$\{1,5,7,9\}$	1,9	5,7	3/6	1	√
$\sup(I_m \bigcup I_n)=$	5,7	1,9	4/6	3/4	√
3/6	5,9	1,7	4/6	3/4	√
	7,9	1,5	4/6	3/4	√
	1,5,7	9	3/6	1	√
	1,5,9	7	3/6	1	√
	1,7,9	5	3/6	1	√
	5,7,9	1	4/6	3/4	√

产生的 4 项关联规则为:

$$I(5){\Rightarrow}I(1,7,9), \quad I(7){\Rightarrow}I(1,5,9), \quad I(9){\Rightarrow}I(1,5,7),$$
$$I(1,5){\Rightarrow}I(7,9), \quad I(1,7){\Rightarrow}I(5,9), \quad I(1,9){\Rightarrow}I(5,7),$$

$$I(5,7) \Rightarrow I(1,9), \quad I(5,9) \Rightarrow I(1,7), \quad I(7,9) \Rightarrow I(1,5),$$

$$I(1,5,7) \Rightarrow I(9), \quad I(1,5,9) \Rightarrow I(7), \quad I(1,7,9) \Rightarrow I(5), \quad I(5,7,9) \Rightarrow I(1)$$

（8）还需要对获得的关联规则进行解释和可视化处理。

也就是将已经规约离散化的数据返回到原始的含义,进行有含义的解释,使得使用关联规则的用户知道以上计算过程所得到的结论代表的实际含义。对得到的部分关联规则的含义加以说明:

① $I(7) \Rightarrow I(9)$ 表示:在最小支持度为 0.5 和最小可信度为 0.7 的水平下,一名高校教师⇒月收入大于 5000 元。

② $I(5) \Rightarrow I(1,7)$ 表示:在最小支持度为 0.5 和最小可信度为 0.7 的水平下,有 Doctor 和 Master 学历的⇒性别为男士并且可以成为一名高校教师。

③ $I(1,5,7) \Rightarrow I(9)$ 表示:在最小支持度为 0.5 和最小可信度为 0.7 的水平下,性别为男士,有 Doctor 和 Master 学历的并且是一名高校教师⇒月收入大于 5000 元。

从上述结果得出高等教育与性别、高等教育与工资、大学教师与性别、职业与工资、高工资与教育、高等教育与年龄等的潜在关联。

若将上例的最小支持度改为 0.3,候选项集、强项集以及关联规则会否发生变化呢?下面通过计算加以说明。

3. 设最小支持度 min_sup=0.3,最小置信度 min_conf=0.7 求得关联规则

（1）求 1 项集和 1 项强项集,如表 5.13 所示。

表 5.13　1 项集和 1 项强项集

Item	Sum	sup(I)	L_1	Item	Sum	sup(I)	L_1
{1}	5	5/6	√	{6}	2	2/6	√
{2}	1	1/6		{7}	4	4/6	√
{3}	2	2/6	√	{8}	2	2/6	√
{4}	4	4/6	√	{9}	4	4/6	√
{5}	4	4/6	√	{10}	2	2/6	√

所以 1 项强项集

$$L_1 = \{\{1\},\{3\},\{4\},\{5\},\{6\},\{7\},\{8\},\{9\},\{10\}\}$$

（2）通过 1 项强项集得到 2 项候选集,再计算 2 项集的支持度得到 2 项强项集,如表 5.14 所示。所以 2 项强项集

$$L_2 = \{\{1,3\}, \{1,4\}, \{1,5\}, \{1,6\}, \{1,7\}, \{1,8\}, \{1,9\}, \{1,10\},$$
$$\{3,5\}, \{3,7\}, \{3,9\}, \{4,5\}, \{4,6\}, \{4,7\}, \{4,8\}, \{4,9\},$$
$$\{4,10\}, \{5,7\}, \{5,9\}, \{6,8\}, \{6,10\}, \{7,9\}, \{8,10\}\}$$

（3）计算 2 项强项集的可信度,得到 2 项关联规则,如表 5.15 所示。

表 5.14　2 项集和 2 项强项集

Items	Sum	$\sup(I_m \bigcup I_n)$	L_2	Items	Sum	$\sup(I_m \bigcup I_n)$	L_2
{1, 3}	2	2/6	√	{4, 8}	2	2/6	√
{1, 4}	3	3/6	√	{4, 9}	2	2/6	√
{1, 5}	3	3/6	√	{4, 10}	2	2/6	√
{1, 6}	2	2/6	√	{5, 6}	0	0/6	
{1, 7}	3	3/6	√	{5, 7}	4	4/6	√
{1, 8}	2	2/6	√	{5, 8}	0	0/6	
{1, 9}	3	3/6	√	{5, 9}	4	4/6	√
{1, 10}	2	2/6	√	{5, 10}	0	0/6	
{3, 4}	0	0/6		{6, 7}	0	0/6	
{3, 5}	2	2/6	√	{6, 8}	2	2/6	√
{3, 6}	0	0/6		{6, 9}	0	0/6	
{3, 7}	2	2/6	√	{6, 10}	2	2/6	√
{3, 8}	0	0/6		{7, 8}	0	0/6	
{3, 9}	2	2/6	√	{7, 9}	4	4/6	√
{3, 10}	0	0/6		{7, 10}	0	0/6	
{4, 5}	2	2/6	√	{8, 9}	0	0/6	
{4, 6}	2	2/6	√	{8, 10}	2	2/6	√
{4, 7}	2	2/6	√	{9, 10}	0	0/6	

表 5.15　2 项强项集的可信度和 2 项关联规则

Items	$\sup(I_m \bigcup I_n)$	$\sup(I_m)$	$\sup(I_n)$	$\mathrm{conf}(I_m \Rightarrow I_n)$	2 项关联规则
{1, 3}	2/6	5/6	2/6	2/5	
{1, 4}	3/6	5/6	4/6	3/5	
{1, 5}	3/6	5/6	4/6	3/5	
{1, 6}	2/6	5/6	2/6	2/5	
{1, 7}	3/6	5/6	4/6	3/5	
{1, 8}	2/6	5/6	2/6	2/5	
{1, 9}	3/6	5/6	4/6	3/5	
{1, 10}	2/6	5/6	2/6	2/5	
{3, 5}	2/6	2/6	4/6	1	√

Items	$\sup(I_m \bigcup I_n)$	$\sup(I_m)$	$\sup(I_n)$	$\mathrm{conf}(I_m \Rightarrow I_n)$	2 项关联规则
$\{3,7\}$	2/6	2/6	4/6	1	√
$\{3,9\}$	2/6	2/6	4/6	1	√
$\{4,5\}$	2/6	4/6	4/6	1/2	
$\{4,6\}$	2/6	4/6	2/6	1/2	
$\{4,7\}$	2/6	4/6	4/6	1/2	
$\{4,8\}$	2/6	4/6	2/6	1/2	
$\{4,9\}$	2/6	4/6	4/6	1/2	
$\{4,10\}$	2/6	4/6	2/6	1/2	
$\{5,7\}$	4/6	4/6	4/6	1	√
$\{5,9\}$	4/6	4/6	4/6	1	√
$\{6,8\}$	2/6	2/6	2/6	1	√
$\{6,10\}$	2/6	2/6	2/6	1	√
$\{7,9\}$	4/6	4/6	4/6	1	√
$\{8,10\}$	2/6	2/6	2/6	1	√

产生的关联规则为 $I(3) \Rightarrow I(5)$; $I(3) \Rightarrow I(7)$; $I(3) \Rightarrow I(9)$; $I(5) \Rightarrow I(7)$; $I(5) \Rightarrow I(9)$; $I(6) \Rightarrow I(8)$; $I(6) \Rightarrow I(10)$; $I(7) \Rightarrow I(9)$; $I(8) \Rightarrow I(10)$。

同理,按照上述算法,可以求出 3、4 项候选集,强项集和关联规则等。在此不再做详细计算。通过这两个例子,可以发现,设定不同的最小支持度,相应求出的强项集也会发生变化,产生的关联规则也将有差异。

5.5 小   结

关联规则是数据挖掘的重要方法之一,用来得到有价值的规则。本章重点介绍关联规则的定义与解释、关联规则在知识管理过程中的应用、关联规则算法、关联规则算法流程,提出了一种 Apriori 算法的改进方法,最后给出 Apriori 算法的具体计算过程。

思 考 题

1. 解释关联规则的定义。
2. 阐述关联规则在知识管理过程中的应用。
3. 理解关联规则算法计算过程。
4. 描述改进的 Apriori 关联规则算法。

第6章 聚类分析方法与应用

首先介绍聚类的基本理论,指出对聚类算法性能的要求;从基于划分、层次、密度、网格和模型五个角度对聚类分析的方法进行分类,详细介绍几种常见聚类算法及实例,包括 *k*-means 聚类,*k*-medoids 聚类,AGNES 聚类,DIANA 聚类和 DBSCAN 聚类方法。

6.1 聚类分析的基础理论

6.1.1 聚类分析的定义

聚类(Clustering)是将数据划分成群组的过程。研究如何在没有训练的条件下把对象划分为若干类。通过确定数据之间在预先制定的属性上的相似性来完成聚类任务,这样最相似的数据就聚集成簇(Cluster)。聚类与分类不同,聚类的类别取决于数据本身,而分类的类别是由数据分析人员预先定义好的。使用聚类算法的用户不但需要深刻地了解所用的特殊技术,而且还要知道数据收集过程的细节及拥有应用领域的专家知识。用户对手头数据了解得越多,用户越能成功地评估它的真实结构。

聚类分析方法可以应用在数据挖掘的各个过程中,如在数据预处理操作中,针对数据需求,对于数据结构简单或者与运量分析有单属性和较少属性关联的数据可以在经过数据清理等预处理后直接整合进入数据仓库,而对于复杂结构的多维数据可以通过聚类的方法将数据聚集后构造出逻辑库,使复杂结构数据标准化,为某些数据挖掘方法(如关联规则、粗糙集方法)提供预处理。为了满足某些数据挖掘算法的需要,有时要对连续的数据进行离散化处理,使条件属性和决策属性值简约化、规范化,这时就需要对数据进行聚类处理。

6.1.2 对聚类算法性能的要求

聚类就是将数据对象分组成多个类或簇的过程,在同一个簇中的对象之间具有较高的相似度,而不同簇中的对象差别较大。相似度是根据描述对象的属性值来计算的。聚类是经常采用的度量方式。聚类分析源于许多研究领域,包括数据挖掘、统计学、生物学以及机器学习等。

聚类分析是一个具有很强挑战性的领域,它的一些潜在的应用对分析算法提出了特别的要求,下面列出一些典型的要求:

(1)伸缩性:这里的伸缩性是指算法要能够处理大数据量的数据库对象,如处理有上百万条记录的数据库,这就要求算法的时间复杂度不能太高,最好是多项式时间的算法。值得注意的是,当算法不能处理大数据量时,用抽样的方法来弥补也不是一个好主意,因为它通常会导致歪曲的结果。

（2）处理不同字段类型的能力：算法不仅要能处理数值型的字段，还要有处理其他类型字段的能力，如布尔型、枚举型、序数型及混合型等。

（3）发现具有任意形状的聚类的能力：很多聚类分析算法采用基于欧几里得距离的相似性度量方法，这一类算法发现的聚类通常是一些球状的、大小和密度相近的类，但可以想象，显示数据库中的聚类可能是任意形状的，甚至是具有分层树的形状，故要求算法有发现任意形状的聚类的能力。

（4）输入参数对领域知识的依赖性：很多聚类算法都要求用户输入一些参数，例如需要发现的聚类数、结果的支持度及置信度等。聚类分析的结果通常都对这些参数很敏感，但另一方面，对于高维数据，这些参数又是相当难以确定的。这样就加重了用户使用这个工具的负担，导致分析的结果很难控制。一个好的聚类算法应当针对这个问题，给出一个好的解决方法。

（5）能够处理异常数据：现实数据库中常常包含异常数据，例如数据不完整、缺乏某些字段的值，甚至是包含错误数据现象。有一些数据算法可能会对这些数据很敏感，从而导致错误的分析结果。

（6）结果对输入记录顺序的无关性：有些分析算法对记录的输入顺序是敏感的，即对同一个数据集，将它以不同的顺序输入，得到的结果会不同，这是我们不希望的。

（7）处理高维数据的能力：每个数据库或者数据仓库都有很多的字段或者说明，一些分析算法对处理维数较少的数据集时表现不错，但是对于高维数据的聚类分析就会稍显不足。因为在高维空间中，数据的分布是极其稀疏的，而且形状也可能是极其不规则的。

（8）增加限制条件后的聚类分析能力：现实的应用中经常会出现各种各样的限制条件，我们希望聚类算法可以在考虑这些限制的情况下，仍旧有很好的表现。

（9）结果的可解释性和可用性：聚类的结果最终都是要面向用户的，所以结果应该是容易解释和理解的，并且是可应用的。这就要求聚类算法必须与一定的语义环境及语义解释相关联。领域知识如何影响聚类分析算法的设计是很重要的一个研究方面。

6.2　聚类分析的方法

现有的聚类技术大致可以分为如下五大类：基于划分的方法（Partitioning Method），基于层次的方法（Hierarchical Method），基于密度的方法（Density-based Method），基于网格的方法（Grid-based Method）和基于模型的方法（Model-based Method）。下面对这五种聚类技术进行详细介绍。

6.2.1　基于划分的聚类方法

给定一个含有 N 个对象的数据集，以及要生成的簇的数目 K。每一个分组就代表一个聚类，$K < N$。这 K 个分组满足下列条件：每一个分组至少包含一个数据记录，每一个数据记录属于且仅属于一个分组（注意，这个要求在某些模糊聚类算法中可以放宽）。对于给定的 K，算法首先的任务就是将数据构建成 K 个划分，以后通过反复迭代从而改变分组的重

定位技术,使得每一次改进之后的分组方案都较前一次好。将对象在不同的划分间移动,直至满足一定的准则。一个好的划分的一般准则是:在同一个簇中的对象尽可能"相似",不同簇中的对象则尽可能"相异"。

在划分方法中,最经典的就是 k-平均(k-means)算法和 k-中心(k-medoids)算法,很多算法都是由这两个算法改进而来的。

k-means 算法只有在平均值被定义的情况下才能使用,因此该算法容易受到孤立点的影响,k-medoids 算法采用簇中最中心的位置作为代表点而不是采用对象的平均值。因此,与 k-means 算法相比,当存在噪声和孤立点数据时,k-medoids 算法要较 k-means 算法健壮,而且没有 k-means 算法那样容易受到极端数据的影响。在时间复杂度上,k-means 算法的时间复杂度为 $O(nkt)$,而 k-medoids 算法的时间复杂度大约为 $O(n^2)$,后者的执行代价要高得多。此外,这两种方法都要求用户指定聚类数目 K。

基于划分的聚类方法优点是收敛速度快,缺点是它要求类别数目 K 可以合理地估计,并且初始中心的选择和噪声会对聚类结果产生很大影响。

6.2.2　基于层次的聚类方法

基于层次的聚类方法对给定的数据进行层次的分解,直到某种条件满足为止。首先将数据对象组成一棵聚类树,然后根据层次,自底向上或自顶向下分解。层次的方法可以分为凝聚的方法和分裂的方法。

凝聚的方法,也称为自底向上的方法,初始时每个对象都被看成是单独的一个簇,然后通过逐步地合并相近的对象或簇形成越来越大的簇,直到所有的对象都在一个簇中,或者达到某个终止条件为止。层次凝聚的代表是 AGNES(AGglomerative NESting)算法。

分裂的方法,也称为自顶向下的方法,它与凝聚层次聚类恰好相反,初始时将所有的对象置于一个簇中,然后逐渐细分为更小的簇,直到最终每个对象都在单独的一个簇中,或者达到某个终止条件为止。层次分裂的代表是 DIANA(DIvisive ANAlysis)算法。

无论是凝聚的方法还是分裂的方法,前提条件都是假设数据是一次性提供的,因此都不是增量算法。在一个合并或分裂动作被执行后,就不能再改变,这样有可能会影响聚类的质量。层次聚类算法因实现简单而广受欢迎,但是在实际操作中经常会遇到合并或分裂点选择的问题。由于分裂和合并操作是不可逆的,下一步的处理都是在新的生成簇上进行的,所以如何选择这些分裂或合并点是非常关键的。在层次聚类中,任何已作的处理都不能被撤销,簇之间的对象也是不能交换的。任一步的处理如不得当,都可能导致聚类质量的降低。此外,这类算法在合并、分裂时要检测和估算大量的对象和簇,因而伸缩性较差。为了改进层次聚类算法的聚类质量,新的研究从层次聚类与其他聚类技术结合入手,将层次聚类和其他聚类技术进行集成,形成多阶段的聚类。比较常见的方法有四种:BIRCH、CURE、ROCK 和 CHAMELEON。下面介绍最具代表性的 BIRCH 算法和 CURE 算法。

BIRCH(Balanced Iterative Reducing and Clustering using Hierarchies)算法是一个综合性的层次聚类方法,它利用层次方法的平衡迭代进行归约和聚类。其核心是用一个聚类特征三元组表示一个簇的有关信息,从而使簇中的点可用对应的聚类特征表示。它通过构造满足分支因子和簇直径限制的聚类特征树来求聚类。该算法通过聚类特征可以方便地进行中心、半径、直径及类内、类间距离的运算。该算法的优点是具有对象数目的线性易伸缩性及良好的聚类质量，一次扫描就可以进行较好的聚类，其计算复杂度为 $O(n)$，n 是对象的数目。缺点是 BIRCH 算法只适用于类的分布呈凸形及球形的情况，对不可视的高维数据则是不可行的。

CURE(Clustering Using Represivatives)算法中既有层次部分，也有划分部分，所以 CURE 是一个综合性的聚类算法。CURE 算法过程为首先从每个簇中选择 c（常数）个点，然后通过应用收缩因子 a，将这些分散的点向簇的质心方向收缩。当 a 为 1 时，所有点都收缩成一点，即质心。由这些点代表的簇，要比单个点更具有代表性。通过多个有代表性的点，簇的形状可以更好地被表示出来。这一步完成后，再使用层次聚类算法中的凝聚算法。在凝聚算法中的每一步，距离最近的代表性点所对应的簇将被合并。它们之间的距离被定义为两个簇中代表性点之间距离的最小值。CURE 算法的优点是它回避用所有点或单个质心来表示一个簇的传统方法，而是将一个簇用多个具有代表性的点来表示，使 CURE 可以适应非球形的几何形状。另外，收缩因子降低了噪音对聚类的影响，从而使 CURE 对孤立点的处理更加健壮，而且能识别非球形和大小变化比较大的簇，对于大型数据库具有良好的伸缩性。缺点是参数设置对聚类结果有很大的影响，不能处理分类属性。CURE 的复杂度是 $O(n)$，其中 n 是对象的数目。

6.2.3　基于密度的聚类方法

基于密度的方法与其他方法的一个根本区别是：它不是基于各种各样的距离的，而是基于密度的，这样就能克服基于距离的算法只能发现球状聚类，对发现任意形状的聚类则显得不足的缺点。基于密度的聚类方法从对象分布区域的密度着手，对于给定类中的数据点，如果在给定范围的区域中，对象或数据点的密度超过某一阈值就继续聚类。这样通过连接密度较大区域，就能形成不同形状的聚类，而且还可以消除孤立点和噪声对聚类质量的影响，发现任意形状的簇。

这种聚类算法能够在带有"噪声"的信息系统中发现任何形状的聚类，并且具有对数据输入顺序不敏感的优点。一个基于密度的簇是基于密度可达性，具有最大簇内密度的各相连对象的集合。不包含在任何簇中的对象被认为是噪声点。

基于密度的聚类方中最具代表性的是 DBSCAN 算法、OPTICS 算法和 DENCLUE 算法。下面介绍最常用的 DBSCAN 算法。

DBSCAN(Density-Based Spatial Clustering of Applacations with Noise)算法可以将足够高密度的区域划分为簇，并可以在带有"噪声"的空间数据库中发现任意形状的聚类。该算法定义簇为密度相连的点的最大集合。DBSCAN 通过检查数据库中每个点的邻域来寻找聚类。如果一个点 p 的邻域中包含数据项的个数多于最小阈值，则创建一个以 p 作为核心对象的新簇。然后反复地寻找从这些核心对象直接密度可达的对象，当没有新的点可以被添加到任何簇时，该过程结束。不被包含在任何簇中的对象被认为是"噪声"。DBSCAN 算法不进行任何的预处理而直接对整个数据集进行聚类操作。当数据量非常大时，就必须有大内存支持，I/O 消耗也非常大。如果采用空间索引，DBSCAN 的计算复杂度是

$O(n\log n)$，这里 n 是数据库中对象数目。否则，计算复杂度是 $O(n^2)$，聚类过程的大部分时间用在区域查询操作上。

DBSCAN 算法的优点是能够发现空间数据库中任意形状的密度连通集；在给定合适的参数条件下，能很好地处理噪声点；对用户领域知识要求较少；对数据的输入顺序不太敏感；适用于大型数据库。其缺点是要求事先指定领域和阈值；具体使用的参数依赖于应用的目的。

6.2.4　基于网格的聚类方法

基于网格的聚类方法首先将数据空间划分成有限个单元(Cell)的网格结构，所有的处理都是以单个单元为对象，在这个网格结构上进行的。这类方法的主要优点就是它的处理速度很快，处理时间独立于数据对象的数目，仅依赖于量化空间中每一维的单元数目；聚类的精度取决于单元格的大小，也就是说，通常与目标数据库中记录的个数无关，只与把数据空间分为多少个单元有关。这类算法也有其缺点，它只能发现边界是水平或垂直的簇，而不能检测到斜边界。此外，在处理高维数据时，网格单元的数目会随着属性维数的增长而成指数增长。

一般来说，所有基于网格的聚类算法几乎都存在下列问题：

(1) 如何选择合适的单元大小和数目。单元数目太少时，精度就会很低，而单元数目太多时算法的复杂度就会变大。

(2) 如何对每个单元中对象的信息进行汇总。常见的基于网格的方法有 STING 算法、CLIQUE 算法和 WAVE-CLUSTER 算法。STING 利用存储在网格单元中的统计信息来进行聚类处理，WAVE-CLUSTER 用一种小波变换的方法来进行聚类处理，CLIQUE 是在高维数据空间中基于网格和密度的聚类方法。下面介绍最具代表性的 STING 算法。

STING(STatistical INformation Grid)算法是一种格的多分辨率聚类技术，它将空间区域划分为矩形单元。针对不同级别的分辨率，通常存在多个级别的矩形单元，这些单元形成了一个层次结构，高层的每个单元被划分为多个低一层的单元。高层单元的统计参数可以很容易地从低层单元的计算得到。这些参数包括属性无关的参数 count，属性相关的参数 m(平均值)，s(标准偏差)，min(最小值)，max(最大值)，以及该单元中属性值遵循的分布(Distribution)类型。STING 扫描数据库一次来计算单元的统计信息，因此产生聚类的时间复杂度是 $O(n)$，其中 n 是对象的数目。在层次结构建立后，查询处理时间是 $O(g)$，g 是最低层中单元的数目，通常远远小于 n。STING 算法效率高，是独立于查询的，且利于并行处理和增量更新。但由于 STING 采用了一个多分辨率的方法来进行聚类分析，聚类的质量取决于网格结构的最低层粒度。如果数据粒度比较细，处理的代价会明显增加，而且该算法没有考虑子单元和其他相邻单元之间的关系。尽管该算法处理速度较快，但是可能会降低簇的质量和精确性。

6.2.5　基于模型的聚类方法

基于模型的聚类方法试图优化给定的数据和某些数学模型之间的适应性。给每一个聚类假定一个模型，然后去寻找能够很好地满足这个模型的数据集。这样一个模型可能是数据点在空间中的密度分布函数或者其他函数。它的一个潜在的假定就是：目标数据集是由一系列潜在的概率分布所决定的。在这类算法中，聚类的数目也根据统计数字自动决定，噪声和孤立点也是通过统计数字来分析的。基于模型的聚类方法主要有三类：统计学方法、神经网络方法以及基于群的聚类方法。

1. 统计学方法

从统计学的观点看，聚类分析是通过数据建模简化数据的一种方法。概念聚类就是其中的一种。概念聚类的绝大多数方法都采用了统计学的途径，在决定概念或聚类时，使用概率度量。它将数据分成多组，对一组未标记的数据对象产生一个分类模式，并对每个分类模式给出其特征描述，即每组对象代表了一个概念或类。在这里，聚类质量不再只是单个对象的函数，而是加入了如导出的概念描述的简单性和一般性等因素。

COBWEB 是一种典型的简单增量概念聚类算法，以一个分类树的形式创建层次聚类。它的输入对象用"分类属性-值"对来描述；其工作流程是在给定一个新的对象后，COBWEB沿一条适当的路径向下，修改计数，以寻找可以分类该对象的最好节点。该判定将对象临时置于每个节点，并计算划分结果的分类效用。产生最高分类效用的位置应当是对象节点的一个好的选择。COBWEB 可以自动修正划分中类的数目，不需要用户提供输入参数。缺点是 COBWEB 基于这样一个假设：在每个属性上的概率分布是彼此独立的。但这个假设并不总是成立的。分类树对于偏斜的输入数据不是高度平衡的，它可能导致时间和空间复杂性的剧烈变化。COBWEB 不适用于聚类大型数据库的数据。

2. 神经网络方法

神经网络以其分布式存储、并行协同处理以及自学习等特性被用于聚类分析领域。神经网络方法将每个簇都描述为一个标本，标本作为聚类的原型不一定对应一个特定的数据实例或对象。在进行聚类时，新的对象通过与标本的比较而被分配到最相似的簇，簇中的对象的属性可以根据标本的属性来预测。在聚类分析中经常被用到的神经网络的方法有三个：Kohonen 自组织神经网络、竞争神经网络以及自组织共振神经网络。这些方法都涉及竞争的神经单元。竞争学习（Competitive Learning）采用了若干个单元的层次结构，它们以一种"胜者全取"的方式对系统当前处理的对象进行竞争。在一个簇中获胜的单元成为活跃的，而其他单元是不活跃的。各层之间的连接是激发式的，即在某个给定层次中的单元可以接收来自低一层次所有单元的输入。在一层中活动单元的布局代表了高一层的输入模式。在某个给定层次中，一个簇中的单元彼此竞争，对低一层的输出模式做出反应。一个层次内的联系是抑制式的，以便在任何簇中只有一个单元是活跃的。获胜的单元修正它与簇中其他单元连接上的权重，以便未来它能够对与当前对象相似或一样的对象做出较强的反应。如果将权重看作定义的一个标本，那么新的对象被分配给具有最近标本的簇。结果簇的数目和每个簇中单元的数目是输入参数。

在聚类过程结束时，每个簇可以被看作一个新的"特征"，它检测对象的某些规律性。这样产生的结果簇可以被看作一个底层特征向高层特征的映射。神经网络聚类方法与实际的大脑处理有很强的理论联系。由于较长的处理时间和数据的复杂性，需要进行进一步的研究来使它适用于大型数据库。

3. 基于群的聚类方法

基于群的聚类方法是进化计算的一个分支。在生物界中,蚁群、鱼群和鸟群在觅食或逃避敌人时的行为主要分为两类:一类是蚁群算法或蚁群优化(Ant Colony Optimization,ACO),这是将数据挖掘概念和原理与生物界中蚁群行为结合起来形成的新算法。受生物进化机理的启发,1991年意大利学者 A. Dorigo 等人提出了一种新型的优化方法——蚁群算法。目前,基于蚁群算法的聚类方法从原理上可以分为四种:运用蚂蚁觅食的原理,利用信息素来实现聚类;利用蚂蚁自我聚集行为来聚类;基于蚂蚁堆的形成原理实现数据聚类;运用蚁巢分类模型,利用蚂蚁化学识别系统进行聚类。蚁群聚类算法的灵活性、健壮性、分布性和自组织性等特征,使其非常适合本质上是分布、动态及又要交错的问题求解中,解决无监督的聚类问题。另一类称为粒子群算法(Particle Swarm Optimization,PSO),也是模拟了鱼群或鸟群的行为。PSO 将群中的个体称为 particles,整个群称为 swarm。要将其应用到实际的大规模数据挖掘的聚类分析中还需要做大量的研究工作。

6.3   应用聚类分析方法

6.3.1 k-means 聚类方法

1. k-means 算法模型

k-means 算法接受输入量 k,然后将 n 个数据对象划分为 k 个聚类以便使所获得的聚类满足:同一聚类中的对象相似度较高,而不同聚类中的对象相似度较小。聚类相似度是利用各聚类中对象的均值所获得一个"中心对象"(引力中心)来进行计算的。

k-means 算法的工作过程说明如下:首先从 n 个数据对象任意选择 k 个对象作为初始聚类中心;而对于所剩下其他对象,则根据它们与这些聚类中心的相似度(距离),分别将它们分配给与其最相似的聚类中心所代表的聚类;然后再计算每个所获新聚类的聚类中心(该聚类中所有对象的均值);不断重复这一过程直到标准测度函数开始收敛为止。一般都采用均方差作为标准测度函数,即准则函数。k 个聚类具有以下特点:各聚类本身尽可能地紧凑,而各聚类之间尽可能地分开。样本点分类和聚类中心的调整是迭代交替进行的两个过程。

---

k-means 算法描述:

输入:聚类个数 k,以及包含 n 个数据对象的数据库

输出:满足方差最小标准的 k 个聚类

处理流程:

    Step1   从 n 个数据对象任意选择 k 个对象作为初始聚类中心;

    Step2   根据簇中对象的平均值,将每个对象重新赋给最相似的簇;

    Step3   更新簇的平均值,即计算每个簇中对象的平均值;

    Step4   循环 Step2 到 Step3 直到每个聚类不再发生变化为止。

定义 6.1 两个数据对象间的距离。

（1）明氏距离（Minkowski Distance）：

$$d(x_i, x_j) = \left(\sum_{k=1}^{p} | x_{ik} - x_{jk} |^q \right)^{1/q} \tag{6.1}$$

这里的 $x_i = (x_{i1}, x_{i2}, \cdots, x_{ip})$ 和 $x_j = (x_{j1}, x_{j2}, \cdots, x_{jp})$ 是两个 p 维的数据对象并且 $i \neq j$。

（2）欧氏距离（Euclidean Distance）：

当明氏距离中 $q = 2$ 时，公式（6.1）即欧氏距离。

$$d(x_i, x_j) = \left(\sum_{k=1}^{p} | x_{ik} - x_{jk} |^2 \right)^{1/2} \tag{6.2}$$

（3）马氏距离（Mahalanobis Distance）：

$$\sum = (\sigma_{ij})_{p \times p} \tag{6.3}$$

其中，$\sigma_{ij} = \dfrac{1}{n-1} \sum\limits_{k=1}^{n} (x_{ki} - \bar{x}_i)(x_{kj} - \bar{x}_j)$，$i, j = 1, 2, \cdots, p$。如果 $\sum^{-1}$ 存在，则马氏距离为

$$d_M^2(x_i, x_j) = (x_i - x_j)^T \sum{}^{-1} (x_i - x_j) \tag{6.4}$$

（4）兰氏距离（Canberra Distance）：

$$d_L(x_i, x_j) = \frac{1}{p} \sum_{k=1}^{p} \frac{| x_{ik} - x_{jk} |}{x_{ik} + x_{jk}} \tag{6.5}$$

定义 6.2 准则函数 E

$$E = \sum_{i=1}^{k} \sum_{x \in C_i} d^2(x, z_i) \tag{6.6}$$

设待聚类的数据集为 $X = \{x_1, x_2, \cdots, x_n\}$，将其划分为 k 个簇 C_i，均值分别为 z_i，即 z_i 为簇 C_i 的中心（$i = 1, 2, \cdots, k$）。E 是所有对象的平方误差的总和，$x \in X$ 是空间中的点，$d(x, z_i)$ 为点 x 与 z_i 间的距离，可以利用明氏、欧氏、马氏或者兰氏距离求得。

2. 算法实例

设有数据样本集合为 $X = \{1, 5, 10, 9, 26, 32, 16, 21, 14\}$，将 X 聚为 3 类，即 $k = 3$。随机选择前三个数值为初始的聚类中心，即 $z_1 = 1, z_2 = 5, z_3 = 10$（采用欧氏距离进行计算）。

第一次迭代：按照三个聚类中心将样本集合分为三个簇 $\{1\}, \{5\}, \{10, 9, 26, 32, 16, 21, 14\}$。对于产生的簇分别计算平均值，得到平均值点为 1，5，18.3，填入第 2 步的 z_1, z_2, z_3 栏中。

第二次迭代：通过平均值调整对象所在的簇，重新聚类。即将所有点按距离平均值点 1，5，18.3 最近的原则重新分配，得到三个新的簇：$\{1\}, \{5, 10, 9\}, \{26, 32, 16, 21, 14\}$。填入第 2 步的 C_1, C_2, C_3 栏中。重新计算簇平均值点，得到新的平均值点为 1，8，21.8。

以此类推，第五次迭代时，得到的三个簇与第四次迭代的结果相同，而且准则函数 E 收敛，迭代结束。结果如表 6.1 所示。

6.3.2 *k*-medoids 聚类方法

1. *k*-medoids 算法模型

围绕中心的划分（Partitioning Around Medoid，PAM）是最早提出的 *k*-medoids 算法之

表 6.1 *k*-means 聚类算法

步骤	z_1	z_2	z_3	C_1	C_2	C_3	E
1	1	5	10	{1}	{5}	{10, 9, 26, 32, 16, 21, 14}	433.43
2	1	5	18.3	{1}	{5, 10, 9}	{26, 32, 16, 21, 14}	230.8
3	1	8	21.8	{1}	{5, 10, 9, 14}	{26, 32, 16, 21}	181.76
4	1	9.5	23.8	{1, 5}	{10, 9, 14, 16}	{26, 32, 21}	101.43
5	3	12.3	26.3	{1, 5}	{10, 9, 14, 16}	{26, 32, 21}	101.43

一,它选用簇中位置最中心的对象作为代表对象,试图对 n 个对象给出 k 个划分。代表对象也被称为中心点,其他对象则被称为非代表对象。最初随机选择 k 个对象作为中心点,然后反复地用非代表对象来代替代表对象,试图找出更好的中心点,以改进聚类的质量。在每次迭代中,所有可能的对象对被分析,每个对中的一个对象是中心点,而另一个是非代表对象。对可能的各种组合,估算聚类结果的质量。一个对象 O_i 可以被使最大平方误差值 E(计算方法如公式(6.6)所示)减少的对象代替。在一次迭代中产生的最佳对象集合成为下一次迭代的中心点。

为了判定一个非代表对象 O_h 是否是当前一个代表对象 O_i 的好的代替,对于每一个非中心点对象 O_j,下面的四种情况被考虑:第一种情况:假设 O_i 被 O_h 代替作为新的中心点,O_j 当前隶属于 O_i。如果 O_j 离某个中心点 O_m 最近,$i \neq m$,那么 O_j 被重新分配给 O_m;第二种情况:假设 O_i 被 O_h 代替作为新的中心点,O_j 当前隶属于 O_i。如果 O_j 离这个新的中心点 O_h 最近,那么 O_j 被重新分配给 O_h;第三种情况:假设 O_i 被 O_h 代替作为新的中心点,但是 O_j 当前隶属于另一个中心点对象 O_m,$i \neq m$。如果 O_j 依然离 O_m 最近,那对象的隶属不发生变化;第四种情况:假设 O_i 被 O_h 代替作为新的中心点,但是 O_j 当前隶属于另一个中心点对象 O_m,$i \neq m$。如果 O_j 离这个新的中心点 O_h 最近,那么 O_j 被重新分配给 O_h。

每当重新分配发生时,E 所产生的差别对代价函数会有影响。因此,如果一个当前的中心点对象被非中心点对象所代替,代价函数计算 E 所产生的差别。替换的总代价是所有非中心点对象所产生的代价之和。如果总代价是负的,那么实际的 E 将会减少,O_i 可以被 O_h 替代。如果总代价是正的,则当前的中心点 O_i 被认为是可以接受的,在本次迭代中没有变化。总代价定义如下:

$$TC_{ih} = \sum_{j=1}^{n} C_{jih} \tag{6.7}$$

其中 C_{jih} 表示 O_i 被 O_h 替代后产生的代价。

在 PAM 算法中,可以把过程分为两个步骤:

(1)建立:随机寻找 k 个中心点作为初始的簇中心点。

(2)交换:对于所有可能的对象对进行分析,找到交换后可以使平方误差值 E 减少的对象,代替原中心点。

> *k*-medoids 算法描述：
>
> 输入：聚类个数 *k*，以及包含 *n* 个数据对象的数据库
>
> 输出：满足方差最小标准的 *k* 个聚类
>
> 处理流程：
>
> Step1 从 *n* 个数据对象任意选择 *k* 个对象作为初始簇中心点；
>
> Step2 指派每个剩余的对象给离它最近的中心点所代表的簇；
>
> Step3 选择一个未被选择的中心点对象 O_i；
>
> Step4 选择一个未被选择过的非中心点对象 O_h；
>
> Step5 计算用 O_h 替代 O_i 的总代价并记录在集合 *S* 中；
>
> Step6 循环 Step4 到 Step5 直到所有的非中心点都被选择过；
>
> Step7 循环 Step3 到 Step6 直到所有的中心点都被选择过；
>
> Step8 IF 在 *S* 中的所有非中心点代替所有中心点后计算出的总代价有小于 0 的存在，THEN 找出 *S* 的中心点，形成一个新的 *k* 个中心点的集合；
>
> Step9 循环 Step3 到 Step8 直到没有再发生簇的重新分配，即 *S* 中所有的元素都大于 0。

2. 算法实例

假如空间中的五个点{A，B，C，D，E}，各点之间的距离关系如表 6.2 所示，根据所给的数据对其运行 PAM 算法实现聚类划分（设 *k*=2）。

表 6.2 样本点间距离

样本点	A	B	C	D	E	样本点	A	B	C	D	E
A	0	1	2	2	3	D	2	4	1	0	3
B	1	0	2	4	3	E	3	3	5	3	0
C	2	2	0	1	5						

数据来源：参考文献[65]

算法执行步骤如下：

第一步 建立阶段：设从 5 个对象中随机抽取的 2 个中心点为{A，B}，则样本被划分为{A，C，D}和{B，E}（点 C 到点 A 与点 B 的距离相同，均为 2，故随机将其划入 A 中，同理，将点 E 划入 B 中）。

第二步 交换阶段：假定中心点 A，B 分别被非中心点{C，D，E}替换，根据 PAM 算法需要计算下列代价 TC_{AC}，TC_{AD}，TC_{AE}，TC_{BC}，TC_{BD}，TC_{BE}。其中 TC_{AC} 表示中心点 A 被非中心点 C 代替后的总代价。下面以 TC_{AC} 为例说明计算过程。

当 A 被 C 替换以后，看各对象的变化情况。

(1) A：A 不再是一个中心点，C 称为新的中心点，因为 A 离 B 比 A 离 C 近，A 被分配到 B 中心点代表的簇，属于上述第一种情况。$C_{AAC}=d(A，B)-d(A，A)=1-0=1$。

(2) B：B 不受影响，属于上面的第三种情况。$C_{BAC}=0$。

(3) C：C 原先属于 A 中心点所在的簇，当 A 被 C 替换以后，C 是新中心点，属于上面的第二种情况。$C_{CAC}=d(C，C)-d(A，C)=0-2=-2$。

（4）D：D 原先属于 A 中心点所在的簇，当 A 被 C 替换以后，离 D 最近的中心点是 C，属于上面的第二种情况。$C_{DAC}=d(D, C)-d(D, A)=1-2=-1$。

（5）E：E 原先属于 B 中心点所在的簇，当 A 被 C 替换以后，离 E 最近的中心点仍然是 B，属于上面的第三种情况。$C_{EAC}=0$。

因此，$TC_{AC}=C_{AAC}+C_{BAC}+C_{CAC}+C_{DAC}+C_{EAC}=1+0-2-1+0=-2$。同理，可以计算出 $TC_{AD}=-2$，$TC_{AE}=-1$，$TC_{BC}=-2$，$TC_{BD}=-2$，$TC_{BE}=-2$。在上述代价计算完毕后，我们要选取一个最小的代价，显然有多种替换可以选择，选择第一个最小代价的替换（也就是 C 替换 A），这样，样本被重新划分为 {A，B，E} 和 {C，D} 两个簇。通过上述计算，已经完成了 PAM 算法的第一次迭代。在下一次迭代中，将用其他的非中心点 {A，D，E} 替换中心点 {B，C}，找出具有最小代价的替换。一直重复上述过程，直到代价不再减少为止。

6.3.3 AGNES 聚类方法

1. AGNES 算法模型

AGNES 算法是凝聚的层次聚类方法。AGNES 算法最初将每个对象作为一个簇，然后这些簇根据某些准则被一步步地合并。例如，如果簇 C_1 中的一个对象和簇 C_2 中的一个对象之间的距离是所有属于不同簇的对象间距离最小的，C_1 和 C_2 可能被合并。这是一种单链接方法，其每个簇可以被簇中所有对象代表，两个簇间的相似度由这两个不同簇中距离最近的数据点对的相似度来确定。聚类的合并过程反复进行直到所有的对象最终合并形成一个簇。在聚类中，用户能定义希望得到的簇数目作为一个结束条件。

AGNES 算法描述：

输入：包含 n 个数据对象的数据库，终止条件簇的数目 k

输出：达到终止条件规定的 k 个簇

处理流程：

  Step1 将每个对象当成一个初始簇；

  Step2 根据两个簇中最近的数据点找到最近的两个簇；

  Step3 合并两个簇，生成新的簇的集合；

  Step4 循环 Step3 到 Step4 直到达到定义的簇的数目。

2. 算法实例

下面给出一个样本事物数据库，如表 6.3 所示，并对它实施 AGNES 算法。

表 6.3　样本事务数据库[65]

序号	属性 1	属性 2	序号	属性 1	属性 2
1	1	1	5	3	4
2	1	2	6	3	5
3	2	1	7	4	4
4	2	2	8	4	5

在所给的数据集上运行 AGNES 算法,算法的执行过程如表 6.4 所示,设 $n=8$,用户输入的终止条件为两个簇。初始簇为{1},{2},{3},{4},{5},{6},{7},{8}(采用欧氏距离进行计算)。

表 6.4　AGNES 算法执行过程

步骤	最近的簇距离	最近的两个簇	合并后的新簇
1	1	{1},{2}	{1, 2},{3},{4},{5},{6},{7},{8}
2	1	{3},{4}	{1, 2},{3, 4},{5},{6},{7},{8}
3	1	{5},{6}	{1, 2},{3, 4},{5, 6},{7},{8}
4	1	{7},{8}	{1, 2},{3, 4},{5, 6},{7, 8}
5	1	{1, 2},{3, 4}	{1, 2, 3, 4},{5, 6},{7, 8}
6	1	{5, 6},{7, 8}	{1, 2, 3, 4},{5, 6, 7, 8}结束

具体步骤如下:

(1) 根据初始簇计算每个簇之间的距离,随机找出距离最小的两个簇,进行合并。点1、2 间的欧氏距离 $d(1, 2)=[(1-1)^2+(2-1)^2]^{1/2}=1$ 为最小距离,故将 1、2 点合并为一个簇。

(2) 对上一次合并后的簇计算簇间距离,找出距离最近的两个簇进行合并,合并后3、4点成为一簇。

(3) 重复第(2)步的工作,5、6点成为一簇。

(4) 重复第(2)步的工作,7、8点成为一簇。

(5) 合并{1, 2},{3, 4}成为一个包含四个点的簇。

(6) 合并{5, 6},{7, 8},由于合并后的簇的数目已经达到了终止条件,计算完毕。

6.3.4　DIANA 聚类方法

1. DIANA 算法模型

DIANA 算法属于分裂的层次聚类。与凝聚的层次聚类相反,它采用一种自顶向下的策略,它首先将所有对象置于一个簇中,然后逐渐细分为越来越小的簇,直到每个对象自成一簇,或者达到了某个终结条件,例如达到了某个希望的簇数目,或者两个最近簇之间的距离超过了某个阈值。

在 DIANA 方法处理过程中,所有的对象初始都放在一个簇中。根据一些原则(如簇中最临近对象的最大欧式距离),将该簇分裂。簇的分裂过程反复进行,直到最终每个新的簇只包含一个对象。

在聚类中,用户能定义希望得到的簇数目作为一个结束条件。同时,它使用下面两种测度方法。

(1) 簇的直径:在一个簇中的任意两个数据点都有一个距离(如欧氏距离),这些距离中的最大值是簇的直径。

（2）平均相异度（平均距离）：

$$d_{\text{avg}}(x,C) = \frac{1}{n-1} \sum_{y \in C, y \neq x} d(x,y) \tag{6.8}$$

其中：$d_{\text{avg}}(x,C)$ 表示点 x 在簇 C 中的平均相异度，n 为簇 C 中点的个数，$d(x,y)$ 为点 x 与点 y 之间的距离（如欧式距离）。

DIANA 算法描述：

输入：包含 n 个数据对象的数据库，终止条件簇的数目 k

输出：达到终止条件规定的 k 个簇

处理流程：

    Step1   将所有对象整个当成一个初始簇；

    Step2   在所有簇中挑出具有最大直径的簇；

    Step3   找出所挑簇里与其他点平均相异度最大的一个点放入 splinter group，剩余的放入 old party 中；

    Step4   在 old party 里找出到 splinter group 中点的最近距离不大于到 old party 中点的最近距离的点，并将该点加入 splinter group；

    Step5   循环 Step2 到 Step4 直到没有新的 old party 的点分配给 splinter group；

    Step6   splinter group 和 old party 为被选中的簇分裂成的两个簇，与其他簇一起组成新的簇集合。

---

2. 算法实例

针对上一节的样本事务数据库（参见表 6.3），实施 AGNES 算法。对所给的数据进行 DIANA 算法，算法的执行过程如表 6.5 所示，设 $n=8$，用户输入的终止条件为两个簇。初始簇为 $\{1,2,3,4,5,6,7,8\}$。

表 6.5　DIANA 算法执行过程

步骤	具有最大直径的簇	splinter group	old party
1	$\{1,2,3,4,5,6,7,8\}$	$\{1\}$	$\{2,3,4,5,6,7,8\}$
2	$\{1,2,3,4,5,6,7,8\}$	$\{1,2\}$	$\{3,4,5,6,7,8\}$
3	$\{1,2,3,4,5,6,7,8\}$	$\{1,2,3\}$	$\{4,5,6,7,8\}$
4	$\{1,2,3,4,5,6,7,8\}$	$\{1,2,3,4\}$	$\{5,6,7,8\}$
5	$\{1,2,3,4,5,6,7,8\}$	$\{1,2,3,4\}$	$\{5,6,7,8\}$终止

具体步骤如下：

（1）找到具有最大直径的簇，对簇中的每个点计算平均相异度（假定采用的是欧式距离）。点1的平均距离为 $(1+1+1.414+3.6+4.24+4.47+5)/7 = 2.96$，点 2 的平均距离为 $(1+1.414+1+2.828+3.6+3.6+4.24)/7 = 2.526$，点 3 的平均距离为

(1+1.414+1+3.16+4.12+3.6+4.47)/7=2.68,点 4 的平均距离为(1.414+1+1+2.24+3.16+2.828+3.6)/7=2.18,点 5 的平均距离为 2.18,点 6 的平均距离为 2.68,点 7 的平均距离为 2.526,点 8 的平均距离为 2.96。这时挑出平均相异度最大的点 1 放到 splinter group 中,剩余点在 old party 中。

（2）在 old party 里找出到 splinter group 中的最近的点的距离不大于到 old party 中最近的点的距离的点,将该点放入 splinter group 中,该点是 2。

（3）重复第(2)步的工作,在 splinter group 中放入点 3。

（4）重复第(2)步的工作,在 splinter group 中放入点 4。

（5）没有新的 old party 中的点分配给 splinter group,此时分裂的簇数为 2,达到终止条件。如果没有到终止条件,下一阶段还会从分裂好的簇中选一个直径最大的簇按刚才的分裂方法继续分裂。

6.3.5　DBSCAN 聚类方法

1. DBSCAN 算法模型

DBSCAN 是一个比较有代表性的基于密度的聚类算法。与划分和层次聚类方法不同,它将簇定义为密度相连的点的最大集合,能够把具有足够高密度的区域划分为簇,并可在有"噪声"的空间数据库中发现任意形状的聚类。

下面首先介绍关于密度聚类涉及的一些定义。

定义 6.3　对象的 ε^- 邻域:给定对象在半径 ε 内的区域。

定义 6.4　核心对象:如果一个对象的 ε^- 邻域至少包含 $MinPts$ 个对象,则称该对象为核心对象。

定义 6.5　直接密度可达:给定一个对象集合 D,如果 p 是在 q 的 ε^- 邻域内,而 q 是一个核心对象,则对象 p 从对象 q 出发是直接密度可达的。

定义 6.6　间接密度可达的:如果存在一个对象链 p_1, p_2,…, p_n, $p_1=q$, $p_n=p$,对 $p_i \in D, 1 \leqslant i \leqslant n$, p_{i+1} 是从 p_i 关于 ε 和 $MitPts$ 直接密度可达的,则对象 p 是从对象 q 关于 ε 和 $MinPts$ 密度可达的。例如,已知半径 ε, $MitPts$, q 是一个核心对象, p_1 是从 q 关于 ε 和 $MitPts$ 直接密度可达的,若 p 是从 p_1 关于 ε 和 $MitPts$ 直接密度可达的,则对象 p 是从 q 关于 ε 和 $MitPts$ 间接密度可达的。

定义 6.7　密度相连的:如果对象集合 D 中存在一个对象 o,使得对象 p 和 q 是从 o 关于 ε 和 $MitPts$ 密度可达的,那么对象 p 和 q 是关于 ε 和 $MinPts$ 密度相连的。

定义 6.8　噪声:一个基于密度的簇是基于密度可达性的最大的密度相连对象的集合。不包含在任何簇中的对象被认为是"噪声"。

DBSCAN 通过检查数据集中每个对象的 ε^- 邻域来寻找聚类。如果一个点 p 的 ε^- 邻域包含多于 $MinPts$ 个对象,则创建一个 p 作为核心对象的新簇。然后,DBSCAN 反复地寻找从这些核心对象直接密度可达的对象,这个过程可能涉及一些密度可达簇的合并。当没有新的点可以被添加到任何簇时,该过程结束。

DBSCAN 算法描述：

输入：包含 n 个数据对象的数据库，半径 ε，最少数目 MinPts

输出：所有达到密度要求的簇

处理流程：

    Step1   从数据库中抽取一个未处理的点；

    Step2   IF 抽出的点是核心点 THEN 找出所有从该点密度可达的对象，形成一个簇；

    Step3   ELSE 抽出的点是边缘点（非核心对象），跳出本次循环，寻找下一个点；

    Step4   循环 Step1 到 Step3 直到所有点都被处理。

2. 算法实例

下面给出一个样本事务数据库，如表 6.6 所示，并对它实施 DBSCAN 算法。

表 6.6　样本事务数据库

序号	属性 1	属性 2	序号	属性 1	属性 2
1	1	0	7	4	1
2	4	0	8	5	1
3	0	1	9	0	2
4	1	1	10	1	2
5	2	1	11	4	2
6	3	1	12	1	3

数据来源：参考文献[65]

对所给的数据进行 DBSCAN 算法，算法执行过程如表 6.7 所示，设 $n=12$，$\varepsilon=1$，MinPts$=4$。

表 6.7　DBSCAN 算法执行过程

步骤	选择的点	在 ε 中点的个数	通过计算可达点而找到的新簇
1	1	2	无
2	2	2	无
3	3	3	无
4	4	5	簇 C_1:{1, 3, 4, 5, 9, 10, 12}
5	5	3	已在一个簇 C_1 中
6	6	3	无
7	7	5	簇 C_2:{2,6,7,8,11}
8	8	2	已在一个簇 C_2 中
9	9	3	已在一个簇 C_1 中
10	10	4	已在一个簇 C_1 中
11	11	2	已在一个簇 C_2 中
12	12	2	已在一个簇 C_1 中

聚出的类为{1，3，4，5，9，10，12}，{2，6，7，8，11}。具体步骤如下：

（1）在数据库中选择一点1，由于在以它为圆心的，以1为半径的圆内包含2个点（小于MinPts），因为它不是核心点，选择下一个点。

（2）在数据库中选择一点2，由于在以它为圆心的，以1为半径的圆内包含2个点，因此它不是核心点，选择下一个点。

（3）在数据库中选择一点3，由于在以它为圆心的，以1为半径的圆内包含3个点，因此它不是核心点，选择下一个点。

（4）在数据库中选择一点4，由于在以它为圆心的，以1为半径的圆内包含5个点（大于MinPts），因此它是核心点，寻找从它出发可达的点（直接可达4个，间接可达3个），得出新类为{1，3，4，5，9，10，12}，选择下一个点。

（5）在数据库中选择一点5，已经在簇1中，选择下一个点。

（6）在0数据库中选择一点6，由于在以它为圆心的，以1为半径的圆内包含3个点，因此它不是核心点，选择下一个点。

（7）在数据库中选择一点7，由于在以它为圆心的，以1为半径的圆内包含5个点，因此它是核心点寻找从它出发可达的点，得出新类为{2，6，7，8，11}，选择下一个点。

（8）在数据库中选择一点8，已经在簇2中，选择下一个点。

（9）在数据库中选择一点9，已经在簇1中，选择下一个点。

（10）在数据库中选择一点10，已经在簇1中，选择下一个点。

（11）在数据库中选择一点11，已经在簇2中，选择下一个点。

（12）选择点12，已经在簇1中，由于这已经是最后一点（所有点都已处理），计算完毕。

6.4 小　　结

聚类分析作为一种非常重要的数据挖掘模型，在很多领域都有广泛应用，本章对聚类方法的基本理论、常见分类做出详细说明，主要描述了基于划分的聚类方法、基于层次的聚类方法、基于密度的聚类方法、基于网格的聚类方法和基于模型的聚类方法。同时详细介绍了五种聚类方法（包括 k-means、k-mediods、AGNES、DIANA 以及 DBSCAN 算法）的算法模型及实例应用。

思　考　题

1. 解释聚类分析的含义。
2. 描述基于划分的聚类方法。
3. 描述基于层次的聚类方法。
4. 描述基于密度的聚类方法。
5. 描述基于网格的聚类方法。
6. 描述基于模型的聚类方法。

第7章 粗糙集方法与应用

首先介绍粗糙集基础理论和应用领域,阐述粗糙集方法的基本概念,如知识与不可分辨关系,不精确范畴、近似,粗糙集精度和粗糙度以及粗等价和粗包含等内容;重点研究了粗糙集的两个主要应用:基于粗糙集的属性约简和基于粗糙集的决策知识表示。

7.1 粗糙集理论背景介绍

7.1.1 粗糙集的含义

粗糙集(Rough Sets)理论是由波兰数学家 Pawlak Z. 于 1982 年提出的。粗糙集方法是基于一个机构(或一组机构)关于现实的大量数据信息,以对观察和测量所得数据进行分类的能力为基础,从中发现、推理知识和分辨系统的某些特点、过程、对象等的一种方法。经过二十多年的发展以及研究的深入,粗糙集方法在理论和实际应用上都取得了长足的发展。在知识发现、数据挖掘、模式识别、故障检测、医疗诊断等领域得到了广泛应用。

粗糙集理论引入数学中的等价关系,建立在分类机制的基础上,它将分类理解为在特定空间上的等价关系,而等价关系构成了对空间的划分。该方法的主要思想是利用已知的知识库,将不确定或不精确的知识用已知的知识库中的知识来(近似)进行刻画。粗糙集理论与其他处理不确定和不精确理论的显著的区别是它无须提供所处理的数据集合之外的任何先验信息,避免了主观影响,所以对问题的不确定的描述或处理是一种较好的方法。作为一种刻画不完整性和不确定性的数学工具,其主要思想是在保持分类能力不变的前提下,通过知识约简,导出问题的决策或分类规则,它能有效地分析和处理不精确、不一致、不完整等各种不完备信息,并从中发现隐含的知识,揭示潜在的规律。由于粗糙集理论不包含处理原始数据的功能,所以该理论与概率论,模糊数学,信息论和证据理论等其他处理不确定性和不精确性问题的理论有很强的互补性。

7.1.2 粗糙集的应用及与其他领域的结合

1. 粗糙集理论的应用

粗糙集的生命力在于它具有较强的实用性,从诞生到现在虽然只有 20 年的时间,但已经在许多领域取得了令人鼓舞的成果。

(1)粗糙集应用于智能控制。粗糙集根据观测数据获得控制策略的方法称为从范例中学习(Learning from Examples),属于智能控制的范畴。基本步骤是:把控制过程中的一些有代表性的状态以及操作人员在这些状态下所采取的控制策略都记录下来,形成决策表,然后对其分析化简,总结出控制规则。形式为 IF Condition＝N 满足 THEN 采取 Decision＝M。粗糙集方法是一类符号化分析方法,需要将连续的控制变量离散化,为此 Pawlak Z. 提出了粗糙函数(Rough Function)的概念,为粗糙控制打下了理论基础。

(2)粗糙集应用于神经专家系统。在专家系统中,知识获取是一个非常关键的阶段,定义又很困难。由苏丹卡同大学、马来西亚大学和普恰大学的 M. E. Yahia、R. Mahmod 等人在研制的粗糙神经专家系统时提出将神经网络作为专家知识库,从而运用粗糙集作为数学工具来处理不确定与不精确数据,两者结合则形成称为粗糙神经专家系统的混合结构。前者作为结构中神经网络的预处理器,为预处理粗糙引擎,后者形成粗糙神经推理引擎的推理引擎新结构,随之设计为一种新知识库结构,其结构基于神经网络与粗糙分析约简的结合上。

(3)粗糙集应用于决策分析。在决策分析方面,粗糙集理论的决策规则是在分析以往经验数据的基础上得到的,它允许决策对象存在一些不太明确的属性。希腊发展银行ETEVA 应用粗糙集理论协助制定信贷政策,是粗糙集理论多准则决策方法的一个成功范例。另外,由意大利卡塔亚大学学者 Salvatore Greco 和波兰波兹纳特大学的 Roman Slowinshi 提出可以将粗糙集应用于多标准决策分析。

(4)粗糙集和模糊集在词汇挖掘中的应用。美国 Lowa University 和 Louisiana State University 的 Padmini Srinivasan 和 Miguel E. Ruiz 等人指出,信息检索中的词汇挖掘的意义是利用领域词汇提高用户的查询效率。通常用户的查询对检索主题并不是优化的,词汇挖掘允许概括、细化或执行其他基于词汇查询的转换,以提高查询性能。该文研究了一种新的词汇挖掘机制,它采用了粗糙集与模糊集的结合。文本查询既可以使用权重即模糊表示,也允许使用基于粗糙集的近似表示。该文探索和概括了粗糙集和可变精度模型,还解决了多词汇视图的问题。最后分析了应用该词汇挖掘结构的联合医疗语言系统。该机制支持语义和信息检索在不同的词汇视图中的应用。

(5)粗糙集应用于股票数据分析。Golan 和 Ziarko 应用粗糙理论分析了长期的股票历史数据,研究了股票价格与经济指数之间的依赖关系,获得的预测规则得到了华尔街证券交易专家的认可。

(6)粗糙集应用于医疗诊断。在医疗诊断方面,用粗糙集方法根据以往病例归纳出诊断规则,用来指导新的病例。早期人工预测早产准确率只有 17%～38%,应用粗糙集理论可提高到 68%～90%。

(7)糙集理论的应用领域还包括地震预报、冲突分析、近似推理、软件工程数据分析、图像处理、材料科学中的晶体结构分析、预测建模、结构建模、投票分析、电力系统等。

2. 粗糙集方法存在的一些问题

(1)粗糙集产生的决策规则很不稳定,精确性有待提高,原因在于粗糙集理论对错误判断的决定性机制非常简单。

(2)粗糙集只能处理离散化的属性,而现在存在的数据一般都是连续性的。目前存在的一些离散化方法或多或少都存在一定缺陷。

(3)粗糙集理论是基于完备信息系统的。在对样本数据进行处理时,往往会遇到数据丢失问题,此时需要建立处理不完备信息系统的扩展粗糙集模型。

(4)由于属性组合的爆炸,粗糙集属性约简的求解是一个多项式复杂程度的非确定性问题,必然需要找到一个适当方法解决此问题。国内外学者在这方面做了大量研究,但目前还未得出有效的解决方法。

为了解决这些问题,根据实际情况结合多种人工智能和数据挖掘的方法,成为粗糙集的研究热点之一。下面对粗糙集理论和其他相关理论和相关领域的关系加以阐述。

3. 粗糙集与其他相关理论和领域

1)粗糙集与模糊集、证据理论的关系

粗糙集与模糊集都能处理不完备(Imperfect)数据,但方法不同,模糊集注重描述信息的含糊(Vagueness)程度,粗糙集则强调数据的不可辨别(Indiscernibility)、不精确(Imprecision)和模棱两可(Ambiguity)。例如,在论述图像的清晰程度时,粗糙集强调组成图像像素的大小,而模糊集则强调像素存在不同的灰度。粗糙集研究的是不同类中的对象组成的集合之间的关系,重在分类;模糊集研究的是属于同一类的不同对象的隶属的关系,重在隶属的程度。因此粗糙集和模糊集是两种不同的理论,但又不是相互对立的,它们在处理不完善数据方面可以互为补充。将粗糙集与模糊集结合,可以弥补粗糙集理论在描述属性集合中的不足,又易于对系统的描述特征进行优选,两者的有机结合可以构成粗糙集—模糊集智能信息处理系统。该系统利用粗糙集和模糊集在处理不完善、不准确性知识中的优势,大大降低了处理信息的维数和计算特征值的工作量,也降低了系统的复杂程度。

粗糙集理论与证据理论虽有一些相互交叠的地方,但本质不同,粗糙集使用集合的上、下逼近而证据理论使用信任函数(Belief Function)作为主要工具。粗糙集对给定数据的计算是客观的,无须知道关于数据的任何先验知识(如概率分布等),而证据理论则需要假定的似然值(Plausibility)。

模糊推理的基础是模糊逻辑,模糊推理规则的确定是应用的关键,但给出模糊规则的方法大都带有一定的主观因素。将粗糙集理论与模糊推理融合,利用粗糙集理论知识分类方法,为模糊推理中模糊推理规则的产生提供了一种较为客观的方法,并运用到不完备信息系统的完备化。用粗糙集理论的计算只和已知数据有关、不要求任何额外知识的优点以及遗传算法全局最优的优点,同时将量化区间进行模糊化,将清晰规则集转化为模糊规则集,利用模糊推理进行决策,提高了鲁棒性,并通过实际测试验证了所提算法的有效性。

2)粗糙集和神经网络

神经网络和粗糙集都是模拟人的思维方式进行工作的方法,不同之处在于神经网络是模拟人的直觉思维,而粗糙集是模拟人类的抽象思维,神经网络有很好的非线性映射能力,其网络的参数设置灵活;但它不能对属性进行约简,在有冗余属性时,训练时间较长,其自身的学习能力(特别是在自动知识获取方面)也急需提高和改善。而粗糙集可以在分类能力不变的情况下对属性进行约简,这对神经网络是一个好的补充;但粗糙集对噪音点很敏感,神经网络的自组织能力、容错能力和推广能力能很好地弥补粗糙集这个缺点。因此,将粗糙集理论和神经网络方法相结合来解决模式识别值得我们研究。将自适应共振理论(Adaptive Resonance Theory 2,ART2)神经网络、模糊小波神经网络与粗糙集融合,利用粗糙集理论简化神经网络的训练样本,消除冗余数据,有效地改善了神经网络对有冗余和不确定数据输入模式的处理能力,提高了训练速度。构造出粗糙神经网络模型,改善了神经网络结构。

3)粗糙集与遗传算法

遗传算法是由密歇根大学教授 Holland 及其学生于 1975 年创建,具有天生的隐含并行性和强大的全局搜索能力,通过模拟生物适者生存的遗传进化原理来得到解空间的全局最优解,这些特点可被应用在粗糙集理论的很多方面。首先通过粗糙集理论对数据进行预处理,在实现属性约简中结合遗传算法,提高了搜索效率,然后进行规则提取,并以实例证明了此方法的可行性。决策表连续属性的离散化是粗糙集理论处理连续问题的关键,可以引入遗传算法,对决策表的断点选择进行优化,在不改变决策表分辨关系的情况下使离散化的断点数目最小。

粗糙集的推理过程是必须有一定的机制来实现的。在现有的各种算法中,反映自适应演化的遗传算法是一种好的形式,在这方面人们也已经取得了某些成果,例如著名的 LERS系统就采用了遗传算法的组桶式算法(Bucker Brigade Algorithm,BBA)过程,实践证明遗传算法是可以与粗糙集的推理过程相结合的。

4)粗糙集与支持向量

支持向量机(Support Vector Machine,SVM)最先由 Cortes 和 Vapnik 提出,是一种专门针对有限样本预测的学习方法,与经典的基于统计的模式识别和机器学习方法不同,其采用结构风险最小化原则,最优分类面的决策准则,在最小化样本点误差的同时,缩小了模型预测误差的上界,提高了模型的泛化能力。如何高效地利用支持向量机进行分类处理,除了开发高性能的学习算法外,另一个途径就是对样本数据库进行预处理,发现关键信息。经典支持向量机所得到的分类器,由于只考虑到训练样本的很小一部分,虽然这样有利于实现分类,但却使其对噪声或异常值特别敏感,并会产生过拟合的问题。因此通过融合粗糙集,引入粗糙边缘概念,以获得更多符合条件的样本数据,从而很好地解决了上述问题。

5)粗糙集与自动控制

历经半个多世纪的努力,自动控制已经发展成相当丰富的科学体系,但是复杂系统对象仍然是一个难点,例如,在计算机控制系统中,由于离散采样、反馈延迟、动态系统优化等原因就会引发混沌,非线性动力系统(混沌)的辨识是鲁棒性混沌控制器的一项基本且重要的工作。从历史的逻辑角度看,粗糙集会对设计鲁棒非线性控制和开发系统提供功能更强的理论手段。自动控制已成为粗糙集理论的一个重要的应用场所。

利用粗糙集理论与模糊集、证据理论、模糊推理、神经网络、遗传算法、自动控制之间的交叉关系,综合使用多种方法,将会对复杂问题的解决起到相辅相成的作用,获得较好的应用效果。

7.2　粗糙集基本理论

粗糙集理论可以根据已给定的知识,首先对问题的论域进行划分,然后对划分后的每一组成部分确定对某个概念的支持程度:肯定支持、肯定不支持和可能支持三种。在粗糙集中用正域、负域和边界域三个近似集合来表示这三种情况。粗糙集中的不精确概念用所有对象一定包含在集合中的下近似和所有对象可能被包含在集合中的上近似来表示。

7.2.1　知识与不可分辨关系

给定一个有限的非空集合 U 称为论域。任何子集 $X \subseteq U$,称为 U 中的一个概念或范

畴。U 中的任何概念族称为 U 的抽象知识,简称知识。设 R 是 U 上的一个等价关系,$U|R$ 表示 R 的所有等价关系构成的集合,$[x]_R$ 表示包含元素 $x \in U$ 的 R 等价类。

设 R 是 U 上的一族等价关系,若 $P \subseteq R$,且 $P \neq \Phi$,则 $\bigcap P$(P 中所有等价关系的交集)也是一个等价关系,称为 P 上的不可分辨关系,用 $\text{ind}(P)$ 来表示,即:

$$\text{ind}(P) = \{(x,y) \in U \times U : f(x,a) = f(y,a) a \subseteq P\} \tag{7.1}$$

不可分辨关系是物种由属性集 P 表达时,论域 U 中的等价关系。$U|\text{ind}(P)$ 表示由等价关系 $\text{ind}(P)$ 划分的所有等价类,且将其定义为与等价关系 P 的族相关的知识,称为 P 基本知识。同时,也将 $U|\text{ind}(P)$ 记为 $U|P$,$\text{ind}(P)$ 的等价类称为关系 P 的基本概念或基本范畴。

7.2.2 不精确范畴、近似与粗糙集

1. 等价类

设 R 为 U 上的一族等价关系。R 将 U 划分为互不相交的基本等价类,二元对 $K=(U,R)$ 构成一个近似空间(Approximation Space)。设 X 为 U 的一个子集,a 为 U 中的一个对象,$[a]_R$ 表示所有与 a 不可分辨的对象所组成的集合,即 a 决定的等价类。可表示为:

$$[a]_R = \{y \mid (x,y) \in \text{ind}(R)\} \tag{7.2}$$

2. 上近似和下近似

当集合 X 能表示成基本等价类组成的并集时,则称集合 X 是 R 可精确定义的,称作 R 精确集;否则,集合 X 是 R 不可精确定义的,称作 R 非精确集或 R 粗糙集。对于粗糙集可近似利用两个精确集,即下近似和上近似来描述。

X 关于 R 的下近似(Lower Approximation)定义为:

$$\underline{R}(X) = \{a \in U : [a]_R \subseteq X\} \tag{7.3}$$

$\underline{R}(X)$ 是由那些根据已有知识判断肯定属于 X 的对象所组成的最大的集合。

X 关于 R 的上近似(Upper Approximation)定义为:

$$\overline{R}(X) = \{a \in U : [a]_R \bigcap X \neq \Phi\} \tag{7.4}$$

$\overline{R}(X)$ 是所有与 X 相交非空的等价类 $[a]_R$ 的并集,是那些可能属于 X 的对象组成的最小集合。

3. 确定度

$$a_R(X) = \frac{\text{card}(U) - \text{card}(\overline{R}(X) - \underline{R}(X))}{\text{card}(U)} \tag{7.5}$$

其中 $\text{card}()$ 表示该集合的基数,且 $X \neq \Phi$。

$a_R(X)$ 的值反映了 U 中的能够根据 R 中各属性的属性值就能确定其属于或不属于 X 的比例,也即对 U 中的任意一个对象,根据 R 中各属性的属性值确定它属于或不属于 X 的可信度。

确定度性质:$0 \leqslant a_R(X) \leqslant 1$。当 $a_R(X)=1$ 时,U 中的全部对象根据 R 中各属性的属性值就可以确定其是否属于 X,X 为 R 的可定义集;当 $0 < a_R(X) < 1$ 时,U 中的部分对象根据 R 中各属性的属性值就可以确定其是否属于 X,而另一部分对象不能确定其是否属于 X,

X 为 R 的部分可定义集;当 $a_R(X)=0$ 时,U 中的全部对象都不能根据 R 中各属性的属性值就可以确定其是否属于 X,X 为 R 的完全不可定义集。当 X 为 R 的部分可定义集或完全不可定义集时,X 为 R 的粗糙集。

4. 边界域、正域、负域

$\mathrm{bnR}(X)=\overline{R}(X)-\underline{R}(X)$ 称为 X 的 R 边界域;$\mathrm{posR}(X)=\underline{R}(X)$ 称为 X 的 R 正域;$\mathrm{negR}(X)=U-\overline{R}(X)$ 称为 X 的 R 负域。显然,$\overline{R}(X)=\mathrm{posR}(X)+\mathrm{bnR}(X)$。

若 $\overline{R}(X)=\underline{R}(X)$,即 $\mathrm{bnR}(X)=\varPhi$,称集合 X 为 R 可精确定义的,称作 R 精确集;否则,集合 X 是 R 不可精确定义的,即 $\overline{R}(X)\neq\underline{R}(X)$,称作 R 非精确集或 R 粗糙集。

举一个例子说明如何求得正域、负域和边界域。设 $U=\{x_1,x_2,x_3,x_4\}$ 上的等价关系为:

$$R=\{(x_1,x_1),(x_2,x_2),(x_3,x_3),(x_4,x_4),(x_3,x_4),(x_4,x_3)\};$$
$$U|R=\{\{x_1\},\{x_2\},\{x_3,x_4\}\};$$

取

$$[X_1]=\{x_1,x_2\},[X_2]=\{x_1,x_3\}$$

因为

$$\{x_1\}\subseteq[X_1],\quad \{x_2\}\subseteq[X_1],\quad \{x_3,x_4\}\not\subset[X_1]$$

所以

$$\underline{R}(X_1)=\{x_1,x_2\}$$

因为

$$[X_1]\bigcap\{x_1\}=\{x_1,x_2\}\bigcap\{x_1\}=\{x_1\}\neq\varPhi$$
$$[X_1]\bigcap\{x_2\}=\{x_1,x_2\}\bigcap\{x_2\}=\{x_2\}\neq\varPhi$$
$$[X_1]\bigcap\{x_3,x_4\}=\{x_1,x_2\}\bigcap\{x_3,x_4\}=\varPhi$$

所以

$$\overline{R}(X_1)=\{x_1\}\bigcup\{x_2\}=\{x_1,x_2\}$$

同理,

$$\underline{R}(X_2)=\{x_1\},\quad \overline{R}(X_2)=\{x_1,x_3,x_4\}$$
$$\mathrm{bnR}(X_1)=\varPhi,\quad \mathrm{bnR}(X_2)=\{x_1,x_3,x_4\}$$
$$\mathrm{posR}(X_2)=\underline{R}(X_2)=\{x_1\},\quad \mathrm{negR}(X_2)=U-\overline{R}(X_2)=\{x_2\}$$

所以 X_1 为精确集,X_2 为粗糙集。

7.2.3　粗糙集的精度和粗糙度

集合范畴的不确定性是由于边界域的存在而引起的。集合的边界域越大,其精确性越低,为了更准确地表达这一点,定义了精度的概念,如下所示:

$$\mathrm{dR}(X)=\mathrm{card}(\underline{R}(X))/\mathrm{card}(\overline{R}(X)) \tag{7.6}$$

精度 $\mathrm{dR}(X)$ 用来反映我们了解集合 X 知识的完全程度。对于每一个 R 且 $X\subseteq U$,有 $0\leqslant\mathrm{dR}(X)\leqslant1$;当 $\mathrm{dR}(X)=1$ 时,X 的 R 边界域为空,集合 X 为 R 可定义的;当 $0\leqslant\mathrm{dR}(X)<1$ 时,集合 X 有非空边界域,该集合为 R 不可定义的。

也可以用 R 粗糙度来定义集合 X 的不确定程度,即:

$$\rho R(X)=1-\mathrm{dR}(X) \tag{7.7}$$

元素 x 对集合 X 的粗糙隶属度函数为:

$$\mu R(x, X) = \text{card}([x]_R \bigcap X) / \text{card}([x]_R) \tag{7.8}$$

与概率论和模糊集合论不同,不精确性的数值不是事先假定的,而是通过表达知识不精确性的概念近似计算得到的,表示的是有限知识(对象分类能力)的结果。

7.2.4　粗糙集的粗等价和粗包含

在概念上,粗糙集与传统集合有本质的区别。在传统集合论中,当两个集合有完全相同的元素时它们是等价的,而在粗糙集理论中,集合相等被看作为近似等价。在实践中这是一个重要的特点,因为通常通过已获得的知识也许我们不能说两个集合是否相等,只能说依据我们的知识层次,它们有相近的特点,也即它们近似相等。集合的近似等价有三种形式,令 $K = (U, R)$ 为一知识库,X,$Y \subseteq U$ 且 $R \in \text{ind}(K)$。

(1) 当 $\underline{R}(X) = \underline{R}(Y)$ 时,集合 X 和 Y 为下 R 等价(Bottom R Equal),记作 $(X)\_R(Y)$;

(2) 当 $\overline{R}(X) = \overline{R}(Y)$ 时,集合 X 和 Y 为上 R 等价(Top R Equal),记作 $(X)^-R(Y)$;

(3) 当存在 $\underline{R}(X) = \underline{R}(Y)$ 且 $\overline{R}(X) = \overline{R}(Y)$ 时,集合 X 和 Y 为 R 等价(R Equal),记作 $(X)R(Y)$。

可见,$(X)\_R(Y)$、$(X)^-R(Y)$ 和 $(X)R(Y)$ 描述了任何不可分辨关系 R 的等价情况。

集合的近似等价是就集合间拓扑结构比较而言的,而不是构成集合的元素间的比较,因此拥有不同的元素的集合可以是粗相等的。这里真正起作用的是不同的集合有相同的下近似集或上近似集,这是一种拓扑特征。值得注意的是,粗相等的定义依赖对于论域的知识,因而集合的等价是一个相对的概念,两个集合在一个近似空间中可以是等价的,而在另一个空间中可能只是近似相等或不等。

粗糙集的包含关系也有别于传统集合的包含关系:

令 $K = (U, R)$ 为一知识库,X,$Y \subseteq U$ 且 $R \in \text{ind}(K)$,则:

(1) 当 $\underline{R}(X) \subseteq \underline{R}(Y)$ 时,集合 X 为下 R 包含于 Y(Bottom R Included),记作 $(X)C\_R(Y)$;

(2) 当 $\overline{R}(X) \subseteq \overline{R}(Y)$ 时,集合 X 为上 R 包含于 Y(Top R Included),记作 $(X)C^-R(Y)$;

(3) 当存在 $(X)C\_R(Y)$ 且 $(X)C^-R(Y)$ 时,集合 X 为 R 包含于 Y(R Included),记作 $(X)CR(Y)$。

可见,$(X)C\_R(Y)$、$(X)C^-R(Y)$ 和 $(X)CR(Y)$ 描述了任何不可分辨关系 R 的包含情况。集合的粗包含不蕴涵集合的包含。

粗糙集在应用上主要有两大类:一类是无决策的分析,内容主要包括数据压缩、约简、聚类与机器发现等;当然也涉及对原始数据的预处理,如数据压缩与约简等。另一类是有决策的分析,内容主要包括决策分析、规则提取等。在接下来的两节将分别阐述粗糙集在无决策分析的属性约简和有决策分析的规则提取中的应用。

7.3　基于粗糙集的属性约简

知识约简是粗糙集理论的核心内容之一。所谓知识约简,就是在保持知识库分类能力不变的条件下,删除其中不相关或不重要的知识。知识约简是粗糙集理论的核心内容之一,其中有两个基本概念:约简(Reduction)和核(Core)。

7.3.1　知识的约简和核

在对约简和核进行讨论之前,先作如下定义:令 R 为一等价关系族,且 $r \in R$,如果 $\mathrm{ind}(R) = \mathrm{ind}(R - \{r\})$,称 r 为 R 中可省略的(Dispensable),否则 r 为 R 中不可省略的 (Indispensable)。当对于任一 $r \in R$,若 r 不可省略,则族 R 为独立的,否则称 R 为依赖的。

命题 1　设 R 是独立的,若存在属性子集 $P \subseteq R$,则 P 也是独立的。

证明:假设 $P \subseteq R$,且 P 是依赖的,则存在 $S \subset P$,使得 $\mathrm{ind}(S) = \mathrm{ind}(P)$,这意味着 $\mathrm{ind}(S \cup (R-P)) = \mathrm{ind}(R)$,且 $S \cup (R-P) \subset R$,因此 R 为依赖的,与假设矛盾,故命题得证。设 $Q \subseteq P$。如果 Q 是独立的,且 $\mathrm{ind}(Q) = \mathrm{ind}(P)$,则 Q 为 P 的一个约简,用 $\mathrm{red}(P)$ 表示。显然,P 可以有多种约简。P 中所有简化属性集中都包含的不可省略关系的集合(即简化集 $\mathrm{red}(P)$ 的交)称为 P 的核,记作 $\mathrm{core}(P)$。它是表达知识必不可少的重要属性集。一般属性的约简不唯一而核是唯一的。

命题 2　属性集合的核与简化的关系表达

$$\mathrm{core}(P) = \bigcap \mathrm{red}(P) \tag{7.9}$$

其中 $\mathrm{red}(P)$ 是 P 的所有简化族。

可以看出,核这个概念的用处有两个方面:首先它可以作为所有简化的计算基础,因为核包含在所有的简化之中,并且计算可以直接进行;其次可解释为在知识化简时它是不能消去的知识特征部分的集合。

令 P 和 S 为 U 中的等价关系族,当 $\mathrm{pos}_p(S) = \mathrm{pos}_{p-\{r\}}(S)$ 时,称 $r \in P$ 为 P 中 S 可省略的;否则,r 为 P 中 S 不可省略的。

命题 3

$$\mathrm{core}_s(P) = \bigcap \mathrm{red}_s(P) \tag{7.10}$$

其中 $\mathrm{red}_s(P)$ 是 P 中所有 S 简化族。

一般情况下,信息系统的属性约简集有多个,但约简集中属性个数最少的最有意义。

推论 1　$F = \{X_1, X_2, \cdots, X_n\}$ 为一集合族,$X_i \subseteq U$,如果 $\bigcap(F - \{X_i\}) = \bigcap F$,称 X_i 为 F 中可省略的,否则 X_i 是 F 中不可省略的。

例 7.1　设一个知识系统 U,假设给定一个集合族

$$F = \{X_1, X_2, X_3\},$$

其中

$$X_1 = \{x_1, x_3, x_8\}, \quad X_2 = \{x_1, x_3, x_4, x_5, x_6\}, \quad X_3 = \{x_1, x_3, x_4, x_6, x_7\}$$

因为

$$\bigcap(F - \{X_1\}) = X_2 \bigcap X_3 = \{x_1, x_3, x_4, x_6\},$$
$$\bigcap(F - \{X_2\}) = X_1 \bigcap X_3 = \{x_1, x_3\},$$
$$\bigcap(F - \{X_3\}) = X_1 \bigcap X_3 = \{x_1, x_3\},$$

且

$$\bigcap F = X_1 \bigcap X_2 \bigcap X_3 = \{x_1, x_3\},$$

故集合 X_2 和 X_3 是族 F 中可省略的,因此族 F 是依赖的。因 $\{X_1, X_2\} \bigcap \{X_1, X_3\} = \{X_1\}$,所以集合 X_1 是族 $\{X_1, X_2\}$ 和 $\{X_1, X_3\}$ 的交,为 F 的核,约简为 $\{X_1, X_2\}$ 和 $\{X_1, X_3\}$。

例 7.2　利用粗糙集理论给出了对知识(或数据)的约简和求核的方法从而提供了从信

息系统中分析多余属性的能力。假设有一个信息系统的离散化记录如表 7.1 所示。

$$U|C_1=\{\{X_1,X_2,X_3,X_4\},\{X_5,X_6\},\{X_7,X_8\}\}$$
$$U|C_2=\{\{X_1,X_3\},\{X_2,X_4,X_5,X_6\},\{X_7,X_8\}\}$$
$$U|C_3=\{\{X_1,X_3,X_5,X_6\},\{X_2,X_4\},\{X_7,X_8\}\}$$
$$U|C_4=\{\{X_1,X_2,X_3,X_4,X_5,X_6\},\{X_7,X_8\}\}$$
$$U|C=\{\{X_1,X_3\},\{X_2,X_4\},\{X_5,X_6\},\{X_7,X_8\}\}$$

表 7.1 某信息系统的离散化的记录

U	C_1	C_2	C_3	C_4	U	C_1	C_2	C_3	C_4
X_1	1	1	1	1	X_5	2	2	1	1
X_2	1	2	2	1	X_6	2	2	1	1
X_3	1	1	1	1	X_7	3	3	3	2
X_4	1	2	2	1	X_8	3	3	3	2

简化后的信息系统记录表如表 7.2 所示。

表 7.2 简化后的信息系统记录表

$U|C$	C_1	C_2	C_3	C_4	$U|C$	C_1	C_2	C_3	C_4
$\{X_1,X_3\}$	1	1	1	1	$\{X_5,X_6\}$	2	2	1	1
$\{X_2,X_4\}$	1	2	2	1	$\{X_7,X_8\}$	3	3	3	2

首先讨论省略一个属性的情况：

$U|C-C_1=\{\{X_1,X_3\},\{X_2,X_4\},\{X_5,X_6\},\{X_7,X_8\}\}=U|C$,故 C_1 可以省略。

$U|C-C_2=\{\{X_1,X_3\},\{X_2,X_4\},\{X_5,X_6\},\{X_7,X_8\}\}=U|C$,故 C_2 可以省略。

$U|C-C_3=\{\{X_1,X_3\},\{X_2,X_4\},\{X_5,X_6\},\{X_7,X_8\}\}=U|C$,故 C_3 可以省略。

$U|C-C_4=\{\{X_1,X_3\},\{X_2,X_4\},\{X_5,X_6\},\{X_7,X_8\}\}=U|C$,故 C_4 可以省略。

由此可知,属性 C_1,C_2,C_3,C_4 全部可以单独省略,但不一定可以同时省略,下面讨论同时省略两个属性的情况：

$U|C-\{C_1,C_2\}=\{\{X_1,X_3,X_5,X_6\},\{X_2,X_4\},\{X_7,X_8\}\}\neq U|C$,
故 C_1,C_2 不可以同时省略。

$U|C-\{C_1,C_3\}=\{\{X_1,X_3\},\{X_2,X_4,X_5,X_6\},\{X_7,X_8\}\}\neq U|C$,
故 C_1,C_3 不可以同时省略。

$U|C-\{C_1,C_2\}=\{\{X_1,X_3,X_5,X_6\},\{X_2,X_4\},\{X_7,X_8\}\}\neq U|C$,
故 C_1,C_2 不可以同时省略。

$U|C-\{C_1,C_4\}=\{\{X_1,X_3\},\{X_2,X_4\},\{X_5,X_6\},\{X_7,X_8\}\}=U|C$,
故 C_1,C_4 可以同时省略。

同理可知：C_2,C_4 可同时省略,C_3,C_4 可同时省略。

因此,得到信息表有三个最简属性约简：$\{C_1,C_2\}$,$\{C_1,C_3\}$ 和 $\{C_2,C_3\}$,从而可得到信息系统的三个最简约简如表 7.3 所示。

表 7.3　三个最简约简的形式

$U\mid C$	C_1	C_2	C_1	C_3	C_2	C_3
$\{X_1,X_3\}$	1	1	1	1	1	1
$\{X_2,X_4\}$	1	2	1	2	2	2
$\{X_5,X_6\}$	2	2	2	1	2	1
$\{X_7,X_8\}$	3	3	3	3	3	3

7.3.2　知识的依赖性度量和属性的重要度

令 $K=(U,R)$ 为知识库,且 $P,Q\subseteq R$,知识的依赖性为:

$$k = \gamma_p(Q) = \mathrm{card}(\mathrm{pos}_p(Q))/\mathrm{card}(U) \tag{7.11}$$

其中,$\mathrm{pos}_p(Q)=\bigcup \underline{R}(X),X\in U\mid \mathrm{ind}(Q)$,由该公式可知:知识 Q 是 k 度依赖于 P 的 $(0\leqslant k\leqslant 1)$,记作 $P\Rightarrow kQ$,这里 $\mathrm{card}(\mathrm{pos}_p(Q))$ 表示了根据 P,U 中一定能归入 Q 的元素的数目。当 $k=1$ 时,称 Q 是完全依赖于 P 的;当 $0<k<1$ 时,称 Q 是粗糙(部分)依赖于 P 的;当 $k=0$ 时,称 Q 是完全独立于 P 的。

上面描述的观点也可解释为对象分类的能力。准确地说,当 $k=1$ 时,论域的全部元素都可通过知识 P 划入 $U\mid C$ 的初等范畴;当 $k\neq 1$ 时,只有属于正域的元素可以通过 P 划入知识 Q 的范畴;特别地,当 $k=0$ 时,论域中没有元素能通过 P 划入 Q 的初等范畴。

属性重要度:定义属性 a 对 R 的重要度为 a 加入 R 后对于分类 $U/\mathrm{ind}(P)$ 的重要程度

$$\mathrm{SGF}(a,R,P) = \gamma_R(P) - \gamma_{R-\{a\}}(P) \tag{7.12}$$

其中 $\gamma_{R-\{a\}}(P)$ 表示在 R 中缺少属性 a 之后,R 与 P 之间的依赖程度。$\mathrm{SGF}(a,R,P)$ 表示 R 中缺少属性 a 后,导致不能被准确分类的对象在系统中所占的比例。

$\mathrm{SGF}(a,R,P)$ 的性质:$\mathrm{SGF}(a,R,P)\in[0,1]$。若 $\mathrm{SGF}(a,R,P)=0$,表示属性 a 关于 P 是可省的;若 $\mathrm{SGF}(a,R,P)\neq 0$,表示属性 a 关于 P 是不可省的。属性 a 的重要性是相对而言的,它依赖于属性集 P 和 R。

例 7.3　分析表 7.4 所示的关于汽车的知识表达系统的属性集合 Q 对于 P 的信息依赖性。

表 7.4　关于汽车的知识表达系统

U 小车	a 类型	b 机型	c 颜色	d 速度	e 加速
1	中	柴油	灰色	中	差
2	小	汽油	白色	高	极好
3	大	柴油	黑色	高	好
4	中	汽油	黑色	中	极好
5	中	柴油	灰色	低	好
6	大	丙烷	黑色	高	好
7	大	汽油	白色	高	极好
8	小	汽油	白色	低	好

首先通过数据预处理，进行属性离散化操作。条件属性离散化处理的规则如下所示。

类型：小 0，中 1，大 2。

机型：柴油 0，汽油 1，丙烷 2。

颜色：黑色 0，白色 1，灰色 2。

决策属性离散化处理的规则如下所示。

速度：低 0，高 1，中 2。

加速：差 0，好 1，极好 2。

可以得到离散化的决策表，如表 7.5 所示。

表 7.5　关于汽车的离散化知识表达系统

U	a	b	c	d	e	U	a	b	c	d	e
1	1	0	2	2	0	5	1	0	2	0	1
2	0	1	1	1	2	6	2	2	0	1	1
3	2	0	0	1	1	7	2	1	1	1	2
4	1	1	0	2	2	8	0	1	1	0	1

考察条件属性 $P=\{a,b,c\}$ 和决策属性 $Q=\{d,e\}$ 之间的信息依赖性。

$$U=\{1,2,3,4,5,6,7,8\},$$
$$U|P=\{\{1,5\},\{2,8\},\{3\},\{4\},\{6\},\{7\}\},$$
$$U|Q=\{\{1\},\{2,7\},\{3,6\},\{4\},\{5,8\}\},$$

首先计算 Q 对于 P 的依赖度。

因为

$$\underline{Q}\{1\}=\Phi, \quad \underline{Q}\{2,7\}=\{7\}, \quad \underline{Q}\{3,6\}=\{3\}\bigcup\{6\}, \quad \underline{Q}\{4\}=\{4\}, \quad \underline{Q}\{5,8\}=\Phi,$$

故

$$\mathrm{pos}_p(Q)=\{7\}\bigcup\{3\}\bigcup\{6\}\bigcup\{4\}=\{3,4,6,7\},$$
$$\mathrm{card}(\mathrm{pos}_p(Q))=4, \gamma_p(Q)=4/8=0.5$$

属性重要度计算：

$$\mathrm{pos}_{p-\{a\}}(Q)=\{3,4,6\}, \quad \mathrm{pos}_{p-\{b\}}(Q)=\{3,4,6,7\}, \quad \mathrm{pos}_{p-\{c\}}(Q)=\{3,4,6,7\},$$

故

$$\gamma_{p-\{a\}}(Q)=3/8=0.375, \quad \gamma_{p-\{b\}}(Q)=4/8=0.5, \quad \gamma_{p-\{c\}}(Q)=4/8=0.5$$

因此

$$\gamma_p(Q)-\gamma_{p-\{a\}}(Q)=0.5-0.375=0.125,$$
$$\gamma_p(Q)-\gamma_{p-\{b\}}(Q)=0.5-0.5=0,$$
$$\gamma_p(Q)-\gamma_{p-\{c\}}(Q)=0.5-0.5=0,$$

属性 a、b、c 的重要度分别为 0.125、0、0，可见属性 a 的重要度最大。

7.4　基于粗糙集的决策知识表示

7.4.1　基于粗糙集的决策知识表示方法

粗糙集理论除了给出了对知识（或数据）的约简和求核的方法外，还提供了从决策表中抽取规则的能力,机器学习和从数据库中的知识发现就是基于这个能力。这个方法可以在保持决策一致的条件下将多余属性删除。

基于粗糙集理论的观点,知识表示系统可表示为 $S=<U,A,V,f>$,其中,U 为对象的非空有限集合;A 为属性的非空有限集合;V 为属性的值域集;f 为信息函数($f:U\times A\rightarrow V$)。如果 $A=C\cup D,C\cap D\neq\Phi,C$ 为条件属性集,D 为决策属性集,则知识表达系统又称为决策系统,有时用($U,C\cup D$)表示。在决策表中,列表示属性,行表示对象,并且每行表示该对象的一条信息。可以看出,一个属性对应一个等价关系,一个表可以看作是定义的一族等价关系。

令 X 是 U 中根据条件属性 C 可定义的分类,Y 是 U 中根据决策属性 D 定义的分类,对于每个 $x_i,y_i\in U$,定义一个函数 d_x:$\text{des}_C(x_i)=\text{des}_D(y_i)$,其中,对于 $x_i\in X,y_i\in Y,x_i\cap y_i\neq\Phi$。

函数 d_x 称为决策表 T 中的决策规则,决策表中集合 U 的元素不表示任何实际的事物,只是决策规则的标识符。当 d_x 为决策规则时,d_x 对于 C 的约束记作:$d_x|C,d_x$ 对于 D 的约束记作 $d_x|D,d_x|C$ 和 $d_x|D$ 分别称为 d_x 的条件和决策。

如果对于每个 $y\neq x,d_x|C=d_y|C$ 意味着 $d_x|D=d_y|D$,则称决策规则 d_x 是协调的,否则称为是不协调的;只有当所有的决策规则都是协调的时候,决策表才是协调的,否则决策表是不协调的。

下面介绍决策表中属性的一些性质:

命题 4 当且仅当 $C\Rightarrow D$ 时,称决策表 $T=(U,A,C,D)$ 是协调的。

由命题 4 很容易通过计算条件属性和决策属性间的依赖程度来检查协调性。当依赖程度等于 1 时,决策表是协调的,否则不协调。

命题 5 每个决策表 $T=(U,A,C,D)$ 都可以唯一地分解成为两个决策表 $T_1=(U_1,A,C,D)$ 和 $T_2=(U_2,A,C,D)$,这样使得表 T_1 中 $C\Rightarrow_1 D$ 和表 T_2 中 $C\Rightarrow_2 D$。这里 $U_1=\text{pos}_C(D),U_2=\bigcup\text{bn}_C(X),X\in U|\text{ind}(C)$。

由命题 5 可见,假设已计算出条件属性和决策属性的依赖度,若表不协调,即依赖度小于 1,由命题 2 可以将表分解为两个子表:其中一个表完全不协调,依赖度为 0;另一个表则完全协调,依赖度为 1。当然,只有当依赖度大于 0 且不等于 1 时,这一分解才能进行。

从协调的决策表中可以抽出确定性规则,而从不协调的决策表中只能抽出不确定性的规则或可能性规则(有时也称为广义决策规则),这是因为在不协调的系统中存在着矛盾的事例。

决策表中的决策规则一般可以表示为形式 $\wedge(c,v)\rightarrow\vee(d,w)$。$\wedge(c,v)$ 称为规则的条件部分,而 $\vee(d,w)$ 称为规则的决策部分。决策规则即使是最优的也不一定唯一。

通过上面公式的计算,在决策表中抽取规则的一般方法为:

(1) 在决策表中将信息相同(即具有相同描述)的对象及其信息删除,只保留其中一个压缩后的信息表,即删除多余事例;

(2) 删除多余的属性;

(3) 对每一个对象及其信息中将多余的属性值删除;

(4) 求出最小约简;

(5) 根据最小约简,求出逻辑规则。

7.4.2 粗糙集在规则提取中的应用算例

例7.4 考虑表7.5表示的知识表达系统。这里$C=\{a,b,c\}$为条件属性,$D=\{d,e\}$为决策属性。

因

$$U|C=\{\{1,5\},\{2,8\},\{3\},\{4\},\{6\},\{7\}\},$$
$$U|D=\{\{1\},\{2,7\},\{3,6\},\{4\},\{5,8\}\},$$
$$\mathrm{pos}_C(D)=\{\{3\},\{4\},\{6\},\{7\}\},$$
$$\gamma_c(D)=4/8\neq1,$$

表明表7.5中的决策规则是不协调的。在表7.5中,$\mathrm{des}_C(1)=\{1,0,2\}\Rightarrow\mathrm{des}_D(1)=\{2,0\}$与$\mathrm{des}_C(5)=\{1,0,2\}=\mathrm{des}_D(5)=\{0,1\}$矛盾,故这个表中决策规则1、决策规则2是不协调的。根据命题,由$\mathrm{pos}_C(D)=\{\{3\},\{4\},\{6\},\{7\}\}$可将表7.5可以分解为表7.6和表7.7两个决策表。

表7.6 协调决策表

U	a	b	c	d	e	U	a	b	c	d	e
3	2	0	0	1	1	6	2	2	0	1	1
4	1	1	0	2	2	7	2	1	1	1	2

表7.7 不协调决策表

U	a	b	c	d	e	U	a	b	c	d	e
1	1	0	2	2	0	5	1	0	2	0	1
2	0	1	1	1	2	8	0	1	1	0	1

对于表7.6,因

$$U|C=\{\{3\},\{4\},\{6\},\{7\}\},$$
$$U|D=\{\{3,6\},\{4,7\}\},$$
$$\mathrm{pos}_C(D)=\{\{3\},\{4\},\{6\},\{7\}\},$$

故

$$r_C(D)=4/4=1$$

因此决策表7.6是协调的,表明决策表7.6中所有决策规则是协调的。

从协调决策表中,可以抽取得到四条最优决策规则,

$$(C1,2)\wedge(C2,0)\wedge(C3,0)\to(D1,1)\vee(D2,1)$$
$$(C1,1)\wedge(C2,1)\wedge(C3,0)\to(D1,2)\vee(D2,2)$$
$$(C1,2)\wedge(C2,2)\wedge(C3,0)\to(D1,1)\vee(D2,1)$$
$$(C1,2)\wedge(C2,1)\wedge(C3,1)\to(D1,1)\vee(D2,2)$$

其中$(C1,2)$表示条件属性集合中的第一个属性取值为2,即$a=2$;$(D1,1)$表示决策属性集合中的第一个属性取值为1,即$d=1$。

对于表 7.7,因为

$$U|C=\{\{1,5\},\{2,8\}\}, \quad U|D=\{\{1\},\{2\},\{5,8\}\}, \quad \text{pos}_C(D)=\Phi,$$

故

$$\gamma_C(D)=0/4=0\neq1$$

故决策表 7.7 是不协调的,表明决策表 7.7 中所有决策规则是不协调的。

7.5 小 结

本章介绍粗糙集的含义和基本理论,综述了粗糙集的广泛应用领域和存在的问题,同时介绍粗糙集理论与模糊集、证据理论、模糊推理、神经网络、遗传算法、自动控制之间的交叉关系;对于粗糙集的两个核心内容——无决策的分析(数据压缩、约简、聚类与机器发现等)和有决策的分析(决策分析、规则提取等)进行了详细介绍;最后详细介绍粗糙集两类主要的应用,即基于粗糙集的属性约简以及决策知识表示。

思 考 题

1. 解释粗糙集含义。
2. 解释知识与不可分辨关系。
3. 解释不精确范畴、近似与粗糙集。
4. 解释粗糙集的精度和粗糙度和粗糙集的粗等价和粗包含。
5. 解释知识的约简和核和知识的依赖性度量和属性的重要度。
6. 说明粗糙集理论的应用及与其他领域的结合。
7. 应用粗糙集方法实现属性约简。
8. 应用粗糙集方法决策知识表示。

第8章 遗传算法与应用

本章给出遗传算法概念和理论来源，介绍遗传算法的应用领域和研究方向，解释遗传算法的相关概念、编码规则、三个主要算子和适应度函数，描述遗传算法计算过程和参数选择的准则，最后给出遗传算法的实例应用。

8.1 遗传算法基础理论

8.1.1 遗传算法概述

生物在自然界中的生存繁衍，显示出了其对自然环境的优异自适应能力。受其启发，人们致力于对生物各种生存特性的机理研究和行为模拟，为人工自适应系统的设计和开发提供了广阔的前景。遗传算法(Genetic Algorithm, GA)就是这种生物行为的计算机模拟中令人瞩目的重要成果。基于对生物遗传(Heredity)和进化(Evolution)过程的计算机模拟，通过遗传算法使各种人工系统具有优良的自适应能力和优化能力。遗传算法所借鉴的生物学基础就是生物的遗传和进化。

世间的生物从其双亲继承特性或性状，这种生命现象就称为遗传，研究这种生命现象的科学称为遗传学(Genetics)。由于遗传的作用，使得人们可以种瓜得瓜、种豆得豆，也使得鸟儿仍然是在天空中飞翔，鱼儿仍然是在水中遨游。

而另一种生命现象进化则是生物在其延续生存的过程中，逐渐适应于其生存环境。使得其品质不断得到改良。生物的进化是以集团的形式共同进行的，这样的一个团体称为群体(Population)，组成群体的单个生物称为个体(Individual)，每一个个体对其生存环境都有不同的适应能力，这种适应能力称为个体的适应度(Fitness)，这是达尔文(Darwin)的自然选择学说(Natural Selection)的中心思想，它构成了现代进化论的主体。

虽然人们还未完全揭开遗传与进化的奥秘，既没有完全掌握其机制，也不完全清楚染色体(Chromosome)编码和译码过程的细节，更不完全了解其控制方式，但遗传与进化的以下几个特点却为人们所共识：

(1) 生物的所有遗传信息都包含在其染色体中，染色体决定了生物的性状；

(2) 染色体是由基因从其有规律的排列所构成的，遗传和进化过程发生在染色体上；

(3) 生物的繁殖过程是由其基因(Gene)的复制来完成的；

(4) 通过同源染色体之间的交叉或染色体的变异会产生新的物种，使生物呈现新的性状；

(5) 对环境适应性好的基因或染色体经常比适应性差的基因或染色体有更多的机会遗传到下一代。

遗传算法是一类借鉴生物界的进化规律(适者生存，优胜劣汰遗传机制)演化而来的随机搜索算法，其基本思想来源于 Darwin 的进化论和 Mendel 的遗传学说。它是由美国 Michigan 大学的 J. Holland 教授在 1975 年首先提出的，20 世纪 70 年代 De Jong 基于遗传算法的思想在计算机上进行了大量的纯数值函数优化及实验。在一系列研究工作的基础上，20 世纪 80 年代由 Goldberg 进行归纳总结，形成了遗传算法的基本框架。利用基因变异、杂交、繁殖等手段，根据达尔文的适者生存，优胜劣汰的理论选择最优点进行变异和杂交，从而繁殖产生新的后代，这些都是建立在概率的基础之上。现已广泛应用于计算机科学、人工智能、信息技术及工程实践。在工业、经济管理、交通运输、工业设计等不同领域，成功解决了许多问题。例如，可靠性优化、流水车间调度、作业车间调度、机器调度、设备布局设计、图像处理以及数据挖掘等。遗传算法作为一类自组织与自适应的人工智能技术，尤其适用于处理传统搜索方法难以解决的复杂的和非线性的问题。如著名的旅行商问题（Traveling Salesman Problem，TSP）、背包问题、排课问题等。

8.1.2 遗传算法特点

遗传算法作为一种新型的、模拟生物进化过程的随机化搜索方法，在各类结构对象的优化过程中显示出比传统优化方法更为独特的优势和良好的性能。因为 GA 利用了生物进化和遗传的思想，所以它有许多与传统优化算法不同的特点：

（1）搜索过程不直接作用在变量上，而是作用于由参数集进行了编码的个体上。此编码操作使遗传算法可直接对结构对象进行操作。

（2）搜索过程是从一组解迭代到另一组解，采用同时处理群体中多个个体的方法，降低了陷入局部最优解的可能性，并易于并行化。

（3）采用概率的变迁规则来指导搜索方向，不采用确定性搜索规则。

（4）对搜索空间没有任何特殊要求，只利用适应度信息，不需要其他辅助信息，适应范围更广。

（5）对给定问题，可以产生许多的潜在解，最终选择可以由使用者确定。

GA 的优越性主要表现在：首先，它在搜索过程中不容易陷入局部最优，即使在所定义的适应值函数是不连续的、非规则的或有噪声的情况下，它也能以很大的概率找到整体最优解；其次，由于它固有的并行性，GA 非常适用于大规模并行计算机。遗传算法提供了一种求解复杂系统优化问题的通用框架，它不依赖于问题的具体领域，对问题的种类有很强的鲁棒性，所以广泛应用于很多学科。

8.2　遗传算法的应用领域和研究方向

8.2.1　遗传算法的应用领域

1. 函数优化

函数优化是遗传算法的经典应用领域，也是对遗传算法进行性能评价的常用算例。很多人构造出了各种各样的复杂形式的测试函数，有连续函数也有离散函数，有凸函数也有凹函数，有低维函数也有高维函数，有确定函数也有随机函数，有单峰值函数也有多峰值函数等,用这些几何特性各具特色的函数来评价遗传算法的性能,更能反映算法的本质效果。而对于一些非线性、多模型、多目标的函数优化问题,用其他优化方法较难求解,而遗传算法却可以方便地得到较好的结果。

2. 组合优化

随着问题规模的增大,组合优化问题的搜索空间也急剧扩大,有时在目前的计算机上用枚举法很难或甚至不可能求出其精确最优解。对这类复杂问题,人们已意识到应把主要精力放在寻求其满意解上,而遗传算法是寻求这种满意解的最佳工具之一。实践证明,遗传算法已经在求解旅行商问题、背包问题、装箱问题、布局优化、图形划分问题等各种具有 NP 难度的问题中得到成功的应用。

3. 生产调度

生产调度问题在很多情况下建立起来的数学模型难以精确求解,即使经过一些简化之后可以进行求解,也会因简化得太多而使得求解结果与实际相差甚远。目前在现实生产中主要是靠一些经验来进行调度。现在遗传算法已成为解决复杂调度问题的有效工具,在单件生产、车间调度、流水线生产间调度、生产规划、任务分配等方面遗传算法都得到了有效的应用。

4. 自动控制

在自动控制领域中有很多与优化相关的问题需要求解,遗传算法已在其中得到了初步的应用,并显示出良好的效果。例如用遗传算法进行航空控制系统的优化、使用遗传算法设计空间交会控制器、基于遗传算法的模糊控制器的优化设计、基于遗传算法的参数辨识、基于遗传算法的模糊控制规则的学习、利用遗传算法进行人工神经网络的结构优化设计和权值学习等,都显示出了遗传算法在这些领域中应用的可能性。

5. 机器人

机器人是一类复杂的难以精确建模的人工系统,而遗传算法的起源就来自于人工自适应系统的研究。所以,机器人理所当然地成为遗传算法的一个重要应用领域。例如,遗传算法已经在移动机器人路径规划、关节机器人运动轨迹规划、机器人逆运动学求解、细胞机器人的结构优化和行为协调等方面得到研究和应用。

6. 图像处理

图像处理是计算机视觉中的一个重要研究领域。在图像处理过程中,如扫描、特征提取、图像分割等不可避免地会存在一些误差,从而影响图像的效果,如何使这些误差最小是使计算机视觉达到实用化的重要要求。遗传算法在这些图像处理中的优化计算方面找到了用武之地,目前已在模式识别(包括汉字识别)、图像恢复、图像边缘特征提取等方面得到了应用。

7. 人工生命

人工生命是用计算机、机械等人工媒体模拟或构造出的具有自然生物系统特有行为的人造系统。自组织能力和自学习能力是人工生命的两大主要特征。人工生命与遗传算法有着密切的关系。基于遗传算法的进化模型是研究人工生命现象的重要基础理论,虽然人工生命的研究尚处于启蒙阶段,但遗传算法已在其进化模型、学习模型、行为模型、自组织模型等方面显示出了初步的应用能力,并且必将得到更为深入的应用和发展。人工生命与遗传算法相辅相成,遗传算法为人工生命的研究提供一个有效的工具,人工生命的研究也必将促进遗传算法的进一步发展。

8. 遗传编程

1989 年美国 Standford 大学的 Koza 教授发展了遗传编程的概念,其基本思想是:采用树状结构表示计算机程序,运用遗传算法的思想,通过自动生成计算机程序来解决问题。虽然遗传编程的理论尚未成熟,应用也有一些限制,但它已成功地应用于人工智能、机器学习等领域,目前公开的遗传编程实验系统有十多个,例如,Koza 开发的 ADF 系统,White 开发的 GPELST 系统等。

9. 机器学习

学习能力是高级自适应系统所具备的能力之一,基于遗传算法的机器学习,特别是分类器系统,在很多领域中都得到了应用。例如,遗传算法被用于学习模糊控制规则,利用遗传算法来学习隶属度函数,从而更好地改进了模糊系统的性能;基于遗传算法的机器学习可用来调整人工神经网络的连接权,也可用于人工神经网络结构优化设计;分类器系统也在学习式多机器人路径规划系统中得到了成功的应用。GA 较为适合维数很高、总体很大、环境复杂、问题结构不十分清楚的场合,机器学习就属这类情况。一般的学习系统要求具有随时间推移逐步调整有关参数或者改变自身结构以更加适应其环境,更好完成目标的能力。由于其多样性与复杂性,通常难以建立完善的理论以指导整个学习过程,从而使传统寻优技术的应用受到限制,而这恰好能使 GA 发挥其长处。

10. 数据挖掘

数据挖掘是近几年出现的数据库技术,它能够从大型数据库中提取隐含的、先前未知的、有潜在应用价值的知识和规则。许多数据挖掘问题可视为搜索问题,数据库视为搜索空间,挖掘算法视为搜索策略。因此,应用遗传算法在数据库中进行搜索,对随机产生的一组规则进行进化,直到数据库能被该组规则覆盖,从而挖掘出隐含在数据库中的规则。遗传算法已经成为数据挖掘的有效方法之一。

11. 复杂性科学

在复杂性问题的研究中,GA 也崭露头角,备受青睐。什么叫复杂性问题,各家看法不一。共同认识还是有的,即复杂性问题应是多层次、多因素,其相互作用是非线性、不确定和不稳定的,这样的学习问题自然属复杂性研究的范畴。事实上,在复杂系统例如适应性系统学习策略的研究中,GA 占重要地位。由于介质参数的模型非常大,同时观测数据不完备、噪音的存在、源的情况复杂且未知,很难用传统的方法求得目标函数的全局最优值,而只能求一定意义下的"满意解"。这时,可供选择的方法之一自然是 GA。

12. 运筹学

由于某些原因,如维数太高或计算量太大,依靠传统方法实际上难以求解。运筹学中许多排序问题,如旅行商问题、工序安排、设备布置等都属此类。GA 被称为对当前运筹学有巨大兴趣的课题。GA 的崛起,对运筹学无疑是一个有力的推动。

13. 商业应用

GA 的商业应用覆盖面其广,通用电器的计算机辅助设计系统 Engeneous 是一个混合系统(Hybrid System),它采用 GA 以及其他传统的优化技术作为寻优手段。Engeneous 已成功地应用于汽轮机设计,并改善了新的波音 777 发动机的性能。美国新墨西哥州州立大学心理学系开发了一个所谓的 Faceprint 系统,可根据目击者的印象通过计算机生成嫌疑犯的面貌。计算机在屏幕上显示出 20 种面孔,目击者按十分制给这些面孔评分。在这基础上,GA 按通常的选择、交换和变异算子生成新的面孔。Faceprint 的效果很好,已申报专利。同一个州的一家企业-预测公司(The Prediction Company)则首先开发了一组用于金融交易的时间序列预测和交易工具,其中 GA 起了重要作用,据说,这一系统实际运行效果很好,可以达到最好的交易员的水平,引起银行界的关注。GA 在军事上的应用也有报道:如用于红外线图像目标判别的休斯遗传程序系统(Hughes Genetic Programming System),效果很好,以致准备把它固化成硬件。

8.2.2　遗传算法的研究方向

遗传算法是多学科结合与渗透的产物,已经发展成一种自组织、自适应的综合技术,广泛应用在计算机科学、工程技术和社会科学等领域。

其研究工作主要集中在以下几个方面:

(1)基础理论、数学模型。遗传算法的理论基础、数学模型主要集中于对算法的收敛性、复杂性、收敛速度的研究上。在遗传算法中,群体规模和遗传算子的控制参数的选取非常困难,但它们又是必不可少的试验参数。遗传算法还有一个过早收敛的问题,怎样阻止过早收敛也是正在研究的问题之一。

(2)分布并行遗传算法。遗传算法在操作上的突出特点是具有高度的并行性,许多研究人员都在探索在并行机和分布式系统上高效执行遗传算法的策略。对分布并行遗传算法的研究表明,只要通过保持多个群体和恰当控制群体间的相互作用来模拟并行执行过程,即使不使用并行计算机,也能提高算法的执行效率。

(3)分类系统。分类系统属于基于遗传算法的机器学习中的一类,包括基于串规则的并行生成子系统、规则评价子系统和遗传算法子系统。分类系统越来越多地应用在科学、工程和经济领域中,是目前遗传算法研究中一个十分活跃的领域。

(4)遗传神经网络。遗传算法与神经网络相结合,正成功地用于从时间序列分析来进行财政预算。在这些系统中,信号是模糊的,数据是有噪声的,一般很难正确给出每个执行的定量评价。如果采用遗传算法,就能克服这些困难,显著提高系统性能。

(5)借鉴自然现象提出新的算法模型。从生物进化或自然界的各种现象中获得新的启发,提出新的方法,或对现有的算法进行改进,如二倍体显性技术、小生境技术等。

(6)遗传算法的应用研究。这是遗传算法的主要方向,开发遗传算法的商业软件、开拓更广泛的遗传算法应用领域是今后应用研究的主要任务。

遗传算法被认为是 21 世纪有关智能计算中的关键技术之一,是一个十分活跃的研究领域,正在从理论的深度、技术的多样化以及应用的广度不断地探索,朝着计算机拥有甚至超过人类智能的方向努力。尽管它在实际应用中取得了巨大成功,但其鲜明的生物特征使得在数学基础方面相对不完善,主要表现为:缺乏广泛而又完整的遗传算法收敛性理论,Holland 的模式定理尚不能清楚解释遗传算法在非二进制形式表示情况下的应用,用遗传算法解决实际问题的时间复杂性往往较高。这些不足严重阻碍了遗传算法的应用推广。

8.3 遗传算法的基础知识

8.3.1 遗传算法的相关概念

遗传算法效法于自然选择的生物变化,是一种模仿生物进化过程的随机方法,因此下面几个关于生物学的基本概念与术语对理解遗传算法是非常重要的。

(1)染色体:是生物细胞中含有的一种微小的丝状化合物。它是遗传物质的主要载体,由多个遗传因子—基因组成。

(2)遗传因子:DNA 或 RNA 长链结构中占有一定位置的基本遗传单位,也称为基因。

(3)个体:指染色体带有特征的实体,在问题简化的情况下可代表染色体。

(4)种群:染色体带有特征的个体的集合称为种群,该集合内个体数称为群体的大小。有时个体的集合也称为个体群。

(5)进化:生物在其延续生存的过程中,逐渐适应其生存环境,使其品质不断得到改良,这种生命现象称为进化。生物的进化是以种群的形式进行的。

(6)适应度:在研究自然界中生物的遗传和进化现象时,生物学家使用适应度这个术语来度量某个物种对于生存环境的适应程度。对环境适应程度高的物种将获得更多的繁殖机会,而对生存环境适应程度较低的物种,其繁殖的机会就相对较少,甚至逐渐灭绝。

8.3.2 遗传算法的编码规则

编码机制(Encoding Mechanism)是 GA 的基础,编码是遗传算法要解决的首要问题。GA 不是对研究对象直接进行讨论,而是通过某种编码机制把对象统一赋予由特定符号(字母)按一定顺序排成的串(String)。将问题的解转换成基因序列的过程称为编码(Encoding)。反之,将基因转换成问题的解的过程成为解码(Decoding)。对 GA 的码可以有十分广泛的理解。在优化问题方面,一个串对应于一个可能解;在分类问题方面,串可以解释为一个规则,即串的前半部为输入或前件,后半部为输出或后件、结论等。对于任何应用遗传算法解决实际问题,都必须将解的表达方法和相关问题领域的特性结合起来分析考虑,这也正是 GA 有广泛应用的重要原因。编码空间与解空间如图 8.1 所示。

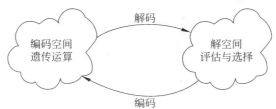

图 8.1　编码空间与解空间

从图 8.1 可见,遗传算法的一个显著特点是它交替地在编码空间和解空间中工作,它在编码空间对染色体进行遗传运算(交叉、变异),而在解空间对解进行评估和选择,自然选择联结了染色体和它所表达的解的性能。

当用遗传算法求解问题时,必须在问题空间和对遗传算法的个体基因结构之间建立联系,即确定编码和解码方案。一般来说,由于遗传算法计算过程的鲁棒性,它对编码的要求并不苛刻,但编码的策略对于遗传算子,尤其是对交叉和变异算子的功能和设计有很大的影响。评估编码机制一般采用以下三个规范:

(1) 完备性(Completeness):问题空间中的所有点(候选解)都能作为 GA 空间中的点(染色体)表现;

(2) 健全性(Soundness):GA 空间中的染色体能对应所有问题空间中的候选解;

(3) 非冗余性(Nonredundancy):染色体和候选解一一对应。

下面介绍几种常见的编码机制。

1. 二进制编码

二进制编码的采用得到了 Holland 早期理论结果(Schema 定理、最小字母表原理)的支持,它是遗传算法中最常用的一种编码方法。它具有下列一些优点:

(1) 编码、解码操作简单易行;

(2) 交叉、变异操作便于实现;

(3) 符合最小字符集编码原则;

(4) 便于利用模式定理对算法进行理论分析。

当然它也有许多不足之处。

2. 格雷码编码

对于一些连续优化问题,二进制编码由于遗传算法的随机特性而使其局部搜索能力较差。为改进这一特性,人们提出用格雷码进行编码。格雷码编码方法是二进制编码方法的一种变形。它是这样的一种编码方法,其连续的两个整数所对应的编码值之间仅仅只有一个码位是不相同的,其余位都完全相同。假设有一个二进制码为 $B=b_m b_{m-1} \cdots b_2 b_1$,其对应的格雷码为 $G=g_m g_{m-1} \cdots g_2 g_1$,则:

$$\begin{cases} g_m = b_m \\ g_i = b_{i+1} \oplus b_i \quad i = m-1, m-2, \cdots, 1 \end{cases} \tag{8.1}$$

格雷码有这样一个特点:任意两个整数的差是这两个整数所对应的格雷码之间的汉明距离,这一特点是遗传算法中使用格雷码来进行个体编码的主要原因。格雷码除了具有二进制编码的优点外,还能提高遗传算法的局部搜索能力。

3. 实数编码

对于一些多维、高精度要求的连续函数优化问题,使用二进制编码来表示个体将会带来一些不利,例如,二进制编码存在着连续函数离散化时的映射误差,同时不便于反映所求问题的特定知识。为了克服这些缺点,人们提出实数编码方法,即个体的每个基因值用实数表示。实数编码方法的优点如下:

(1) 适合遗传算法中表示范围较大的数;

（2）便于较大空间的遗传搜索；

（3）提高了遗传算法的精度要求；

（4）改善了遗传算法的计算复杂性，提高了运算效率；

（5）便于算法与经典优化方法的混合作用；

（6）便于设计专门问题的遗传算子。

4. 符号编码

符号编码是指染色体编码串中的基因值取自一个无数值含义，而只有代码含义的符号集。这些符号可以是字符，也可以是数字。例如，对于旅行商问题，假设有 n 个城市分别记为 C_1，C_2，$\cdots$，C_n，则 $[C_1，C_2，\cdots，C_n]$ 就可构成一个表示旅行路线的个体。符号编码的主要优点是便于在遗传算法中利用所求问题的专门知识及相关算法。

如果采用非二进制编码，那么关于染色体编码与问题解之间的关系，存在三个关键问题：

（1）染色体的可行性；

（2）染色体的合法性；

（3）映射的唯一性。

可行性是指染色体编码成为解之后是否在给定问题的可行域内。染色体的可行性概念源于约束优化问题，无论是传统方法还是遗传算法都必须满足约束。对于许多优化问题，可行域是用等式或不等式组来表达的。在这种情况下，许多有效的惩罚法可用来消除不可行的染色体。在约束优化问题中，最优点通常位于可行域的边界上，惩罚法将迫使遗传搜索从可行域和不可行域两边同时逼近最优点。

合法性是指染色体编码是否代表给定问题的一个解。染色体的合法性概念源于编码技术。许多组合优化问题采用了问题专用的编码方法，这些编码方法采用单断点交叉可能会获得非法的后代。由于非法的染色体不能成为解，这样的染色体不能进行评估，因此惩罚法就无法适用。这种情况下，通常采用修复方法，将非法染色体转换为合法染色体。例如，著名的部分映射交叉算子（Partially Matched Crossover，PMX）就是为解决单断点交叉的非法性而提出的一种将替代编码和修复技术结合起来的双断点交叉方法。

此外，为了缓解二进制编码带来的"组合爆炸"和 GA 的早熟收敛问题，出现了多值编码、实值编码、区间值编码、Delta 编码、对称编码、独立编码和十进制编码。

8.3.3 遗传算法的主要算子

遗传算子最重要的算子有三种：选择（Selection）、交叉（Crossover）、变异（Mutation）。选择体现"适者生存"的原理，通过适应值选择优质个体而抛弃劣质个体。交叉能使个体之间的遗传物质进行交换从而产生更好的个体。变异能恢复个体失去的或未开发的遗传物质，以防止个体在形成最优解过程中过早收敛。

1. 选择算子

选择算子也称复制（Reproduction）算子、繁殖算子。它的作用在于根据个体的优劣程度决定它在下一代是被淘汰还是被复制。一般地说，通过选择，将使适应度高即优良的个体有较大的存在机会，而适应度低即低劣的个体继续存在的机会也较小。选择操作的主要目的是为了避免基因缺失、提高全局收敛性和计算效率。

选择是遗传算法的推动力。选择压力是一个内含的准则，压力过大搜索会过早终止；压力过小搜索又会不必要地缓慢。一般说来，算法的初始阶段宜采用低的选择压力，这有利于扩展搜索空间；而在终止阶段采用较高的选择压力，这有利于找到最好的解域，这样选择就能将遗传搜索引向最优解。选择操作的任务就是按某种方法从父代群体中选取一些个体，遗传到下一代群体。选择包括两个基本方面。

（1）选择空间：选择过程可以基于全部或者部分双亲和后代来产生下一代的新种群。令 PopSize 为种群的大小，OffSize 为每代产生的后代数。一般的选择空间的大小为 PopSize，含有所有后代和部分双亲。扩大的选择空间的大小为 PopSize＋OffSize，含有所有后代和双亲。

（2）选择算子：选择算子是关于如何从选择空间中选择染色体的理论，一般有赌盘选择（Roulette Wheel Selection）、确定选择、混合选择。三种不同种类的选择算子在特定的领域各有千秋。

① 赌盘选择，又称比例选择方法。其基本思想是：各个个体被选中的概率与其适应度大小成正比。在遗传算法中，整个群体被各个个体所分割，各个个体的适应度在全部个体的适应度之和中所占比例也大小不一，这个比例值瓜分了整个赌盘盘面，它们也决定了各个个体被遗传到下一代群体中的概率。显然，个体适应度越高，被选中的概率越大。

按个体适应度在整个群体适应度中所占的比例确定该个体的被选择概率。若设种群数为 N，个体 i 的适应度为 $f(i)$，则可计算出个体 i 被选取的概率 P_i 和该个体的累计概率 Q_i，该累计概率和产生 $[0,1]$ 之间的均匀随机数 r 比较决定哪个个体参加交配。个体 i 选择概率 P_i 和累计概率 Q_i 的计算公式为：

$$P_i = \frac{f(i)}{\sum\limits_{i=1}^{N} f(i)}; \quad Q_i = \sum\limits_{j=1}^{i} P_j \quad (j = 1, 2, \cdots, i) \tag{8.2}$$

如果 $r \leqslant Q_1$，就选第 1 个个体，否则选第 i 个个体，第 i 个个体满足 $Q_{i-1} \leqslant r \leqslant Q_i$。

图 8.2 为选择概率区间示意图，用数轴可表示为在数轴上的 $[0,1]$ 区间上，分为 N 个区间：第 1 个区间为 $[0, P_1]$ 即 $[0, Q_1]$，第 2 个区间为 $[P_1, P_1+P_2]$ 即 $[Q_1, Q_2]$……第 i 个区间为 $\left[\sum\limits_{j=1}^{i-1} P_j, \sum\limits_{j=1}^{i} P_j\right]$ 即 $[Q_{i-1}, Q_i]$……第 N 个区间为 $\left[\sum\limits_{j=1}^{N-1} P_j, 1\right]$ 即 $[Q_{N-1}, 1]$。

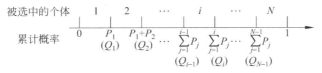

图 8.2　选择概率区间示意图

图 8.3 是一个简单的赌盘选择的例子，对 4 个个体使用一次赌盘选择的方式进行选择，选取概率 P 为（13％，35％，15％，37％）。随机数为 0.67 落在了个体 4 的段内，本次选择了个体 4。

② 随机遍历抽样法（Stochastic Universal Sampling）。这种方法提供了零偏差和最小个体扩展。设定需要选择的个体数目为 n，等距离选择个体，选择指针距离为 $1/n$，第一个指

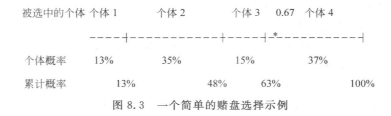

被选中的个体	个体 1	个体 2	个体 3	0.67	个体 4
个体概率	13%	35%	15%		37%
累计概率	13%	48%	63%		100%

图 8.3　一个简单的赌盘选择示例

针的位置由$[0,1/n]$区间的均匀随机数决定。

③ 截断选择法（Truncation Selection）。个体按适应度由高到低排序，只有在截断阈值之上的个体才被选择，其中截断阈值是指被选的百分比，取值范围为 50%～10%，在阈值之外的个体不能产生子个体。这种方法是一种人工选择方法，适合大种群。

④ 锦标赛选择法（Tournament Selection）。这种方法随机地选择 n 个个体（n 为竞赛规模），然后选择最好的个体作为父个体，重复选取直到选择所需数目的父个体。

不同的选择方法的行为是有差别的，基本遗传算法达到收敛的世代数和选择强度成反比，较高的选择是很好的选择方法，但太高会导致收敛太快，解的质量差。最小限度的种群大小往往依赖于目标函数的维数和选择强度，而选择强度又与选择参数（如选择压力、截断阈值、竞争赛规模）有关。锦标赛选择法只能赋离散值，线性排序选择法只允许较小区间值的选择强度。截断选择会导致比排序选择和锦标赛选择更高的多样性损失。排序选择与锦标赛选择比较相似，但是排序选择往往用在锦标赛选择法因其离散性不能发挥作用的场合。对于同样的选择强度，截断选择的选择方差比排序选择和锦标赛选择小。

2. 交叉算子

交叉算子又称重组（Recombination）、配对（Breeding）算子，是指对两个相互配对的染色体按某种方式相互交换其部分基因，从而形成两个新的个体。遗传算法的有效性主要来自选择和交叉操作，尤其是交叉，在遗传算法中起着核心作用，它决定了遗传算法的全局搜索能力。

当许多染色体相同或后代的染色体与上一代没有多大差别时，可通过染色体重组来产生新一代染色体。染色体重组分两个步骤进行：首先，在新复制的群体中随机选取两个染色体，每个染色体由多个位（基因）组成；然后，沿着这两个染色体的基因随机取一个位置，二者互换从该位置起的末尾部分基因。交叉算子的设计包括两个方面的内容：一是如何确定交叉点的位置，二是如何进行部分基因的交换。下面介绍几种适用于二进制编码或实数编码的交叉算子。

（1）单点交叉（Single Point Crossover），又称为简单交叉。它是指在个体编码串中随机设置一个交叉点，然后在该点相互交换两个配对个体的部分基因。

单点交叉是遗传算法经常使用的交叉算子，即从群体中随机取出两个字符串，设串长为 L，随机确定交叉点，它在 1 到 $L-1$ 间的正整数取值。于是，将两个串的右半段互换再重新连接得到两个新串。当然，得到的新串不一定都能保留在下一代，需和原来的串（亲本）进行比较，保留适应度大的两个。

用字串的方式表示：设有两个用二进制编码的个体 A 和 B，长度 $L=5$，$A=$

$a_1a_2a_3a_4a_5,B=b_1b_2b_3b_4b_5$。随机选择一个整数 $k\in[1,L-1]$，设 $k=3$，即 $A=a_1a_2a_3\,|\,a_4a_5$，$B=b_1b_2b_3\,|\,b_4b_5$，经交叉后变为 $A'=a_1a_2a_3b_4b_5,B'=b_1b_2b_3a_4a_5$。

用表格方式表示单点交叉，如图 8.4 所示。

图 8.4　单点交叉示例图

（2）双点交叉（Two Point Crossover）的具体操作过程是：

① 在相互配对的两个个体编码串中随机设置两个交叉点；

② 交换两个交叉点之间的基因。

（3）均匀交叉（Uniform Crossover）是指两个配对个体的每一位基因都以相同的概率进行交换，从而形成两个新个体。具体操作过程如下：

① 随机产生一个与个体编码长度相同的二进制屏蔽字 $W=w_1w_2\cdots w_n$；

② 按下列规则从 A、B 两个父代个体中产生两个新个体 X、Y：若 $w_i=0$，则 X 的第 i 个基因继承 A 的对应基因，Y 的第 i 个基因继承 B 的对应基因；若 $w_i=1$，则 A、B 的第 i 个基因相互交换，从而生成 X、Y 的第 i 个基因。

（4）算术交叉（Arithmetic Crossover）是指由两个个体的线性组合而产生出新的个体。设在两个个体 A、B 之间进行算术交叉，则交叉运算后生成的两个新个体 X、Y 为：

$$\begin{cases}X=\alpha A+(1-\alpha)B\\Y=\alpha B+(1-\alpha)A\end{cases}\tag{8.3}$$

其中参数 α，可以是一个常数，也可以是一个由迭代数所决定的变量。

3. 变异算子

所谓变异算子，是指在选择和交叉算子基本上完成了遗传算法的大部分搜索功能，将个体编码串中的某些基因值用其他基因值来替换，从而形成一个新的个体，是一种防止算法早熟的措施。遗传算法中的变异运算是产生新个体的辅助方法，但它是必不可少的一个运算步骤，增加了遗传算法找到接近最优解的能力。变异运算是以很小的概率，随机改变字符串某个位置上的值，决定了遗传算法的局部搜索能力。交叉运算和变异运算的相互配合，共同完成对搜索空间的全局搜索和局部搜索。变异运算的设计包括两方面：一是如何确定变异点的位置，二是如何进行基因值替换。下面介绍几种常用的变异操作方法，它们适用于二进制编码和实数编码的个体。

（1）基本位变异：指对个体编码串以变异概率 p 随机指定某一位或某几位基因作变异运算。即在二进制编码中，就是将 0 变成 1，将 1 变成 0。

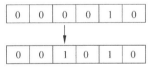

图 8.5　基本位变异示例图

在 GA，即为 0 与 1 互换：0 突变为 1,1 突变为 0，如图 8.5 所示。一般认为，变异算子重要性次于交叉算子，但其作用也不能忽视。例如，若在某个位置上，初始群体所有串都取 0，但最优解在这个位置上却取 1，于是只通过交换达不到 1 而突变则可做到。

（2）均匀变异：指分别用符合某一范围内均匀分布的随机数，以某一较小的概率来替换个体中每个基因。

（3）高斯变异：指进行变异操作时，用均值为 μ，方差为 σ^2 的正态分布的一个随机数来替换原有基因值。具体操作过程与均匀变异类似。

（4）二元变异：它的操作需要两条染色体参与，两条染色体通过二元变异操作后生成两条新个体。新个体中的各个基因分别取原染色体对应基因值的同或/异或，如图 8.6 所示。

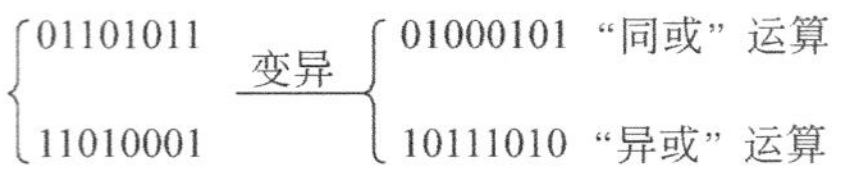

图 8.6　二元变异示例图

二元变异算子改进了传统的变异方式，有效地克服了早熟收敛，提高了遗传算法的优化速度。

4. 最优个体保留方法

最优个体保留方法的基本思想是：当前群体中适应度最高的个体不参与交叉和变异运算，而是用它来替换本代群体中经过交叉、变异后所产生的适应度最低的个体。该方法可保证迄今为止所得到的最优个体不会被交叉、变异操作所破坏，它是遗传算法收敛性的一个重要保证条件。另一方面，它也容易使得局部最优个体不易被淘汰，从而使算法的全局搜索能力不强。因此，该方法一般与其他选择操作配合使用，方可有良好的效果。

8.3.4　遗传算法的适应度函数

优胜劣汰是自然进化的原则。优、劣要有标准。在 GA 中用适应度函数描述每一个体的适宜程度。适应度函数也称为评价函数，是用来判断群体中的个体的优劣程度的指标，它是根据所求问题的目标函数来进行评估的。引进适应度函数的目的在于可根据其适应度对个体进行评估比较，定出优劣程度。遗传算法在搜索进化过程中一般不需要其他外部信息，仅用评估函数来评估个体或解的优劣，并作为以后遗传操作的依据。

适应度函数设计直接影响到遗传算法的性能。一般来讲适应度函数的设计主要满足以下条件：

（1）单值、连续、非负、适应度越大越好；

（2）设计的合理性、一致性；

（3）设计尽可能简单，计算量小；

（4）具有较强的通用性。

在具体应用中，适应度函数的设计要结合求解问题本身的要求而定。对优化问题，适应度函数就是目标函数。如果选择算子采取随机选择算子则适应度函数需要是一个递增函数，适应度函数值越大代表该染色体遗传到下一代的可能性越大。此时目标函数如果是求最大值则刚好和适应度函数单调性相同，则目标函数可以直接采用作为适应度函数。但是，如果目标函数是求最小值，则需要对目标函数作单调性处理，使其成为一个递增函数。适应值函数的选择对算法的收敛性以及收敛速度的影响较大，故针对不同的问题需根据经验来确定相应的参数。如对极小化问题而言，考虑函数在搜索点的函数值及其变化率，并将该信息加入适应值函数，使得按概率选择的染色体不但具有较小的函数值，而且具有较大的函数变化率值。在 GA 中适应度函数的值域常取为 $[0,1]$。

8.4 遗传算法计算过程和应用

8.4.1 遗传算法计算过程

首先需要实现从表现型到基因型的映射即编码工作,将实际问题转化到编码空间,产生初始种群之后,按照适者生存和优胜劣汰的原理,逐代演化产生出越来越好的近似解。在每一代,根据问题域中个体的适应度大小挑选个体,并借助于自然遗传学的遗传算子进行组合交叉和变异,产生出代表新的解集的种群。这个过程将导致种群像自然进化一样的后生代种群比前代更加适应于环境,这样经过若干代之后,算法收敛于最好的染色体,它很可能就是问题的最优解或次优解。末代种群中的最优个体经过解码,可以作为问题近似最优解。遗传算法的计算过程为:选择编码方式→产生初始群体→计算初始群体的适应度值→如果不满足条件{选择→交叉→变异→计算新一代群体的适应度值},如图 8.7 所示。

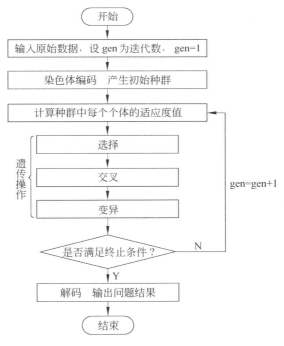

图 8.7 基本遗传算法过程

8.4.2 遗传算法参数选择

GA 的参数选择包括群体规模、编码规则、交叉和变异概率、适应度函数形式、收敛判据等。由于参数选择关系到 GA 的精度、可靠性和计算时间等诸多因素,并且影响到结果的质量和系统性能,因此要尽可能合理地选择参数。

(1)种群数量:群体规模影响遗传优化的最终结果以及遗传算法的执行效率。当种群数量太小时,遗传算法的优化性能一般不会太好,种群数量较大则可减少遗传算法陷入局部最优解的几率,但也意味着计算复杂度变大,效率变低,一般 n 的取值在 $10\sim160$ 之间,增量为 10,具体的种群数量根据具体情况有所不同。

(2) 编码方法:当采用自然数编码时,从理论上可以证明 GA 的最优群体规模的存在性,并给出相应的计算方法。一个有效解的编码一旦确定了,一般就确定交叉和变异算法了。

(3) 确定交叉和变异概率:

① 交叉概率 P_c。交叉概率的选择决定了交叉操作的频率,频率越高可以越快地收敛到最优解区域,但过高的频率也可能导致收敛于一个解。若交叉概率太低,遗传算法搜索可能陷入迟钝状态。一般 P_c 的取值在 $0.25\sim1.00$ 之间。

② 变异概率 P_m。变异概率通常只取较小的数值,通常为 0.001 左右。一般而言,低频度的变异可防止群体中重要的、单一基因的可能丢失;若取较高的变异概率将使遗传算法趋于纯粹的随机搜索,一方面会增加样本模式的多样性,另一方面也可能引起不稳定。传统都是静态人工设置,而现在有人提出动态参数的设置方法,以减少人工选择参数的困难和盲目性。交叉和变异概率越大,则算法的探测能力越强,越容易探测到新的超平面,而个体的平均适应值波动较大;相反,交叉和变异概率越小,则算法的开发能力越强,使得较优个体不易被破坏,而个体的平均适应值波动较小。

(4) 适应度函数:设计出适应度函数,这很重要,因为它决定着算法进化的方向,最终影响算法效率,如果设计得好,可能很快就能收敛到较好的解,如果设计不好,很可能不能进化。适应度函数选择显然要和目标函数相对应。

(5) 收敛判据:GA 是一种反复迭代的搜索方法,它通过多次进化逐渐逼近最优解而不是恰好等于最优解,因此需要确定收敛判据。目前采用的 GA 收敛判据有多种,如根据遗传迭代的代数所确定的判据;或者根据解的质量确定的判据,如连续几次得到的最优个体的适应值没有变化或变化很小时,则认为 GA 收敛了;或者种群中最优个体的适应值与平均适应值之差与平均适应值的百分数之比小于某一给定允许值等等。

由于评估函数、变异系数、种群大小、交叉和变异方法等问题与收敛速度的关系难以找到定量的描述,比如,变异系数找得不合理,或以上问题处理不好收敛会很慢甚至不会收敛,可能就得不到解。所以遗传算法的难点就在于合理的参数选择。

8.4.3 遗传算法实例应用

求函数 $f(x)=x^2$ 的最大值,变量 x 在 $0\sim31$ 之间的整数取值。

用 GA 解此问题,容易想到将决策变量 x 取的值以二进位数表示从而得到一种自然的编码;每一个体均为长度是 5 的二进制位串,初始群体的容量取 4。于是,从总体中随机抽取 4 个个体组成第一代群体,即初始群体。具体操作可通过掷硬币确定。例如,将一枚硬币连续掷 20 次,或指定了顺序的 5 枚硬币各掷 4 次,正面为 1,反面为 0,得 4 个 5 位二进制字符串,不妨记为(01101)、(11000)、(01000)、(10011)。GA 采取按适应度大小比例进行选择的机制,则可用专门设计的简易轮盘来决定第一代群体中哪个个体能被保留。结果如表 8.1 所示。

（1）遗传第一代计算过程如表 8.1 和表 8.2 所示。

表 8.1　第一代群体的选择

串	初始群体 （随机生成）	x	$f(x)=x^2$	$\dfrac{f}{\sum f}$	$\dfrac{nf}{\sum f}$	实际生存数 （由轮盘决定）
1	01101	13	169	0.144	0.576	1
2	11000	24	576	0.492	1.968	2
3	01000	8	64	0.055	0.220	0
4	10011	19	361	0.309	1.236	1
和			1170	1.000	4.000	4
平均			293	0.250	1.000	1
max			576	0.492	1.968	2

交换率取为 1，即肯定施行交换算子。同样，可通过掷硬币的方法将复制出的 4 个串配成两对并随机确定交叉点进行交换。

表 8.2　第一代个体交叉过程

串	选择后的配对 （竖线为交换点的位置）	配对 （随机选择）	交叉点 （随机选择）	新种群	x	$f(x)=x^2$
1	0110|1	2	4	01100	12	144
2	1100|0	1	4	11001	25	625
3	11|000	4	2	11011	27	729
4	10|011	3	2	10000	16	256
和						1754
平均						439
max						729

突变率取为 0.01，这意味着每 1000 位平均有 10 位产生突变。本例的群体只包含 4 个 5 位的字符串共 20 位，平均只有 2 个位可能产生突变。于是，经过选择、交换完成了一代的遗传。事实证明，第二代群体的质量有了明显的提高，平均适应度由 293 增加为 439，最大适应度由 576 增加到 729。在此基础上可以继续进行遗传操作，根据收敛判据，达到最大的遗传代数（此例数据较少，假设最大迭代数为 5）。

（2）遗传第二代计算过程如表 8.3 和表 8.4 所示。

由于所有个体的第三位都是 0，所以若是单纯用交叉而没有用变异，那么遗传多少代都只能得到 27（11011）次优解，而无法得到最优解 31（11111）。因此，随机挑选一个个体，个体 3 进行变异，把第三位的 0 变成 1，即 28（11100），再进行遗传。

（3）遗传第三代计算过程如表 8.5 和表 8.6 所示。

表 8.3　第二代群体的选择

串	初始群体 （第二代）	x	$f(x)=x^2$	$\dfrac{f}{\sum f}$	$\dfrac{nf}{\sum f}$	实际生存数 （由轮盘决定）
1	01100	12	144	0.082	0.328	0
2	11001	25	625	0.356	1.424	1
3	11011	27	729	0.416	1.664	2
4	10000	16	256	0.146	0.584	1
和			1754	1.000	4.000	4
平均			439	0.25	1.000	1
max			729	0.416	1.664	2

表 8.4　第二代个体交叉过程

串	选择后的配对 （竖线为交换点的位置）	配对 （随机选择）	交叉点 （随机选择）	新种群	x	$f(x)=x^2$
1	110|01	2	3	11011	27	729
2	110|11	1	3	11001	25	625
3	11|011	4	2	11000	24	576
4	10|000	3	2	10011	19	361
和						2291
平均						573
max						729

表 8.5　第三代群体的选择

串	初始群体 （第三代）	x	$f(x)=x^2$	$\dfrac{f}{\sum f}$	$\dfrac{nf}{\sum f}$	实际生存数 （由轮盘决定）
1	11011	27	729	0.292	1.168	1
2	11001	25	625	0.250	1.000	1
3	11100	28	784	0.314	1.256	2
4	10011	19	361	0.144	0.576	0
和			2499	1.000	4.000	4
平均			625	0.25	1.000	1
max			784	0.314	1.664	2

表 8.6 第三代个体交叉过程

表 8.6 第三代个体交叉过程

串	选择后的配对 （竖线为交换点的位置）	配对 （随机选择）	交叉点 （随机选择）	新种群	x	$f(x)=x^2$
1	110|11	4	3	11000	24	576
2	1100|1	3	4	11000	24	576
3	1110|0	2	4	11101	29	841
4	111|00	1	3	11111	31	961
和						2954
平均						739
max						961

（4）遗传第四代计算过程，如表 8.7 和表 8.8 所示。

表 8.7 第四代群体的选择

串	初始群体 （第四代）	x	$f(x)=x^2$	$\dfrac{f}{\sum f}$	$\dfrac{nf}{\sum f}$	实际生存数 （由轮盘决定）
1	11000	24	576	0.195	0.780	1
2	11101	29	841	0.285	1.140	1
3	11000	24	576	0.195	0.780	1
4	11111	31	961	0.325	1.300	1
和			2954	1.000	4.000	4
平均			739	0.25	1.000	1
max			961	0.325	1.300	2

表 8.8 第四代个体交叉过程

串	选择后的配对 （竖线为交换点的位置）	配对 （随机选择）	交叉点 （随机选择）	新种群	x	$f(x)=x^2$
1	11|000	2	2	11101	29	841
2	11|101	1	2	11000	24	576
3	11|000	4	2	11111	31	961
4	11|111	3	2	11000	24	576
和						2954
平均						739
max						961

根据收敛判据，达到最大的遗传代数 5，可以得到最优解为 31(11111)。

8.5 小　　　结

本章重点阐述遗传算法的理论技术和应用,主要内容包括遗传算法的概述、遗传算法的特点与应用领域、遗传算法的理论与技术、遗传算法的术语和遗传算法的编码规则、三个重要的遗传算法的算子、遗传算法的适应度函数、遗传算法的参数选择方法、遗传算法过程,并用一个实例描述了遗传算法的计算过程。

思　考　题

1. 阐述遗传算法的定义。
2. 说明遗传算法的特点。
3. 遗传算法的编码规则有哪些?
4. 遗传算法的选择算子有哪些?
5. 说明遗传算法的交换算子。
6. 说明遗传算法的变异算子。
7. 遗传算法的适应度函数的确定方法。
8. 遗传算法的参数选择方法。
9. 说明遗传算法过程。
10. 描述一个遗传算法的应用。

第9章 基于模糊理论的模型与应用

模糊数学由美国控制论专家 L. A. Zadeh 教授所创立,他于 1965 年发表了题为《模糊集合论》(*Fuzzy Sets*)的论文,从而宣告模糊数学的诞生。模糊数学是运用数学方法研究和处理模糊性现象的一门数学新分支,它以"模糊集合"论为基础,提供了一种处理不肯定性和不精确性问题的新方法,是描述人脑思维处理模糊信息的有力工具。模糊控制、模糊识别、模糊聚类分析、模糊决策、模糊评判等理论与技术已经广泛应用在图像识别、人工智能、自动控制、信息处理、经济学、心理学、社会学、生态学、语言学、管理科学、医疗诊断、哲学研究等领域。

本章重点介绍三个基于模糊理论的方法:模糊层次分析方法、模糊综合评判方法和模糊聚类分析方法。

9.1 层次分析法

模糊层次分析法就是在模糊环境下使用的层次分析法,因此首先介绍层次分析法。

层次分析法(Analytic Hierarchy Process, AHP)是美国著名运筹学家,匹兹堡大学教授 T. L. Saaty 于 20 世纪 70 年代提出的解决非数学模型决策问题的方法,该方法从系统观点出发,把复杂的问题分解为若干层次和若干要素,并将这些因素按一定的关系分组,以形成有序的递阶层次结构,通过两两比较判断的方式,确定每一层次中因素的相对重要性,然后在递阶层次结构内进行合成,以得到决策因素相对于目标的重要性排序。层次分析法是一种定性与定量分析相结合的评价决策法,要求评价者对评价问题的本质、包含要素及相互间的逻辑关系掌握比较清楚,比较适合多目标、多准则、多时期的系统评价。

9.1.1 层次分析法的计算步骤

1. 第一步 明确问题,建立层次结构

对于所要解决的问题,首先进行系统分析,明确问题的范围、所包含的因素以及因素之间的定性关系等,然后根据这些初步分析,将各因素分层分组,建立层次结构。层次结构是把问题分解成若干层次。第一层为总目标;中间层可根据问题的性质分成目标层(准则层)、部门层、约束层等;最低层一般为方案层或措施层。层次的正确划分和各因素间关系的正确描述是层次分析法的关键,必须慎重对待。经过充分的讨论和分析,最后画出相应的分层结构图。

2. 第二步 构建判断矩阵

根据所建立的层次结构,构造一系列的判断矩阵。判断矩阵表示针对上一层某元素,本层次与之有关的因素之间相对重要性的比较。构造成对比较矩阵,以层次结构模型的第 2 层开始,对于从属于上一层每个因素的同一层诸因素,用成对比较法和比较尺度构造成对比较矩阵,直到最下层。可采用 Delphi 等调查方法,向专家、管理人员、领导干部、用户进行比较全面的综合调查,对调查结果汇总分析后构造判断矩阵。

若用 b_{ij} 表示对于上层元素 A_k 而言,下层元素 B_i 与 B_j 相对重要性的数值,一般用 $1\sim9$ 及其倒数的比例标度赋值,其含义如表 9.1 所示。

表 9.1 判断矩阵构造相对重要性标度

标 度	含 义
1	表示两个元素相比,具有同样的重要性
3	表示两个元素相比,一个元素比另一个元素稍微重要
5	表示两个元素相比,一个元素比另一个元素明显重要
7	表示两个元素相比,一个元素比另一个元素强烈重要
9	表示两个元素相比,一个元素比另一个元素极端重要
2、4、6、8 为上述相邻判断的中值	若元素 i 与 j 比较得 b_{ij},则元素 j 与 i 比较判断为 $b_{ji}=1/b_{ij}$;$b_{ii}=1$

3. 第三步 层次单排序

对各判断矩阵进行求解,计算出反映上层某元素和下层与之有联系的元素重要性次序的权重,即求同一层次上的元素权系数,与此同时还要对各判断矩阵进行一致性检验。

1)权向量计算方法

计算权向量的方法很多,主要有和积法、幂法和根法等。设判断矩阵元素为 b_{ij}:

(1)和积法。

① 将判断矩阵每一列归一化。

$$b_{ij} = \frac{b_{ij}}{\sum\limits_{i=1}^{n} b_{ij}} \quad (j=1,2,\cdots,n) \tag{9.1}$$

② 对按列归一化的判断矩阵,再按行求和。

$$W_i = \sum_{j=1}^{n} b_{ij} \quad (i=1,2,\cdots,n) \tag{9.2}$$

③ 将向量 $\boldsymbol{W}=[W_1,W_2,\cdots,W_n]$ 归一化。

$$\overline{W}_i = \frac{\boldsymbol{W}}{\sum\limits_{i=1}^{n} W_i} \quad (i=1,2,\cdots,n) \tag{9.3}$$

(2)幂法。

① 将判断矩阵中的元素按行相乘。

② 所得乘积分别开 n 次方。

③ 将方根向量正规化即得排序所要求的特征向量 $\boldsymbol{W}$。

$$w_i = \frac{\left(\prod\limits_{j=1}^{n} b_{ij}\right)^{1/n}}{\sum\limits_{k=1}^{n} \left(\prod\limits_{j=1}^{n} b_{kj}\right)^{1/n}} \tag{9.4}$$

(3)根法。

$$\boldsymbol{A}w = \lambda_{\max} w \tag{9.5}$$

根据式(9.5)计算判断矩阵 **A** 的特征根和特征向量,将最大特征根对应的特征向量作为权重,归一化后得到层次单排序结果。

2)一致性检验步骤

(1)计算一致性指标(Consistency Index,CI):

$$CI = \frac{\lambda_{\max} - n}{n - 1} \tag{9.6}$$

当判断矩阵具有完全一致性时,$\lambda_{\max} = n$,则 CI = 0。当 $\lambda_{\max} - n$ 越大,CI 越大,矩阵的一致性就越差。为了检验判断矩阵是否满意一致性,需要将 CI 与平均随机一致性指标(Random Index,RI)进行比较。

(2)查找相应的平均随机一致性指标 RI,如表 9.2 所示。

表 9.2　平均随机一致性指标 RI 的取值

n	1	2	3	4	5	6	7	8	9
RI	0	0	0.58	0.90	1.12	1.24	1.32	1.41	1.45

(3)计算一致性比例 CR。

利用一致性指标 CI 和随机一致性指标 RI 计算一致性比例 CR

$$CR = \frac{CI}{RI} \tag{9.7}$$

当 CR≤0.1 时,认为判断矩阵的一致性是可以被接受的,通过检验,则归一化权向量后,即得单排序的标准权向量;当 CR>0.1 时,需重新构造判断矩阵。

4. 第四步　层次总排序

1)自上而下的综合权重

从最上一级开始,自上而下地求出各级中各要素关于决策问题的综合重要度(也称总体权重)。把下层每个元素对上层每个元素的权向量按列排成以下表格形式。假定上层 A 有 m 个元素 A_1,A_2,$\cdots$,A_m,且其层次总排序权向量为 a_1,a_2,$\cdots$,a_m,下层 B 有 n 个元素 B_1,B_2,$\cdots$,B_n,则 B_i 对 A_j 各元素的单排序权向量 b_{ij} 列入表 9.3。若下层元素 B_i 与上层元素 A_j 无关系时,取 $b_{ij} = 0$。

表 9.3　在层次总排序中求综合权重

层次	A_1	A_2	$\cdots$	A_m	B 层总排序权重
	a_1	a_2	$\cdots$	a_m	
B_1	b_{11}	b_{12}	$\cdots$	b_{1m}	$W_1 = \sum\limits_{j=1}^{m} a_j b_{1j}$
B_2	b_{21}	b_{22}	$\cdots$	b_{2m}	$W_2 = \sum\limits_{j=1}^{m} a_j b_{2j}$
$\vdots$	$\vdots$	$\vdots$	$\vdots$	$\vdots$	$\vdots$
B_n	b_{n1}	b_{n2}	$\cdots$	b_{nm}	$W_n = \sum\limits_{j=1}^{m} a_j b_{nj}$

层次总排序中权向量计算公式：

$$W_i = \sum_{j=1}^{m} a_j b_{ij} \quad (i = 1, 2, \cdots, n) \tag{9.8}$$

2）层次总排序的一致性检验

在层次总排序中也要进行层次总排序的一致性检验，即计算组合一致性。从高层到低层逐层进行，如果 B 层中某些元素对其上层 A 层中某元素 A_j 的单排序一致性指标为 CI_j，相应的平均随机一致性指标为 RI_j，则 B 层次总排序一致性比率为：

$$CR_B = \frac{CI_B}{RI_B} = \frac{\sum_{j=1}^{m} a_j CI_j}{\sum_{j=1}^{m} a_j RI_j} \tag{9.9}$$

当 $CR_B \leqslant 0.1$ 时，认为 B 层在总排序里满意一致性，否则应重新调整判断矩阵的元素取值。

5. 第五步　结果分析

在基本满足判断矩阵一致性检验的前提下，可以根据层次单排序和层次总排序结果对决策问题进行定量分析。

9.1.2　层次分析法应用实例

外界对运输企业交通运输质量的评价是运输企业非常关注的大事，对该企业的生存与发展起到了巨大的影响，运用层次分析法找到运输质量评价体系中因素的重要性排序。

1. 构造评价交通运输质量的递阶层次模型

先分析影响交通运输质量的各项指标，在此基础上建立评价交通运输质量的递阶层次模型，如图 9.1 所示。

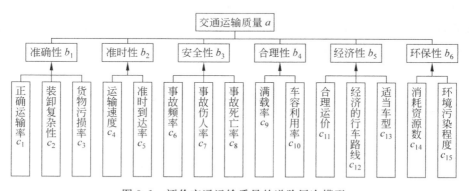

图 9.1　评价交通运输质量的递阶层次模型

2. 构建判断矩阵及计算层次内单排序

计算第一层次内单排序，判断矩阵 A 为：

$$\begin{vmatrix} 1 & 3 & 5 & 7 & 9 & 9 \\ 1/3 & 1 & 3 & 5 & 7 & 7 \\ 1/5 & 1/3 & 1 & 3 & 5 & 5 \\ 1/7 & 1/5 & 1/3 & 1 & 3 & 3 \\ 1/9 & 1/7 & 1/5 & 1/3 & 1 & 1 \\ 1/9 & 1/7 & 1/5 & 1/3 & 1 & 1 \end{vmatrix}$$

利用根法 $Aw = \lambda_{\max} w$ 求得判断矩阵 A 的最大特征根 $\lambda_{\max} = 6.277$ 和对应的特征向量 $w = (0.8441, 0.4572, 0.2392, 0.1210, 0.0578, 0.0578)$，进行规一化处理，$w' = (0.4750, 0.2573, 0.1346, 0.0681, 0.0325, 0.0325)$。进行一致性检验，$CI = \dfrac{\lambda_{\max} - n}{n - 1} = 0.0554$，查表9.2，当 $n = 6$ 时，$RI = 1.24$，所以 $CR = CI/RI = 0.0447 < 0.1$，通过一致性检验。

同理，继续计算下层元素的权重并进行一致性检验。说明：表9.4~表9.9中前面各列为判断矩阵中指标两两比较的值，最后面的两列为利用根法求得的层次内权重向量和归一化后的权重向量值。

表9.4　运输准确性评价

b_1	c_1	c_2	c_3	w	w'
c_1	1	5	3	0.9161	0.636 977
c_2	1/5	1	1/3	0.1506	0.104 714
c_3	1/3	3	1	0.3715	0.258 309

$\lambda_{\max} = 3.0385$，$CI = 0.01$，$CR = 0.017 < 0.1$

表9.5　运输准时性评价

b_2	c_4	c_5	w	w'
c_4	1	3	0.9487	0.750 02
c_5	1/3	1	0.3162	0.249 98

$\lambda_{\max} = 2$，$CR = 0$

表9.6　运输安全性评价

b_3	c_6	c_7	c_8	w	w'
c_6	1	3	5	0.9161	0.636 977
c_7	1/3	1	3	0.3715	0.258 309
c_8	1/5	1/3	1	0.1506	0.104 714

$\lambda_{\max} = 3.0385$，$CR = 0.017 < 0.1$

表9.7　运输合理性评价

b_4	c_9	c_{10}	w	w'
c_9	1	1	0.7071	0.5
c_{10}	1	1	0.7071	0.5

$\lambda_{\max} = 2$，$CR = 0$

表9.8　运输经济性评价

b_5	c_{11}	c_{12}	c_{13}	w	w'
c_{11}	1	3	3	0.9045	0.6
c_{12}	1/3	1	1	0.3015	0.2
c_{13}	1/3	1	1	0.3015	0.2

$\lambda_{\max} = 3$，$CR = 0$

表9.9　运输环保性评价

b_6	c_{14}	c_{15}	w	w'
c_{14}	1	5	0.9806	0.833 347
c_{15}	1/5	1	0.1961	0.166 653

$\lambda_{\max} = 2$，$CR = 0$

3. 进行层次之间的综合排序

利用求得的第一层次的权重（$w_1 = 0.4750$，$w_2 = 0.2573$，$w_3 = 0.1346$，$w_4 = 0.0681$，

$w_5 = 0.0325$，$w_6 = 0.0325$）以及表 9.4～表 9.9 得到的第二层次的权重向量，构造得到层次总排序的矩阵，如表 9.10 的中间部分所示。利用上面介绍的总排序方法，求得总排序的权重向量，如表 9.10 的最后一列所示。

表 9.10　层次综合排序的权重

| | $w_1 = 0.4750$ | $w_2 = 0.2573$ | $w_3 = 0.1346$ | $w_4 = 0.0681$ | $w_5 = 0.0325$ | $w_6 = 0.0325$ | 总排序 |
	p_1	p_2	p_3	p_4	p_5	p_6	
c_1	0.636 977	0	0	0	0	0	0.302 564
c_2	0.104 714	0	0	0	0	0	0.049 739
c_3	0.258 309	0	0	0	0	0	0.122 697
c_4	0	0.750 02	0	0	0	0	0.192 98
c_5	0	0.249 98	0	0	0	0	0.064 32
c_6	0	0	0.636 97	0	0	0	0.085 736
c_7	0	0	0.258 309	0	0	0	0.034 768
c_8	0	0	0.104 714	0	0	0	0.014 095
c_9	0	0	0	0.5	0	0	0.034 05
c_{10}	0	0	0	0.5	0	0	0.034 05
c_{11}	0	0	0	0	0.6	0	0.0195
c_{12}	0	0	0	0	0.2	0	0.0065
c_{13}	0	0	0	0	0.2	0	0.0065
c_{14}	0	0	0	0	0	0.833 347	0.027 084
c_{15}	0	0	0	0	0	0.166 653	0.005 416

4. 评价结果分析

本例中的评价体系最为关心运输的准确性，其次是准时性，再次是安全性，合理性、经济性和环保性。而细分到底层，总体来说首先关注如正确运输率、运输速度等指标，可以看出这个评价体系是以保证运输质量为重点，其次才是安全性及环保性，也说明只有提高了运输的准确性和准时性，才能提高客户满意度以获得经济效益。

9.2　模糊层次分析法

荷兰学者 Van Loargoven 提出，利用三角模糊数表示层次分析法中比较判断矩阵的方法并运用三角模糊数的运算规则求得元素的重要性排序，即在模糊环境下使用层次分析方法，称为模糊层次分析法，该方法能够使得判断矩阵的构造更多地考虑到决策者和评价者的决策模糊性。

9.2.1 模糊层次分析法的步骤

1. 建立多级递阶结构模型与模糊判断矩阵

同一层次的元素作为准则对下一层次的某些元素起支配作用,同时又受到上一层次元素的支配。处于最上层的通常只有一个元素,它是分析问题的预定目标或理想结果,称为目标层。中间的层次包括实现目标所涉及的中间环节,称为准则层。最低一层为实现目标可供选择的各种措施、方案或体现各准则要素变化的指标,称为措施方案层或指标层。确定各层次要素后,用三角模糊数(l_i,m_i,u_i)定量表示在给定准则下,同一层次各因素之间两两比较的结果。l_i与u_i表示判断的模糊程度,当l与u相等时则表示判断是非模糊的。

2. 三角模糊数理论及其运算

首先引入如下定理:如果$M_1=(l_1,m_1,u_1)$,$M_2=(l_2,m_2,u_2)$代表两个模糊数,则

(1) $M_1\oplus M_2=(l_1,m_1,u_1)\oplus(l_2,m_2,u_2)=(l_1+l_2,m_1+m_2,u_1+u_2)$

(2) $M_1\ominus M_2=(l_1,m_1,u_1)\ominus(l_2,m_2,u_2)=(l_1-l_2,m_1-m_2,u_1-u_2)$

(3) $M_1\otimes M_2=(l_1,m_1,u_1)\otimes(l_2,m_2,u_2)=(l_1l_2,m_1m_2,u_1u_2)$

(4) $M_1\oslash M_2=(l_1,m_1,u_1)\oslash(l_2,m_2,u_2)=(l_1/u_2,m_1/m_2,u_1/l_2)$

(5) $\forall\lambda \quad \lambda M_1=\lambda(l_1,m_1,u_1)=(\lambda l_1,\lambda m_1,\lambda u_1) \quad \lambda\in\mathrm{R}$

(6) $M_1^{-1}=(l_1,m_1,u_1)^{-1}=(1/u_1,1/m_1,1/l_1)$

3. 模糊层次分析法的权重计算

三角模糊数$M_{ij}(i,j=1,2,\cdots,m)$表示因素i和j通过两两比较,在模糊判断矩阵中的取值。第i个因素的综合模糊度S_i为

$$S_i=\sum_{j=1}^n M_{ij}\otimes\Big[\sum_{i=1}^n\sum_{j=1}^n M_{ij}\Big]^{-1} \tag{9.10}$$

模糊数S_i可以用来计算因素的排序。假设$S_1=(l_1,m_1,u_1)$,$S_2=(l_2,m_2,u_2)$。$S_1\geqslant S_2$的可能性用$V(S_1\geqslant S_2)$表示,则

$$V(S_1\geqslant S_2)=1,\quad m_1>m_2$$

$$V(S_1\geqslant S_2)=\begin{cases}\dfrac{l_2-u_1}{(m_1-u_1)-(m_2-l_2)},&l_2\leqslant u_1,m_1\leqslant m_2\\0,&\text{其他}\end{cases} \tag{9.11}$$

用A_i表示第i个因素,A_i的模糊层次权重为:

$$w'(A_i)=\min V(S_i\geqslant S_k)\quad(k=1,2,\cdots,n,k\neq i) \tag{9.12}$$

对$w'(A_i)(i=1,2,\cdots,n)$归一化后,得到归一化的指标的模糊层次权重$w(A_i)$

$$w(A_i)=\frac{w'(A_i)}{\sum\limits_{j=1}^n w'(A_j)}\quad(i=1,2,\cdots,n) \tag{9.13}$$

9.2.2 模糊层次分析法应用实例

随着信息技术和现代管理理论的发展,物流管理在企业和社会都得到越来越多的重视。合理地选择第三方物流服务商能够减少生产企业的货物运输费用,降低运营成本,提高企业的核心竞争力。因此第三方物流服务商的交通运输质量的好坏是一项重要决策问题,本节

将采用如图9.1"评价交通运输质量的递阶层次模型",利用模糊层次法对第三方物流服务商的交通运输质量做出评价。

1. 应用模糊层次分析法求得决策者主观模糊权重

根据图9.1的评价结构,得到决策者主观模糊判断矩阵如下所示:

a	b_1	b_2	b_3	b_4	b_5	b_6
b_1	(1,1,1)	(1/4,1/3,1/2)	(1,5,9)	(1/8,1/7,1/5)	(1/9,1/8,1/7)	(1/7,1/5,1/3)
b_2	(2,3,4)	(1,1,1)	(3,5,7)	(4,5,6)	(1/8,1/7,1/5)	(5,7,8)
b_3	(1/9,1/5,1)	(1/7,1/5,1/3)	(1,1,1)	(1,3,5)	(1/6,1/5,1/4)	(4,5,6)
b_4	(5,7,8)	(1/6,1/5,1/4)	(1/5,1/3,1)	(1,1,1)	(1/4,1/3,1/2)	(1,3,5)
b_5	(7,8,9)	(5,7,8)	(4,5,6)	(2,3,4)	(1,1,1)	(1,2,3)
b_6	(3,5,7)	(1/8,1/7,1/5)	(1/6,1/5,1/4)	(1/5,1/3,1)	(1/3,1/2,1)	(1,1,1)

根据上述模糊判断矩阵,利用三角模糊数和模糊权重的计算方法,求得准则层的模糊综合程度值 $S_i(i=1,2,\cdots,6)$,如表9.11所示。

表 9.11　模糊权重 w_i 的计算过程

	l_i	m_i	u_i	$V(M \geqslant M_1, M_2, \cdots, M_k)$	w'	w
S_1	0.024	0.081	0.197	$V(S_1>S_1)=1$, $V(S_1>S_2)=0.26$, $V(S_1>S_3)=0.80$, $V(S_1>S_4)=0.64$, $V(S_1>S_5)=0.06$, $(S_1>S_6)=0.97$	0.06	0.024
S_2	0.137	0.253	0.498	$V(S_2>S_1)=1$, $V(S_2>S_2)=1$, $V(S_2>S_3)=1$, $V(S_2>S_4)=1$, $V(S_2>S_5)=0.84$, $V(S_2>S_6)=1$	0.84	0.332
S_3	0.058	0.115	0.240	$V(S_3>S_1)=1$, $V(S_3>S_2)=0.43$, $V(S_3>S_3)=1$, $V(S_3>S_4)=0.82$, $V(S_3>S_5)=0.23$, $V(S_3>S_6)=1$	0.23	0.091
S_4	0.069	0.154	0.278	$V(S_4>S_1)=1$, $V(S_4>S_2)=0.59$, $V(S_4>S_3)=1$, $V(S_4>S_4)=1$, $V(S_4>S_5)=0.38$, $V(S_4>S_6)=1$	0.38	0.150
S_5	0.182	0.311	0.548	$V(S_5>S_1)=1$, $V(S_5>S_2)=1$, $V(S_5>S_3)=1$, $V(S_5>S_4)=1$, $V(S_5>S_5)=1$, $V(S_5>S_6)=1$	1.00	0.395
S_6	0.044	0.086	0.185	$V(S_6>S_1)=1$, $V(S_6>S_2)=0.22$, $V(S_6>S_3)=0.81$, $V(S_6>S_4)=0.63$, $V(S_6>S_5)=0.02$, $V(S_6>S_6)=1$	0.02	0.008

同理,可以得到指标层对目标层各因素的模糊层次权重值,进而得到层次之间的综合排序,如表9.12所示。

表 9.12　指标层对目标层的综合排序

c_1	c_2	c_3	c_4	c_5	c_6	c_7	c_8	c_9	c_{10}	c_{11}	c_{12}	c_{13}	c_{14}	c_{15}
0.015	0.003	0.006	0.249	0.083	0.058	0.024	0.01	0.075	0.075	0.237	0.079	0.079	0.007	0.001

2. 结合专家打分的综合评价决策

m 个方案，n 个指标的多目标决策问题的决策矩阵 D 为：

$$D = \begin{bmatrix} x_{11} & x_{12} & \cdots & x_{1n} \\ x_{21} & x_{22} & \cdots & x_{2n} \\ \vdots & \vdots & \vdots & \vdots \\ x_{m1} & x_{m2} & \cdots & x_{mn} \end{bmatrix}$$

其中，$x_{ij}(i=1,2,\cdots,m;j=1,2,\cdots,n)$ 表示第 i 个方案对第 j 个指标的数值。多指标决策中由于各个评价指标的单位、量纲和数量级不同要进行标准化处理。决策矩阵中往往同时含有效益型指标和成本型指标，标准化处理公式分别为：

对于效益型指标：

$$r_{ij} = \frac{x_{ij}}{\max\limits_{1 \leqslant i \leqslant m}(x_{ij})} \tag{9.14}$$

对于成本型指标：

$$r_{ij} = \frac{\min\limits_{1 \leqslant i \leqslant m}(x_{ij})}{x_{ij}} \tag{9.15}$$

根据效益型指标和成本型指标的标准化公式可算得标准化决策矩阵 $R=(r_{ij})_{m \times n}$。

通过专家咨询，对三个物流服务提供商打分并进行统计分析，从而综合成某一指标对每个物流服务提供商的评价值，同时可以得到决策矩阵 D，如表 9.13 所示。

表 9.13 物流服务提供商的评价值

评价类型	评价指标	指标类型	提供商一	提供商二	提供商三
准确性	正确运载率	效益型	90	85	80
	装卸复杂性	成本型	92	95	90
	货物污损率	成本型	85	90	80
准时性	运输速度	效益型	75	85	80
	准时到达率	效益型	80	82	85
安全性	事故频率	成本型	80	95	82
	事故伤人率	成本型	85	90	75
	事故死亡率	成本型	90	95	85
合理性	满载率	效益型	65	75	70
	车容利用率	效益型	60	70	65
经济性	合理运价	效益型	70	85	75
	经济的行车路线	效益型	75	80	70
	适当车型	效益型	80	85	75
环保性	消耗资源数	成本型	80	85	85
	环境污染程度	成本型	75	80	85

根据公式(9.14)和(9.15)，按照表 9.13 中评价指标的类型，对决策矩阵 D（参见表 9.13）进行标准化处理，得到标准化决策矩阵 R：

$$\begin{bmatrix} 1.0000 & 0.9783 & 0.9412 & 0.8824 & 0.9412 & 1.0000 & 0.8824 & 0.9444 & 0.8667 & 0.8571 & 0.8235 & 0.9375 & 0.9412 & 1.0000 & 1.0000 \\ 0.9444 & 0.9474 & 0.8889 & 1.0000 & 0.9647 & 0.8421 & 0.8333 & 0.8947 & 1.0000 & 1.0000 & 1.0000 & 1.0000 & 0.9412 & 0.9375 \\ 0.8889 & 1.0000 & 1.0000 & 0.9412 & 1.0000 & 0.9756 & 1.0000 & 1.0000 & 0.9333 & 0.9286 & 0.8824 & 0.8750 & 0.8824 & 0.9412 & 0.8824 \end{bmatrix}$$

根据标准化决策矩阵 R 与表 9.11 中得到模糊层次权重，利用模糊综合评判方法，得到关于第三方物流服务商的运输质量评价排序。

$$R \times W^{\mathrm{T}} = [0.890\,912\,7, 0.981\,725\,6, 0.925\,353\,8]^{\mathrm{T}}$$

可见本算例中第三方物流服务商的优选排序为：提供商二→提供商三→提供商一。该方法由于将模糊层次分析法与标准化决策矩阵相结合，所考虑因素更为全面，可以更好地将专家知识集成到决策过程中。有效地保留专家和决策者的意见，兼顾主观客观两个方面，使得优选和评价方案更加灵活并切合实际。

9.3　模糊综合评判法

模糊综合判断法(Fuzzy Comprehensive Evaluation)利用集合理论和模糊数学理论将模糊信息数值化以进行定量评价的方法，是一种模糊综合决策的数学工具，在难以用精确数学方法描述的复杂系统问题方面有其独特的优越性。其模型有单层次的和多层次的，单层次模型主要用于规模比较小的系统，对于一个复杂的大系统来讲，需要考虑的因素往往非常多，而且因素之间还存在着不同的层次，这就产生了多层次模型。

9.3.1　模糊综合评判法的原理与步骤

1. 模糊综合评判法的基本原理

模糊综合评判法的基本原理：首先确定被评判对象的因素(指标)集 U 和评价集 V；再分别确定各个因素的权重及它们的隶属度向量，获得模糊评判矩阵；最后把模糊评判矩阵与因素的权重集进行模糊运算并进行归一化，得到模糊评价综合结果。

数学表达为：设 $U = \{U_1, U_2, \cdots, U_m\}$ 为 m 种因素(或指标)，$V = \{V_1, V_2, \cdots, V_p\}$ 为 p 种评判。指标个数和名称均需根据实际问题由主观规定。由于各种因素所处的地位不同，作用也不一样，当然权重也不同，因而评判也不同。人们对 p 种评判并不是绝对肯定或否定，因此综合评判应该是 V 上的一个模糊子集 $B = (b_1, b_2, \cdots, b_p) \in J(V)$，其中 $b_j (j = 1, 2, \cdots, p)$ 反映了第 j 种评判 V_j 在综合评判中所占的地位，即 V_j 对模糊集 B 的隶属度。$B(V_j) = b_j$ 的综合评判 B 依赖于各个因素的权重，它应该是 U 上的模糊子集 $A = (a_1, a_2, \cdots, a_m) \in J(U)$，且 $\sum_{i=1}^{m} a_i = 1$，其中 a_i 表示第 i 种因素的权重，因此一旦给定权重 A，相应可得到一个综合评判 B。于是，需要建立一个从 U 到 V 的模糊变换，如果对每个因素 U_i 单独作一个评判 $f = (U_i)$，可以看做是 U 到 V 的模糊映射 f，即 $f: U \rightarrow J(V), U_i \mapsto f(U_i) \in J(V)$ 由 f 可导出一个 U 到 V 的模糊线性变换，可以把这个模糊线性变换看作由权重 A 得到的综合评判 B 的数学模型。

2. 模糊综合评判基本步骤

在复杂系统中不仅需要考虑的目标多,而且一个目标还往往由多个因素组成,即一个目标往往又是由若干其他因素决定的,需要根据具体问题的性质和需要来确定层次划分。不同性质的问题,有不同的因素层次;同一性质的问题,一般说来,层次划分越多,评判会越准确,但工作量也会越大,并不是层次分得越多越好。这时应采取多级模糊综合评判。

多级模糊综合评判的基本思想是:先按最低层次的各个因素进行综合评判,然后再按上一层次的各目标进行综合评判。这样逐层依次往上评价,直到最高层得出总的评判结果。本文说明二级模糊综合评判,其他多级评判方法相似。二级模糊综合评判的具体评判步骤如下:

1) 确定目标层次和因素集

设目标集为 $U=\{U_1, U_2, \cdots, U_m\}$,$U_i(i=1, 2, \cdots, m)$ 为第一层次(也即最高层次)中的第 i 个目标,它又由第二层次中的 n 个因素决定,即 $U_i=\{U_{i1}, U_{i2}, \cdots, U_{in}\}$。

2) 建立权重集

目标权重集为 $A=(a_1, a_2, \cdots, a_m)$,因素权重集为 $A_i=(a_{i1}, a_{i2}, \cdots, a_{in})(i=1, 2, \cdots, m)$。在模糊综合评判中,权重的确定是至关重要的,它反映了各个因素在综合决策过程中所占的地位和作用,它直接影响到综合评判的结果。一般采用以下几种权值确定方法:层次分析法、灰关联度法和 Delphi 法等。

3) 建立评价集

因为评价集为总评判的各种可能结果为元素所组成的集合,故不论目标因素分为多少类,评价集都只有一个,若总评判的可能结果共有 p 个,则评价集可一般表示为 $V=\{V_1, V_2, \cdots, V_p\}$,其中 $V_k(k=1, 2, \cdots, p)$ 为第 k 个可能的评判结果。在不同的模糊综合评判问题中,判定评价集可为 $V=\{V_1, V_2, V_3\}=\{$优良,可行,不可行$\}$;$V=\{V_1, V_2, V_3, V_4\}=\{$高,较高,一般,低$\}$;$V=\{V_1, V_2, V_3, V_4, V_5\}=\{$好,一般,中,较差,差$\}$等不同的评价集合。

4) 进行单目标评判,建立模糊评价矩阵

单独对某一层次的某一个目标进行评判,以确定评判对象对判定评价集元素的隶属程度,称为单因素评判。通过单因素评判可以确定每个因素对于各评价等级的隶属度。无论用什么方法进行单目标评判,都是要给出从 U 到 V 的一个模糊映射 $f: U \to J(V)$,$U_i \to (V_i)=R_i=(r_{i1}, r_{i2}, \cdots, r_{ip}) \in J(V)(i=1, 2, \cdots, m)$,因此模糊矩阵 $\boldsymbol{R}$:

$$R = (R_1, R_2, \cdots, R_m)^{\mathrm{T}} = \begin{bmatrix} r_{11} & r_{12} & \cdots & r_{1p} \\ r_{21} & r_{22} & \cdots & r_{2p} \\ \vdots & \vdots & \vdots & \vdots \\ r_{m1} & r_{m2} & \cdots & r_{mp} \end{bmatrix}_{m \times p}$$

R 称为单目标评判矩阵,其中 r_{ij} 为 U 中的因素 U_i 对应 V 中等级 V_j 的隶属关系,是第 i 个因素对该事物的单目标评判,构成了模糊综合评判的基础。单目标评判矩阵的规模由评价集 V 中元素个数和影响目标的因素个数决定,其中,评价集 V 中元素个数决定单目标评判矩阵的列数,行的个数由影响目标的因素个数来决定,其每一行为相应的影响目标的因素对于评定等级的隶属程度。

5）选择合成算子，进行模糊综合评判

将权重集 A 和模糊评价矩阵 R 合成得到综合评判结果 B。$f:U\rightarrow J(V)$，$A\rightarrow f(A)=A\circ R=B\in J(V)$。符号"$\circ$"表示广义的合成算子，即 $B=A\circ R=(b_1，b_2，\cdots，b_p)$ 为对事物的模糊综合评判。可将评判矩阵 R 看作一个模糊变换器，每输入一组权重 A 就可以得到相应的综合评判向量 B。

（1）一级模糊综合评判。

设对第 i 类目标的第 j 个因素 U_{ij} 评判，评判对象隶属于评价集中第 k 个元素的隶属度为 r_{ijk}，$(i=1，2，\cdots，m；j=1，2，\cdots，n；k=1，2，\cdots，p)$ 则一级模糊评判的单因素评判矩阵为

$$R_i=\begin{bmatrix} r_{i11} & r_{i12} & \cdots & r_{i1p} \\ r_{i21} & r_{i22} & \cdots & r_{i2p} \\ \vdots & \vdots & \vdots & \vdots \\ r_{im1} & r_{im2} & \cdots & r_{imp} \end{bmatrix}$$，于是，第 i 类目标的模糊综合评判集 B_i 为：

$$B_i=A\circ R_i=(a_{i1}，a_{i2}，\cdots，a_{in})\circ\begin{bmatrix} r_{i11} & r_{i12} & \cdots & r_{i1p} \\ r_{i21} & r_{i22} & \cdots & r_{i2p} \\ \vdots & \vdots & \vdots & \vdots \\ r_{im1} & r_{im2} & \cdots & r_{imp} \end{bmatrix}=(b_{i1}，b_{i2}，\cdots，b_{ip}) \quad (9.16)$$

$$b_{ik}=\sum_{j=1}^{n}(a_{ij}r_{ijk}) \quad 或 \quad b_{ik}=\bigvee_{j=1}^{n}(a_{ij}\wedge r_{ijk}) \quad (i=1,2,\cdots,m;k=1,2,\cdots,p) \quad (9.17)$$

（2）二级模糊综合评判。

二级模糊综合评判集 B 为：

$$B=A\circ R=A\circ\begin{bmatrix} A_1\circ R_1 \\ A_2\circ R_2 \\ \vdots \\ A_m\circ R_m \end{bmatrix}=(a_1,a_2,\cdots,a_m)\circ\begin{bmatrix} b_{11} & b_{12} & \cdots & b_{1p} \\ b_{21} & b_{22} & \cdots & b_{2p} \\ \vdots & \vdots & \vdots & \vdots \\ b_{m1} & b_{m2} & \cdots & b_{mp} \end{bmatrix}$$
$$=(b_1,b_2,\cdots,b_p) \quad (9.18)$$

$$b_k=\sum_{i=1}^{m}(a_ib_{ik}) \quad 或 \quad b_k=\bigvee_{i=1}^{m}(a_i\wedge b_{ik}) \quad (k=1,2,\cdots,p) \quad (9.19)$$

6）对模糊综合评判结果进行分析处理

通过该步骤使判定结果的信息清晰化，最终对被评判对象做出判定。

模糊综合评判法的优点：

（1）隶属函数和模糊统计方法为定性指标定量化提供了有效的方法，实现了定性和定量方法的有效集合。

（2）在客观事物中，一些问题往往不是绝对的肯定或绝对的否定，涉及模糊因素，而模糊综合评判方法能很好地解决判断的模糊性和不确定性问题。

（3）所得结果为一向量，即评语集在其论域上的子集，克服了传统数学方法结果单一性的缺陷，结果包含的信息量丰富。

模糊综合评判法的缺点：

（1）不能解决评价指标间相关造成的评价信息重复问题。

（2）各因素权重的确定带有一定的主观性。

（3）在某些情况下，隶属函数的确定有一定困难。

9.3.2 模糊综合评判法应用实例

通过模糊综合评判方法对供应商能力进行综合评价分析。

1. 构建供应商能力评价的模糊综合评判模型

建立关于供应商能力的综合指标体系（参见表 9.14），评价因素集 $U=\{U_1, U_2, \cdots,$ $U_5\}=\{$产品质量能力，生产管理能力，企业竞争能力，市场应变能力，信息化能力$\}$。二级评价指标 $U_1=\{u_{11}, u_{12}, u_{13}\}, U_2=\{u_{21}, u_{22}, u_{23}, u_{24}\}, U_3=\{u_{31}, u_{32}, u_{33}, u_{34}, u_{35}\}, U_4=$ $\{u_{41}, u_{42}, u_{43}\}, U_5=\{u_{51}, u_{52}\}$。确定评语集 $V=\{V_1, V_2, V_3, V_4\}$，分别表示供应商的能力水平为$\{$高，较高，一般，低$\}$的四个级别。

表 9.14　供应商能力的综合指标体系

产品质量能力(U_1)	产品合格率 u_{11}；产品返修率 u_{12}；产品退货率 u_{13}
生产管理能力(U_2)	价格水平 u_{21}；准时交货率 u_{22}；市场占有率 u_{23}；流程优化度 u_{24}
企业竞争能力(U_3)	人员素质 u_{31}；财务能力 u_{32}；企业文化 u_{33}；服务水平 u_{34}；企业成熟度 u_{35}
市场柔性能力(U_4)	产品多样性 u_{41}；产品开发能力 u_{42}；科研能力 u_{43}
信息化能力(U_5)	信息开放度 u_{51}；信息集成度 u_{52}

2. 供应商能力的模糊综合评判模型计算过程

1）对子因素集 $U_i(i=1, 2, 3, 4, 5)$分别进行一级模糊综合评判

首先，构建单因素评价矩阵。采用专家评议法建立一个由 l 人组成的评判组，每位组员给每一个 $U_i(i=1, 2, \cdots, m)$赋予评定在 V 中 4 个等级中的一个且仅一个等级，若 l 位组员中评定 U_i 为等级 V_j 的有 l_{ij} 个人，假定每位成员意见都被同等对待，则对 U_i 的评判结果为 $f(V)$中的一个模糊子集 R_i 为算术平均得到数据。

$$\boldsymbol{R}_i = \left(\frac{l_{i1}}{l}, \frac{l_{i2}}{l}, \frac{l_{i3}}{l}, \frac{l_{i4}}{l}\right) = (v_{i1}, v_{i2}, v_{i3}, v_{i4}) \tag{9.20}$$

对于 U_1，有

$$\boldsymbol{R}_1 = \begin{bmatrix} 0.55 & 0.35 & 0.10 & 0 \\ 0.30 & 0.25 & 0.35 & 0.10 \\ 0.20 & 0.30 & 0.30 & 0.20 \end{bmatrix}$$

对于 U_2，有

$$\boldsymbol{R}_2 = \begin{bmatrix} 0.35 & 0.40 & 0.20 & 0.05 \\ 0.40 & 0.30 & 0.20 & 0.10 \\ 0.45 & 0.40 & 0.05 & 0.10 \\ 0.55 & 0.40 & 0.05 & 0 \end{bmatrix}$$

对于 U_3，有

$$R_3 = \begin{bmatrix} 0.35 & 0.50 & 0.10 & 0.05 \\ 0.45 & 0.30 & 0.15 & 0.10 \\ 0.55 & 0.30 & 0.15 & 0 \\ 0.20 & 0.25 & 0.45 & 0.10 \\ 0.20 & 0.25 & 0.35 & 0.20 \end{bmatrix}$$

对于 U_4，有

$$R_4 = \begin{bmatrix} 0.55 & 0.25 & 0.10 & 0.10 \\ 0.20 & 0.30 & 0.30 & 0.20 \\ 0.05 & 0.20 & 0.35 & 0.40 \end{bmatrix}$$

对于 U_5，有

$$R_5 = \begin{bmatrix} 0.45 & 0.25 & 0.20 & 0.10 \\ 0.55 & 0.35 & 0.10 & 0 \end{bmatrix}$$

其次，根据专家给出的子因素集中各因素的权重数据

$A_1 = (0.50, 0.40, 0.1)$；　$A_2 = (0.30, 0.30, 0.20, 0.20)$；

$A_3 = (0.15, 0.20, 0.20, 0.30, 0.15)$；　$A_4 = (0.40, 0.40, 0.20)$；

$A_5 = (0.60, 0.40)$

采用 Zadeh 算子 $b_{ik} = \bigvee\limits_{j=1}^{n} (a_{ij} \wedge r_{ijk})$ 求出 U_i 到 V 的模糊变换 $B_i = A_i \circ R_i, i = 1, 2, 3, 4, 5$。

$$b_1 = A_1 \circ R_1 = (0.50, 0.35, 0.35, 0.10)；$$
$$b_2 = A_2 \circ R_2 = (0.30, 0.30, 0.20, 0.10)；$$
$$b_3 = A_3 \circ R_3 = (0.20, 0.25, 0.30, 0.15)；$$
$$b_4 = A_4 \circ R_4 = (0.40, 0.30, 0.30, 0.20)；$$
$$b_5 = A_5 \circ R_5 = (0.45, 0.35, 0.20, 0.10)。$$

2) 进行二级综合评判计算

以 U_1, U_2, U_3, U_4, U_5 为元素，用 b_1, b_2, b_3, b_4, b_5 构造评价矩阵 R

$$\begin{bmatrix} 0.50 & 0.35 & 0.35 & 0.10 \\ 0.30 & 0.30 & 0.20 & 0.10 \\ 0.20 & 0.25 & 0.30 & 0.15 \\ 0.40 & 0.30 & 0.30 & 0.20 \\ 0.45 & 0.35 & 0.20 & 0.10 \end{bmatrix}$$

根据专家给出的目标因素的权重数据 $A = (0.40, 0.20, 0.10, 0.10, 0.20)$。

采用 Zadeh 算子 $b_k = \bigvee\limits_{i=1}^{m} (a_i \wedge b_{ik})$ 计算二级模糊综合评价 $B = A \circ R = (0.40, 0.35, 0.35, 0.10)$，经归一化处理得 $B = (0.33, 0.29, 0.29, 0.09)$。

根据最大隶属原则，通过一级模糊综合评判结果，表明企业的质量控制能力、生产组织能力、市场应变能力和信息控制能力较同行业其他企业强，但该企业的管理能力综合评价仅为"一般"，这说明企业在管理制度中仍存在缺陷。二级模糊综合评判结果表明该供应商的能力属于"高"的等级。

9.4 模糊聚类分析方法

9.4.1 模糊聚类方法介绍

在实际应用中,许多对象之间并无清晰的划分,边界具有模糊性,之间的关系更多的是模糊关系。对于这类对象使用模糊数学方法进行聚类分析,称为模糊聚类分析。

定义 9.1 模糊等价矩阵、模糊相似矩阵

设 U、V 是论域,称映射 $R(x, y): U \times V \to [0,1]$ 确定 $U \times V$ 上的一个模糊子集 R 为 U 到 V 的一个模糊关系。隶属函数 $R(x, y)$ 表示 (x, y) 关于模糊关系 R 的相关程度。若 R 满足自反性($r_{ii} = 1$)、对称性($r_{ij} = r_{ji}$)、传递性($\max\{(r_{ik} \wedge r_{kj}) \mid 0 \leqslant k \leqslant n\} \leqslant r_{ij}$),则 R 为模糊等价矩阵。若 R 仅满足自反性和对称性则 R 为模糊相似矩阵。

定义 9.2 模糊合成关系即闭包运算

设 $R = (r_{ij})_{n \times n}$ 是 n 阶模糊方阵,R 与 R 的模糊合成关系为:

$$R^2 = R \circ R = \begin{bmatrix} \bigvee_{k=1}^{n} (r_{1k} \wedge r_{1k}) & \bigvee_{k=1}^{n} (r_{1k} \wedge r_{2k}) & \cdots & \bigvee_{k=1}^{n} (r_{1k} \wedge r_{nk}) \\ \bigvee_{k=1}^{n} (r_{2k} \wedge r_{1k}) & \bigvee_{k=1}^{n} (r_{2k} \wedge r_{2k}) & \cdots & \bigvee_{k=1}^{n} (r_{2k} \wedge r_{nk}) \\ \vdots & \vdots & \vdots & \vdots \\ \bigvee_{k=1}^{n} (r_{nk} \wedge r_{1k}) & \bigvee_{k=1}^{n} (r_{nk} \wedge r_{2k}) & \cdots & \bigvee_{k=1}^{n} (r_{nk} \wedge r_{nk}) \end{bmatrix} \tag{9.21}$$

同理,依次计算 $R^n = R^{n-1} \cdot R = \overbrace{R \circ R \circ \cdots \circ R}^{n}$ 为 n 次模糊合成。

定理 如果 R 是 n 阶模糊相似矩阵,则存在一个最小的自然数 $k(k \leqslant n)$,使得 R^k 为模糊等价矩阵,且对一切大于 k 的自然数 L,恒有 $R^L = R^k$。

在聚类分析中,通常不是直接采用距离进行度量,而是采用相似性的度量方法。相似性度量公式如下所示:

$$r(x_i, x_j) = 1 - \frac{d(x_i, x_j)}{\max\limits_{x_u, x_v \in X} d(x_u, x_v)} \tag{9.22}$$

公式(9.22)表示待聚类对象 x_i 和 x_j 的相关度,代表它们之间的相似程度。$d(x_i, x_j)$ 表示聚类对象 x_i 和 x_j 之间的距离(计算方法参见第 6 章"聚类分析方法与应用"的多种距离公式),$\max\limits_{x_u, x_v \in X} d(x_u, x_v)$ 表示所有聚类对象中的最大距离。从而可以得到所有待聚类对象之间的相关性矩阵 R,根据模糊相似矩阵的定义可知 R 为模糊相似矩阵。在实际聚类分析中,寻找模糊相似矩阵 R 的模糊等价矩阵时,经常采用闭包运算。获取模糊等价关系以后,设定阈值 α 进行聚类。基于模糊等价矩阵的聚类算法步骤如图 9.2 所示。

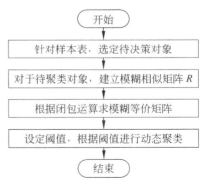

图 9.2 基于模糊等价矩阵的聚类
算法流程图

9.4.2 模糊聚类算法应用

按照基于模糊等价矩阵的聚类算法步骤(参见图 9.2),选取表 9.15 的数据,A_1 和 A_2 为样本属性,$p_1 \sim p_9$ 为待聚类对象。

表 9.15   决策表

	p_1	p_2	p_3	p_4	p_5	p_6	p_7	p_8	p_9
A_1	1	2	3	1	4	9	8	9	10
A_2	1	4	1	3	3	6	7	8	7

由于 A_1 和 A_2 两个属性的量纲相差不大,可以直接计算多维空间中任意两点之间的欧氏距离(参见第 6 章相关介绍),得到距离矩阵以后,寻找距离矩阵中元素的最大值 $d_{\max}$。然后再根据公式 9.22 计算相关性 r_{ij},得到相关性矩阵 R,同时 R 为模糊相似矩阵。

$$\text{模糊相似矩阵 } R = \begin{bmatrix} 1 & 0.72 & 0.82 & 0.82 & 0.68 & 0.17 & 0.19 & 0.06 & 0 \\ 0.72 & 1 & 0.72 & 0.9 & 0.81 & 0.35 & 0.41 & 0.28 & 0.15 \\ 0.82 & 0.72 & 1 & 0.75 & 0.81 & 0.31 & 0.31 & 0.19 & 0.19 \\ 0.82 & 0.9 & 0.75 & 1 & 0.73 & 0.23 & 0.28 & 0.17 & 0.13 \\ 0.68 & 0.81 & 0.81 & 0.73 & 1 & 0.43 & 0.5 & 0.37 & 0.36 \\ 0.17 & 0.35 & 0.31 & 0.23 & 0.43 & 1 & 0.9 & 0.82 & 0.9 \\ 0.19 & 0.41 & 0.31 & 0.28 & 0.5 & 0.9 & 1 & 0.9 & 0.82 \\ 0.06 & 0.28 & 0.19 & 0.17 & 0.37 & 0.82 & 0.9 & 1 & 0.9 \\ 0 & 0.15 & 0.19 & 0.13 & 0.36 & 0.9 & 0.82 & 0.9 & 1 \end{bmatrix}$$

对相似矩阵 R 进行二次闭包运算,得到二次闭包运算结果矩阵。

$$\text{二次闭包运算结果矩阵 } R^2 = \begin{bmatrix} 1 & 0.82 & 0.82 & 0.82 & 0.81 & 0.43 & 0.5 & 0.37 & 0.36 \\ 0.82 & 1 & 0.81 & 0.9 & 0.81 & 0.43 & 0.5 & 0.41 & 0.41 \\ 0.82 & 0.81 & 1 & 0.82 & 0.81 & 0.43 & 0.5 & 0.37 & 0.36 \\ 0.82 & 0.9 & 0.82 & 1 & 0.81 & 0.43 & 0.5 & 0.37 & 0.36 \\ 0.81 & 0.81 & 0.81 & 0.81 & 1 & 0.5 & 0.5 & 0.5 & 0.5 \\ 0.43 & 0.43 & 0.43 & 0.43 & 0.43 & 1 & 0.9 & 0.9 & 0.9 \\ 0.5 & 0.5 & 0.5 & 0.5 & 0.5 & 0.9 & 1 & 0.9 & 0.9 \\ 0.37 & 0.41 & 0.37 & 0.37 & 0.5 & 0.9 & 0.9 & 1 & 0.9 \\ 0.36 & 0.41 & 0.36 & 0.36 & 0.5 & 0.9 & 0.9 & 0.9 & 1 \end{bmatrix}$$

进行第四次闭包运算得到的结果和三次结果相同,所以找到模糊等价矩阵。

三次闭包运算结果即模糊等价矩阵如下所示。

$$\begin{array}{c}\text{三次闭包运算结果}\\\text{即模糊等价矩阵 } R^3\end{array} = \begin{bmatrix} 1 & 0.82 & 0.82 & 0.82 & 0.81 & 0.5 & 0.5 & 0.5 & 0.5 \\ 0.82 & 1 & 0.82 & 0.9 & 0.81 & 0.5 & 0.5 & 0.5 & 0.5 \\ 0.82 & 0.82 & 1 & 0.82 & 0.81 & 0.5 & 0.5 & 0.5 & 0.5 \\ 0.82 & 0.9 & 0.82 & 1 & 0.81 & 0.5 & 0.5 & 0.5 & 0.5 \\ 0.81 & 0.81 & 0.82 & 0.81 & 1 & 0.5 & 0.5 & 0.5 & 0.5 \\ 0.5 & 0.5 & 0.5 & 0.5 & 0.5 & 1 & 0.9 & 0.9 & 0.9 \\ 0.5 & 0.5 & 0.5 & 0.5 & 0.5 & 0.9 & 1 & 0.9 & 0.9 \\ 0.5 & 0.5 & 0.5 & 0.5 & 0.5 & 0.9 & 0.9 & 1 & 0.9 \\ 0.5 & 0.5 & 0.5 & 0.5 & 0.5 & 0.9 & 0.9 & 0.9 & 1 \end{bmatrix}$$

针对模糊等价矩阵,随着阈值 α 增大,聚类的划分也随之变化。但是,实际中 α 并不需要取尽[0,1]之间所有的值,只需要根据具体情况,恰当地选择 α 就可以得到满意的结果:

(1) 当 $0 < \alpha \leqslant 0.5$ 时,所有对象属于一类;

(2) 当 $0.5 < \alpha \leqslant 0.81$ 时,分为两类,一类为 $\{p_1, p_2, p_3, p_4, p_5\}$,另一类为 $\{p_6, p_7, p_8, p_9\}$;

(3) 当 $0.81 < \alpha \leqslant 0.82$ 时,分为三类,分别为 $\{p_1, p_2, p_3, p_4\}, \{p_5\}, \{p_6, p_7, p_8, p_9\}$;

(4) 当 $0.82 < \alpha \leqslant 0.9$ 时,分为五类,分别为 $\{p_1\}, \{p_2, p_4\}, \{p_3\}, \{p_5\}, \{p_6, p_7, p_8, p_9\}$;

(5) 当 $0.9 < \alpha \leqslant 1$ 时,分为九类,每个对象各归一类。

如果选取 $\alpha = 0.8$,用图 9.3 直观显示聚类的结果;如果选取 $\alpha = 0.82$,对应的聚类结果如图 9.4 所示;α 取其他值时的结果图可以类似地获得。

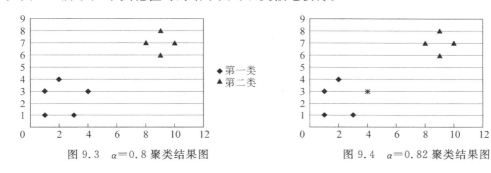

图 9.3 $\alpha = 0.8$ 聚类结果图　　　　图 9.4 $\alpha = 0.82$ 聚类结果图

9.5　小　　结

本章介绍基于模糊理论的数据挖掘技术与方法,研究了模糊层次分析方法,建立了第三方物流服务商的交通运输质量综合评价多级递阶结构模型,研究模糊综合评判方法并给出了应用实例,阐述了模糊聚类分析方法和基于模糊等价矩阵的聚类算法实例。

思　考　题

1. 层次分析法理论的计算步骤。
2. 应用模糊层次分析方法。
3. 模糊综合评判法的计算步骤。
4. 应用模糊聚类分析方法。

第10章 灰色系统理论与方法

本章介绍灰色系统的基础理论,包括灰色系统理论产生的背景,特点和灰色系统建模过程与适用范围;给出了基于灰色系统理论的三个主要的数据挖掘方法和具体应用算例,包括灰色预测模型、灰色聚类分析方法和灰色综合评价方法。

10.1 灰色系统的基础理论

10.1.1 灰色系统理论介绍

灰色系统理论(Grey System Theory)的创立源于 20 世纪 80 年代。邓聚龙教授在 1981 年上海中美控制系统学术会议上所作的"含未知数系统的控制问题"的学术报告中首次使用了"灰色系统"一词。1982 年,邓聚龙发表了"参数不完全系统的最小信息正定"、"灰色系统的控制问题"等系列论文,奠定了灰色系统理论的基础。他的论文在国际上引起了高度的重视,美国哈佛大学教授、《系统与控制通信》杂志主编布罗克特(Brockett)给予灰色系统理论高度评价,因而,众多的中青年学者加入到灰色系统理论的研究行列,积极探索灰色系统理论及其应用研究。

事实上,灰色系统的概念是由英国科学家艾什比(W. R. Ashby)所提出的"黑箱"(Black Box)概念发展演进而来,是自动控制和运筹学相结合的产物。艾什比利用黑箱来描述那些内部结构、特性、参数全部未知而只能从对象外部和对象运动的因果关系及输出输入关系来研究的一类事物。邓聚龙则主张从事物内部,从系统内部结构及参数去研究系统,以消除"黑箱"理论从外部研究事物而使已知信息不能充分发挥作用的弊端,因而,被认为是比"黑箱"理论更为准确的系统研究方法。所谓灰色系统是指部分信息已知而部分信息未知的系统,灰色系统理论所要考察和研究的是信息不完备的系统,通过已知信息来研究和预测未知领域从而达到了解整个系统的目的。

灰色系统是通过对原始数据的收集与整理来寻求其发展变化的规律。这是因为,客观系统所表现出来的现象尽管纷繁复杂,但其发展变化有着自己的客观逻辑规律,是系统整体各功能间的协调统一。因此,如何通过散乱的数据系列去寻找其内在的发展规律就显得特别重要。灰色系统理论认为,一切灰色序列都能通过某种生成弱化其随机性的模型而呈现本来的规律,也就是通过灰色数据序列建立系统反应模型,并通过该模型预测系统的可能变化状态。灰色系统理论认为微分方程能较准确地反映事件的客观规律,即对于时间为 t 的状态变量,通过方程就能够基本反映事件的变化规律。

目前,灰色系统理论得到了极为广泛的应用,不仅成功地应用于工程控制、经济管理、社会系统、生态系统等领域,而且在复杂多变的农业系统,如在水利、气象、生物防治等方面也取得了可喜的成就。灰色系统理论在管理学、决策学、战略学、预测学、未来学、生命科学等领域有极为广泛的应用前景。

10.1.2 灰色系统的特点

概率统计、模糊数学和灰色系统理论是三种最常用的不确定性系统的研究方法,如表 10.1 所示,研究对象都具有不确定性,这是三者的共同点,正是研究对象在不确定性上的区别派生出三种各具特色的不确定性学科。

表 10.1 灰色系统与概率、模糊的对比

概率与数理统计	样本量大、数据多但缺乏明显规律的问题,即"大样本不确定性"问题
模糊数学	人的经验及认知先验信息的不确定问题,即"认知的不确定性"问题
灰色系统	既无经验,数据又少的不确定性问题,即"少数据不确定性"问题

模糊数学着重研究"认知不确定"问题,其研究对象具有"内涵明确,外延不明确"的特点。比如"中年人"就是一个模糊概念,因为每一个人都十分清楚中年人的内涵,但想划定一个确定的范围则很难办到,因为中年人这个概念外延不明确。对这类内涵明确外延不明确的"认知不明确"问题,模糊数学主要是凭经验借助于隶属函数进行处理。

概率统计研究的是"随机不确定"现象,着重于考察"随机不确定"现象的历史统计规律,考察具有多种可能发生的结果之"随机不确定"现象中每一种结果发生的可能性大小。其出发点是大样本,并要求对象服从某种典型分布。

灰色系统着重研究概率统计、模糊数学所不能解决的"小样本、贫信息不确定"问题,并依据信息覆盖,通过序列生成寻求现实规律。其特点是"少数据建模"。与模糊数学不同的是,灰色系统理论着重研究"外延明确,内涵不明确"的对象。比如:到 2050 年,中国要将总人口控制在 15 亿到 16 亿之间,这"15 亿到 16 亿之间"就是一个灰概念,其外延是非常明确的,但如果进一步要问到底是哪个具体值,则不清楚。灰色系统理论与概率论、模糊数学一起并称为研究不确定性系统的三种常用方法,具有能够利用"少数据"建模寻求现实规律的良好特性,克服了数据不足或系统周期短的矛盾。

10.1.3 灰色系统建模与适用范围

1. 灰色系统 GM(n,h)建模

灰色建模是进行灰色预测与灰色决策的基础,其建模过程可分为五步:语言模型、网络模型、量化模型、动态模型、优化模型。五步建模过程事实上是信息不断补充,系统因素及其关系不断明确,明确的关系进一步量化,量化后关系进行判断改造的过程,是系统由灰变白的过程。

灰色模型和其他任何模型一样,不可能具有普遍适用性,而是有其特定的建模条件。灰色模型的特点在于其建模机理与其他模型不同,在建模的数据处理上,通过灰色序列生成找寻数据演变的规律性。在进行灰色系统建模前需要判断序列是否是光滑序列,数据序列是否满足灰指数规律。灰色系统的模型 GM(n,h)是以灰色模块概念为基础,以微分拟合法为核心的建模方法。其中 n 表示微分方程阶数,h 表示参与建模的序列个数,用得较多的是

GM(1，1)模型。GM(n，h)建模原理如下：

定理 给定下列序列

$$\{X_i^{(0)}(t)\}, (i = 1, 2, \cdots, h; t = 1, 2, \cdots, N)$$

有相应的一阶累加序列

$$\{X_i^{(1)}(t)\}, (i = 1, 2, \cdots, h; t = 1, 2, \cdots, N)$$

其中：

$$x_i^{(1)}(t) = \sum_{k=1}^{i} x_i^{(0)}(k)$$

为一次累加序列；并有相应的多次累差序列

$$\{a^{(j)}(x_i^{(t)}, t)\}, (i = 1, 2, \cdots, h; t = 1, 2, \cdots, N; j = 1, 2, \cdots, m)$$

当 $j = 1$ 时有

$$a^{(1)}(x_i^{(1)}, t) = x_i^{(1)}(t+1) - x_i^{(1)}(t) = x_i^{(0)}(t) \tag{10.1}$$

当 $j = 2$ 时有

$$a^{(2)}(x_i^{(1)}, t) = x_i^{(0)}(t+1) - x_i^{(0)}(t) \tag{10.2}$$

当 $j = n$ 时有

$$a^{(n)}(x_i^{(1)}, t) = a^{(n-1)}(x_i^{(1)}, t+1) - a^{(n-1)}(x_i^{(1)}, t) \tag{10.3}$$

再构造如下累差矩阵 $\boldsymbol{A}$，累加矩阵 $\boldsymbol{B}$ 及常向量 $\boldsymbol{y}_n$

$$\boldsymbol{A} = \begin{bmatrix} -a^{(n-1)}(x_1^{(1)}, 2) & -a^{(n-2)}(x_1^{(1)}, 2) & \cdots & -a^{(1)}(x_1^{(1)}, 2) \\ -a^{(n-1)}(x_1^{(1)}, 3) & -a^{(n-2)}(x_1^{(1)}, 3) & \cdots & -a^{(1)}(x_1^{(1)}, 3) \\ \vdots & \vdots & \vdots & \vdots \\ -a^{(n-1)}(x_1^{(1)}, n) & -a^{(n-2)}(x_1^{(1)}, n) & \cdots & -a^{(1)}(x_1^{(1)}, n) \end{bmatrix} \tag{10.4}$$

$$\boldsymbol{B} = \begin{bmatrix} -\dfrac{1}{2}(x_1^{(1)}(2) + x_1^{(1)}(1)) & x_2^{(1)}(2) & \cdots & x_n^{(1)}(2) \\ -\dfrac{1}{2}(x_1^{(1)}(3) + x_1^{(1)}(2)) & x_2^{(1)}(3) & \cdots & x_n^{(1)}(3) \\ \vdots & \vdots & \vdots & \vdots \\ -\dfrac{1}{2}(x_1^{(1)}(n) + x_1^{(1)}(n-1)) & x_2^{(1)}(n) & \cdots & x_n^{(1)}(n) \end{bmatrix} \tag{10.5}$$

$$\boldsymbol{y}_n = \begin{bmatrix} a^{(n)}(x_1^{(1)}, 2) \\ a^{(n)}(x_1^{(1)}, 3) \\ \vdots \\ a^{(n)}(x_1^{(1)}, N) \end{bmatrix} \tag{10.6}$$

若记 h 个序列 n 阶微分方程所表达的动态模型，即 GM(n，h)模型为：

$$\frac{\mathrm{d}^{(n)}(x_1^{(1)})}{\mathrm{d}t_n} + a_1 \frac{\mathrm{d}^{(n-1)}(x_1^{(1)})}{\mathrm{d}t^{n-1}} + \cdots + a_n x_1^{(1)}$$

$$= b_1 x_2^{(1)} + b_2 x_3^{(1)} + \cdots + b_{n-1} x_n^{(1)} \tag{10.7}$$

则微分方程的系数向量为

$$\hat{a} = [a_1, a_2, \cdots, a_n \vdots b_1, b_2, \cdots, b_{n-1}]^{\mathrm{T}}$$

可以通过最小二乘法求解

$$\hat{a} = [(A \vdots B)^{\mathrm{T}}(A \vdots B)]^{-1}(A \vdots B)^{\mathrm{T}} y_n$$

式中$(A \vdots B)$为由A, B组成的分块矩阵。

2. 灰色模型适用范围分析

（1）作为预测模型，常用 GM(n，1)模型，即只有一个序列变量的 GM 模型。这是因为对社会、经济、农业等系统效益（效果、产量、产值等）的发展变化进行分析和预测时，只需研究一个变量，即"效果"的数据序列。至于阶数 n 一般不超过 3 阶，因为 n 越大，计算越复杂，其精度也未必就高。当 $n=2$ 时，即灰色二阶预测模型，既能反映系统的趋势性变化特征，又能反映系统的周期性变化特征。但计算量大，且模型精度低。为计算简单，通常取 $n=1$，因此，从预测角度来建模，一般选定 GM(1，1)模型。GM(1，1)模型适用于纯指数单调变化发展的过程，适用于指数规律增长的领域，而一般经济、社会等领域大都是此种规律，所以这些领域建模以 GM(1，1)模型为主。有时为了对非纯粹的指数发展过程（即非单调变化的、有摆动的发展序列）进行预测，要用到 GM(2，1)模型。

（2）作为状态模型，常用 GM(1，h)模型。因为它可以反映 $h-1$ 个变量对某一变量一阶导数的影响。当然，这需要 h 个时间序列，并且事先必须作尽可能客观的分析，以确定哪些因素的时间序列应计入这 h 个变量中。但 GM(1，h)模型只能反映其他 $h-1$ 个变量对某一变量的一阶导数的影响，不能反映多因素系统内各变量之间的相互作用。

（3）作为静态模型，一般是 GM(0，h)模型，即 $n=0$，表示不考虑变量的导数，所以是静态。它与线性回归模型形式相似，但有本质区别，即它建立在生成数列的基础上，而线性回归模型建立在原始数据基础上。

（4）Verhulst 模型是对序列数据呈饱和 S 形曲线的情况进行预测。将二次幂非线性微分模型 $\dfrac{\mathrm{d}x^{(1)}}{\mathrm{d}t} + ax^{(1)} = b\,(x^{(1)})^2$ 称为 Verhulst 模型。常用于人口预测、生物生长、生命周期预测和产品经济寿命预测等。如果 X 本身呈 S 形，而其一次累加呈增长型，对 X 仍建立 GM(1，h)模型最合适。因为 GM 模型是以生成数建模，根据 GM(1，h)的响应函数可知，随着 k 的增大，指数函数具有较强的增长性，这与实际的一次累加数列的增长型很吻合；而采用 Verhulst 模型不一定合适。

10.2　灰色预测模型

灰色预测就是通过少量的、不完全的信息，建立灰色微分预测模型，对事物发展规律做出模糊性的长期描述。灰色预测法是一种对含有不确定因素的系统进行预测的方法。通过鉴别系统因素之间发展趋势的相异程度，即进行关联分析，并对原始数据进行生成处理来寻找系统变动的规律，生成有较强规律性的数据序列，然后建立相应的微分方程模型，从而预测事物未来发展趋势的状况。其用等时距观测到的反映预测对象特征的一系列数量值构造灰色预测模型，预测未来某一时刻的特征量，或达到某一特征量的时间。小样本、贫信息不确定性系统的大量存在，决定了灰色序列预测模型具有十分宽广的应用领域。

灰色预测的类型包括：

（1）灰色时间序列预测。即用观察到的反映预测对象特征的时间序列来构造灰色预测模型,预测未来某一时刻的特征量,或达到某一特征量的时间。

（2）畸变预测、灾变预测、季节灾变预测。即通过灰色模型预测异常值出现的时刻,预测异常值什么时候出现在特定时区内。

（3）系统预测。通过对系统行为特征指标建立一组相互关联的灰色预测模型,预测系统中众多变量间的相互协调关系的变化。

（4）拓扑预测。将原始数据作曲线,在曲线上按定值寻找该定值发生的所有时点,并以该定值为框架构成时点数列,然后建立模型预测该定值所发生的时点。本节将详细介绍灰色序列预测中经典的GM(1,1)预测模型。

10.2.1　建立灰色预测模型

灰色预测是指基于灰色动态模型 GM(1,1)的预测,灰色预测模型一般指GM(1,1)模型。数列灰色预测的步骤如下:

第一步:级比检验,建模可行性分析。

对于给定序列 $X^{(0)}$,能否建立精度较高的GM(1,1)预测模型,一般可用 $X^{(0)}$ 的级比 $\sigma^{(0)}(k)$ 的大小与所属区间,即其覆盖来判断。

事前检验准则:设
$$X^{(0)} = (x^{(0)}(1), x^{(0)}(2), \cdots, x^{(0)}(n)), x^{(0)}(k), x^{(0)}(k-1) \in X^{(0)},$$
且级比 $\sigma^{(0)}(k)$ 为
$$\sigma^{(0)}(k) = \frac{x^{(0)}(k-1)}{x^{(0)}(k)},$$
则当
$$\sigma^{(0)}(k) \in (\mathrm{e}^{-\frac{2}{n+1}}, \mathrm{e}^{\frac{2}{n+1}})$$
时,序列 $X^{(0)}$ 可作GM(1,1)建模。

第二步:数据变换处理。

数据变换处理的原则是经过处理后的序列级比落在可容覆盖中,从而对于级比不合格的序列,可保证经过选择数据变换处理后能够进行 GM(1,1)建模。通常的数据变换有平移变换、对数变换、方根变换。

第三步:GM(1,1)建模。

（1）检验序列的非负性,如果序列中的数据有负数,则进行非负化处理,即所有序列数据加最小负数绝对值。对含有零的序列在事前检验时,一般要做一次累加处理,消除序列中的零。

（2）设原始数据为 $X^{(0)} = (X^{(0)}(1), X^{(0)}(2), \cdots, X^{(0)}(n))$（对含有负数的序列,则是经过非负处理并进行了一次累加以后的序列）,计算一次累加序列 $X_i^{(1)}(i) = \sum_{k=1}^{i} X^{(0)}(k)$。

（3）建立矩阵
$$\boldsymbol{B} = \begin{bmatrix} -0.5(X^{(1)}(1) + X^{(1)}(2)) & 1 \\ -0.5(X^{(1)}(2) + X^{(1)}(3)) & 1 \\ \vdots & \vdots \\ -0.5(X^{(1)}(n-1) + X^{(1)}(n)) & 1 \end{bmatrix} \tag{10.8}$$

（4）根据公式(10.9)，求估计值 $\hat{a}$ 和 $\hat{b}$

$$\begin{bmatrix} \hat{a} \\ \hat{b} \end{bmatrix} = (\boldsymbol{B}^{\mathrm{T}}\boldsymbol{B})^{-1}\boldsymbol{B}^{\mathrm{T}}\boldsymbol{Y} \quad \text{其中，} \quad \boldsymbol{Y} = \begin{bmatrix} X^{(0)}(2) \\ X^{(0)}(3) \\ \vdots \\ X^{(0)}(n) \end{bmatrix} \tag{10.9}$$

（5）用时间响应方程 $\hat{X}^{(1)}(k+1) = \left(X^{(0)}(1) - \dfrac{\hat{b}}{\hat{a}}\right)\mathrm{e}^{-\hat{a}k} + \dfrac{\hat{b}}{\hat{a}}$ 计算拟合值 $\hat{X}^{(1)}(i)$。

（6）用后减运算还原，即 $\hat{X}^{(0)}(i) = \hat{X}^{(1)}(i) - \hat{X}^{(1)}(i-1)(i=2,\cdots,n)$。

10.2.2　灰色预测模型实例

某市服装市场各年服装销售额数据如表 10.2 第三栏所示，试用灰色系统预测法，预测该市场 2002 年服装销售量。

表 10.2　某服装市场各年服装销售额数据及预测值[57]　　　（单位：万元）

n	年份	销售额 $X^{(0)}$	累加总额 $X^{(1)}$	累加额预测值 $\hat{X}^{(1)}$	年销售预测值 $\hat{X}^{(0)}$
1	1994	210	210	210	210
2	1995	234	444	468	258
3	1996	320	764	749	281
4	1997	286	1050	1055	306
5	1998	360	1410	1389	334
6	1999	348	1758	1754	365
7	2000	400	2158	2151	397
8	2001	440	2598	2584	433

第一步：计算各年累加生成数列如表 10.2 第四栏。

$$X^{(1)}(1) = X^{(0)}(1) = 210$$
$$X^{(1)}(2) = X^{(1)}(1) + X^{(0)}(2) = 444$$
$$X^{(1)}(3) = X^{(1)}(2) + X^{(0)}(3) = 764$$

其余可类推。

第二步：计算矩阵 $\boldsymbol{B}$ 和向量 $\boldsymbol{Y}$。

$$\boldsymbol{B} = \begin{bmatrix} -0.5(X^{(1)}(1) + X^{(1)}(2)) & 1 \\ -0.5(X^{(1)}(2) + X^{(1)}(3)) & 1 \\ \vdots & \vdots \\ -0.5(X^{(1)}(n-1) + X^{(1)}(n)) & 1 \end{bmatrix}$$

$$= \begin{bmatrix} -0.5(210+444) & 1 \\ -0.5(444+764) & 1 \\ -0.5(764+1050) & 1 \\ -0.5(1050+1410) & 1 \\ -0.5(1410+1758) & 1 \\ -0.5(1758+2158) & 1 \\ -0.5(2158+2598) & 1 \end{bmatrix} = \begin{bmatrix} -327 & 1 \\ -604 & 1 \\ -907 & 1 \\ -1230 & 1 \\ -1584 & 1 \\ -1958 & 1 \\ -2378 & 1 \end{bmatrix}$$

$$\boldsymbol{Y} = \begin{bmatrix} X^{(0)}(2) \\ X^{(0)}(3) \\ \vdots \\ X^{(0)}(n) \end{bmatrix} = \begin{bmatrix} 234 \\ 320 \\ 286 \\ 360 \\ 348 \\ 400 \\ 440 \end{bmatrix}$$

第三步：计算 $(\boldsymbol{B}^{\mathrm{T}}\boldsymbol{B})^{-1}\boldsymbol{B}^{\mathrm{T}}\boldsymbol{Y}$。

$$\boldsymbol{B}^{\mathrm{T}}\boldsymbol{B} = \begin{bmatrix} -327 & -604 & -907 & -1230 & -1584 & -1958 & -2378 \\ 1 & 1 & 1 & 1 & 1 & 1 & 1 \end{bmatrix} \cdot \begin{bmatrix} -327 & 1 \\ -604 & 1 \\ -907 & 1 \\ -1230 & 1 \\ -1584 & 1 \\ -1958 & 1 \\ -2378 & 1 \end{bmatrix}$$

$$= \begin{bmatrix} 14\,804\,998 & -8988 \\ -8988 & 7 \end{bmatrix}$$

$$(\boldsymbol{B}^{\mathrm{T}}\boldsymbol{B})^{-1} = \begin{bmatrix} 14\,804\,998 & -8988 \\ -8988 & 7 \end{bmatrix}^{-1} = \begin{bmatrix} 0.000\,000\,306 & 0.00\,039\,333 \\ 0.00\,039\,333 & 0.647\,897\,347 \end{bmatrix}$$

$$\boldsymbol{B}^{\mathrm{T}}\boldsymbol{Y} = \begin{bmatrix} -327 & -604 & -907 & -1230 & -1584 & -1958 & -2378 \\ 1 & 1 & 1 & 1 & 1 & 1 & 1 \end{bmatrix} \cdot \begin{bmatrix} 234 \\ 320 \\ 286 \\ 360 \\ 348 \\ 400 \\ 440 \end{bmatrix}$$

$$= \begin{bmatrix} -3\,352\,752 \\ 2388 \end{bmatrix}$$

第四步：计算参数 $\hat{a},\hat{b}$，据公式(10.9)得：

$$\begin{bmatrix} \hat{a} \\ \hat{b} \end{bmatrix} = (\boldsymbol{B}^{\mathrm{T}}\boldsymbol{B})^{-1}\boldsymbol{B}^{\mathrm{T}}\boldsymbol{Y}$$

$$= \begin{bmatrix} 0.000\,000\,306 & 0.000\,393\,33 \\ 0.000\,393\,33 & 0.647\,897\,347 \end{bmatrix} \cdot \begin{bmatrix} -3\,352\,752 \\ 2388 \end{bmatrix}$$

$$= \begin{bmatrix} -0.086\,67 \\ 228.440\,92 \end{bmatrix}$$

则 $\hat{a} = -0.086\,67, \hat{b} = 228.44\,092$。

第五步：根据时间响应方程,确定累加值预测公式：

$$\hat{X}^{(1)}(k+1) = \left(X^{(0)}(1) - \frac{\hat{b}}{\hat{a}} \right) \mathrm{e}^{-\hat{a}k} + \frac{\hat{b}}{\hat{a}}$$

$$= (210 + 2635.755)\mathrm{e}^{0.086\,67k} - 2635.755$$

$$= 2845.755\mathrm{e}^{0.086\,67k} - 2635.755$$

观察期累加预测值：

1994 年　$\hat{X}^{(1)}(1) = 2845.755\mathrm{e}^{0.086\,67 \times 0} - 2635.755 = 210$

1995 年　$\hat{X}^{(1)}(2) = 2845.755\mathrm{e}^{0.086\,67 \times 1} - 2635.755 = 468$

余可类推,结果见表 10.2 第五栏。

预测期 2002 年度累加预测值：

$$\hat{X}^{(1)}(9) = 2845.755\mathrm{e}^{0.086\,67 \times 8} - 2635.755 = 3057$$

第六步：求年度预测值。根据

$$\hat{X}^{(0)}(i) = \hat{X}^{(1)}(i) - \hat{X}^{(1)}(i-1)$$

观察期预测值：

1995 年　$\hat{X}^{(0)}(2) = 468 - 210 = 258$

余可类推,见表 10.2 第六栏。

预测期 2002 年年度预测值：

$$\hat{X}^{(0)}(9) = 3057 - 2584 = 473$$

10.3　灰色聚类分析

灰色聚类按聚类方法可分为灰色关联聚类和灰色白化权函数聚类。

(1) 灰色关联聚类通过各对象因素之间相互的关联度,给定一个分类标准,将各对象划分成各个类。灰色关联聚类计算相对于灰类白化权函数聚类计算更简便,但只能根据计算结果来决定分几类,对于对象属于特定类别的情况不能进行相应的处理,划分方法较粗糙,主要用于同类因素的合并。

(2) 灰色白化权函数聚类根据灰数的白化权函数将各个聚类对象的各项指标的白化值经过综合处理后,将观测对象划分到事先设定的不同类别。灰色白化权函数聚类法计算方法简单,综合能力较强,准确度较高,可决定各对象所属的设定类别。其评价结果是一个向量,描述了聚类对象属于各个灰类的强度。根据向量对聚类结果进行再分析,提供比其他方法丰富的评判信息,对于评判等级论域属于灰类的问题都可应用这种方法,可用于多因素多指标的综合评价。此方法弥补了其他方法的不足,同时也克服了传统的用单一值评价多因素多指标问题的弊病。

10.3.1 基于灰色关联度的聚类分析

1. 灰色关联的基本思想

灰色关联分析的基本思想是根据系统内部各因素之间发展态势的相似、相异程度来衡量因素之间关联程度的一种方法,即根据灰色时间序列曲线几何形状的相似程度来判断其联系是否紧密。曲线越接近,相应灰色时间序列之间的关联度就越大,反之就越小。它与传统的系统相关分析有所不同,它克服了传统的系统相关分析中的缺憾,它不受变量、典型分布等的限制。

定义 10.1 灰关联度

设 $X=\{x_0, x_1, \cdots, x_m\}$ 为灰色关联因子集,系统特征序列为 $x_0=(x_0(1), x_0(2), \cdots, x_0(n))$,相关因素序列为 $x_i=(x_i(1), x_i(2), \cdots, x_i(n))$。$x_0(k), x_i(k)$ 分别为 x_0 与 x_i 的第 k 个数据点。给定 $r(x_0(k), x_i(k))$ 为实数,w_k 为 k 点权重,满足 $0 \leqslant w_k \leqslant 1, \sum_{k=1}^{n} w_k = 1$。

$$r(x_0, x_i) = \sum_{k=1}^{n} w_k r(x_0(k), x_i(k)) \tag{10.10}$$

若满足以下四个条件:

(1) 规范性:$0 \leqslant r(x_0, x_i) \leqslant 1$,若 $r(x_0, x_i)=0 \Leftrightarrow x_0, x_i \in \varphi$($\varphi$ 为空集);若 $r(x_0, x_i)=1 \Leftrightarrow x_0 = x_i$,或 x_0 与 x_i 同构;

(2) 偶对对称性:$\forall x_i, x_j \in X, r(x_i, x_j)=r(x_j, x_i) \Leftrightarrow X=(x_i, x_j)$;

(3) 整体性:$\forall x_i, x_j \in X=\{x_\sigma | \sigma=0, 1, \cdots, n; n \geqslant 2\}$,有 $r(x_i, x_j) \neq r(x_j, x_i), (i \neq j)$;

(4) 接近性:$|x_0(k)-x_i(k)|$ 越小,$r(x_0(k), x_i(k))$ 越大。

则称 $r(x_0, x_i)$ 为 x_0 对 x_i 的灰关联度,亦称为灰关联映射,通常简记为 r_{0i},$r(x_0(k), x_i(k))$ 为 x_i 对 x_0 在第 k 点的关联系数,简记为 $r_{0i}(k)$,并称上述四个条件为灰色关联四公理。

2. 几种常用的灰色关联度

利用位移差和斜率(速度、加速度)来表示关联度,是目前许多关联度量化模型的基本思路。

① 邓氏关联度

$$r(x_0, x_i) = \frac{1}{n} \sum_{k=1}^{n} r(x_0(k), x_i(k)) \tag{10.11}$$

$$r(x_0(k), x_i(k)) = \frac{\min\limits_{i} \min\limits_{k} |x_0(k)-x_i(k)| + \rho \max\limits_{i} \max\limits_{k} |x_0(k)-x_i(k)|}{|x_o(k)-x_i(k)| + \rho \max\limits_{i} \max\limits_{k} |x_o(k)-x_i(k)|} \tag{10.12}$$

其中，$\rho \in (0, +\infty)$ 为分辨系数。这是邓聚龙教授提出的灰色关联度，在众多的关联度量化模型中最为典型。按照公式(10.12)中定义的算式可以得灰色关联度的计算步骤如下：

第一步：求各序列的初值像(或均值像)。令

$$X_i' = X_i / x_i(1) = (x_i'(1), x_i'(2), \cdots, x_i'(n))$$

$$\Delta_i(k) = | x_0'(k) - x_i'(k) |, \quad \Delta_i = (\Delta_i(1), \Delta_i(2), \cdots, \Delta_i(n),) \quad (i = 1, 2, \cdots, m) \quad (10.13)$$

第二步：求两极最大差与最小差，记为

$$M = \max_i \max_k \Delta_i(k), \quad m = \min_i \min_k \Delta_i(k) \quad (10.14)$$

第三步：求关联系数。

$$r(x_0(k), x_i(k)) = \frac{m + \rho M}{\Delta_i(k) + \rho M} \quad (k = 1, 2, \cdots, n; i = 1, 2, \cdots, m) \quad (10.15)$$

第四步：计算关联度。

$$r_{0i} = \frac{1}{n} \sum_{k=1}^{n} r_{0i}(k) \quad (i = 1, 2, \cdots, m) \quad (10.16)$$

例如，某市工业、农业、运输业、商业各部门的数据如下：

工业： $X_1 = (x_1(1), x_1(2), x_1(3), x_1(4)) = (45.8, 43.4, 42.3, 41.9)$

农业： $X_2 = (x_2(1), x_2(2), x_2(3), x_2(4)) = (39.1, 41.6, 43.9, 44.9)$

运输业： $X_3 = (x_3(1), x_3(2), x_3(3), x_3(4)) = (3.4, 3.3, 3.5, 3.5)$

商业： $X_4 = (x_4(1), x_4(2), x_4(3), x_4(4)) = (6.7, 6.8, 5.4, 4.7)$

以 X_1 为系统特征序列，计算灰色关联度。

第一步：求初值像，由 $X_i' = X_i / x_i(1) = (x_i'(1), x_i'(2), x_i'(3), x_i'(4))(i=1,2,3,4)$ 得：

$$X_1' = (1, 0.9475, 0.9235, 0.9148)$$

$$X_2' = (1, 1.063, 1.1227, 1.1483)$$

$$X_3' = (1, 0.97, 1.0294, 1.0294)$$

$$X_4' = (1, 1.0149, 0.805, 0.7015)$$

第二步：求差序列，由 $\Delta_i(k) = | x_1'(k) - x_i'(k) | (i=2,3,4)$ 得：

$$\Delta_2 = (0, 0.1155, 0.1992, 0.2335)$$

$$\Delta_3 = (0, 0.0225, 0.1059, 0.1146)$$

$$\Delta_4 = (0, 0.0674, 0.1185, 0.2133)$$

第三步：求两极差。

$$M = \max_i \max_k \Delta_i(k) = 0.2335, \quad m = \min_i \min_k \Delta_i(k) = 0$$

第四步：求关联系数，取 $\rho = 0.5$，由公式(10.12)得：

$$r_{1i}(k) = \frac{0.116\ 75}{\Delta_i(k) + 0.116\ 75}, \quad (i = 2, 3, 4; k = 2, 3, 4),$$

从而

$$r_{12}(1) = 1, \quad r_{12}(2) = 0.503, \quad r_{12}(3) = 0.3695, \quad r_{12}(4) = 0.3333$$

$$r_{13}(1) = 1, \quad r_{13}(2) = 0.8384, \quad r_{13}(3) = 0.5244, \quad r_{13}(4) = 0.504$$

$$r_{14}(1) = 1, \quad r_{14}(2) = 0.634, \quad r_{14}(3) = 0.4963, \quad r_{14}(4) = 0.354$$

第五步：求灰色关联度。

$$r_{12} = \frac{1}{4} \sum_{k=1}^{4} r_{12}(k) = 0.551; \quad r_{13} = \frac{1}{4} \sum_{k=1}^{4} r_{13}(k) = 0.717;$$

$$r_{14} = \frac{1}{4} \sum_{k=1}^{4} r_{14}(k) = 0.621$$

② 广义灰色绝对关联度

$$\varepsilon_{0i} = \frac{1 + |s_0| + |s_i|}{1 + |s_0| + |s_i| + |s_i - s_0|} \tag{10.17}$$

其中

$$|s_0| = \left| \sum_{k=2}^{n-1} y_0(k) + \frac{1}{2} y_0(n) \right| \tag{10.18}$$

$$|s_i| = \left| \sum_{k=2}^{n-1} y_i(k) + \frac{1}{2} y_i(n) \right| \tag{10.19}$$

$$|s_i - s_0| = \left| \sum_{k=2}^{n-1} (y_i(k) - y_0(k)) + \frac{1}{2} (y_i(n) - y_0(n)) \right| \tag{10.20}$$

其中,$y_0(k) = x_0(k) - x_0(1)$,$y_i(k) = x_i(k) - x_i(1)(k = 1, 2, \cdots, n)$。

广义灰色绝对关联度的适用范围较广,它对等时距序列、非等时序列以及序列中有多个数据空缺的情形均适用,甚至还可用计算长度不同的序列间的关联度。

③ B 型关联度

$$r(x_0, x_i) = \frac{1}{1 + \frac{1}{n} d_{0i}^{(0)} + \frac{1}{n-1} d_{0i}^{(1)} + \frac{1}{n-2} d_{0i}^{(2)}} \tag{10.21}$$

其中

$$d_{0i}^{(0)} = \sum_{k=1}^{n} d_{0i}^{(0)}(k) = \sum_{k=1}^{n} |x_i(k) - x_0(k)| \tag{10.22}$$

$$d_{0i}^{(1)} = \sum_{k=2}^{n} d_{0i}^{(1)}(k) = \sum_{k=2}^{n} |(x_0(k) - x_0(k-1)) - (x_i(k) - x_i(k-1))| \tag{10.23}$$

$$d_{0i}^{(2)} = \sum_{k=3}^{n} d_{0i}^{(2)}(k) = \sum_{k=3}^{n} |(x_0(k) - x_0(k-1))^2 - (x_i(k) - x_i(k-1))^2| \tag{10.24}$$

$d_{0i}^{(0)}, d_{0i}^{(1)}, d_{0i}^{(2)}$ 分别为离散函数 $x_i(k)$ 与 $x_0(k)$ 的位移差,一阶斜率差和二阶斜率差。上述关联度是根据事物发展过程中的相近性与相似性而提出的,其基本思想是用描述相近性的物理特征位移差及描述相似性的物理特征速度差(一阶斜率差)、加速度差(二阶斜率差)来共同反映序列间的关联程度。

3. 灰色关联聚类模型

设有 n 个观测对象,每个对象观测含有 m 个特征数据,得到序列如下:

$$X_1 = (x_1(1), x_1(2), \cdots, x_1(n))$$
$$X_2 = (x_2(1), x_2(2), \cdots, x_2(n))$$
$$\vdots$$
$$X_m = (x_m(1), x_m(2), \cdots, x_m(n))$$

对所有的 $i \leqslant j, i, j = 1, 2, \cdots, m$ 计算出 X_i, X_j 的绝对关联度 ε_{ij},得上三角矩阵 $\boldsymbol{A}$ 称为

特征变量的关联矩阵

$$\boldsymbol{A} = \begin{bmatrix} \varepsilon_{11} & \varepsilon_{12} & \cdots & \cdots & \varepsilon_{1m} \\ & \varepsilon_{22} & \cdots & \cdots & \varepsilon_{2m} \\ & & \ddots & & \vdots \\ & & & \ddots & \vdots \\ & & & & \varepsilon_{mm} \end{bmatrix} \qquad (10.25)$$

取临界值 $r \in [0,1]$，一般要求 $r > 0.5$，当 $\varepsilon_{ij} \geqslant r(i \neq j)$ 时，则视 X_j 与 X_i 为同类特征。

定义 10.2 灰色关联聚类

特征变量 X_1，X_2，$\cdots$，X_n 在临界值 r 下的分类称为特征变量的 r 灰色关联聚类。r 可根据实际问题的需要确定，r 越接近于 1，分类越细，每一组分类中的变量相对地越少；r 越小分类越粗，这时每一组分类中的变量相对越多。

4. 灰色关联聚类实例分析

假设评定某一职位的任职资格。评委们提出了 15 个指标：1°申请书印象；2°学术能力；3°讨人喜欢程度；4°自信程度；5°精明；6°诚实；7°推销能力；8°经验；9°积极性；10°抱负；11°外貌；12°理解能力；13°潜力；14°交际能力；15°适应能力。

认为某些指标可能相关或混同的，希望通过对少数对象的观测结果，将上述指标适当归类，删去一些不必要的指标，简化考察标准。对上述指标采取打分的办法使之定量化，九名考察对象各个指标所得的分数如表 10.3 所示。

表 10.3 九名考察对象 15 个指标得分情况[57]

指标	1	2	3	4	5	6	7	8	9
X_1	6	9	7	5	6	7	9	9	9
X_2	2	5	3	8	8	7	8	9	7
X_3	5	8	6	5	8	6	8	8	8
X_4	8	10	9	6	4	8	8	9	8
X_5	7	9	8	5	4	7	8	9	8
X_6	8	9	9	9	9	10	8	8	8
X_7	8	10	7	2	2	5	8	8	5
X_8	3	5	4	8	8	9	10	10	9
X_9	8	9	9	4	5	6	8	9	8
X_{10}	9	9	9	5	5	5	10	10	9
X_{11}	7	10	8	6	8	7	9	9	9
X_{12}	7	8	8	8	8	8	8	9	8
X_{13}	5	8	6	7	8	6	9	9	8
X_{14}	7	8	8	6	7	6	8	8	8
X_{15}	10	10	10	5	7	6	10	10	10

对所有的 $i \leqslant j; i,j = 1, 2, \cdots, 15$，根据公式(10.17)计算出 X_j 与 X_i 的灰色绝对关联度，得上三角矩阵表(参见表 10.4)。

表 10.4　15 个特征指标的关联矩阵

指标	X_1	X_2	X_3	X_4	X_5	X_6	X_7	X_8	X_9	X_{10}	X_{11}	X_{12}	X_{13}	X_{14}	X_{15}
X_1	1	0.66	0.88	0.52	0.58	0.77	0.51	0.66	0.51	0.51	0.9	0.88	0.8	0.67	0.51
X_2		1	0.072	0.51	0.53	0.59	0.5	0.99	0.51	0.51	0.63	0.62	0.77	0.55	0.51
X_3			1	0.56	0.7	0.51	0.72	0.51	0.51	0.51	0.8	0.78	0.9	0.63	0.51
X_4				1	0.56	0.53	0.58	0.51	0.69	0.62	0.52	0.52	0.51	0.54	0.6
X_5					1	0.065	0.51	0.53	0.53	0.52	0.61	0.61	0.55	0.75	0.52
X_6						1	0.51	0.59	0.05	0.52	0.84	0.86	0.66	0.81	0.51
X_7							1	0.5	0.7	0.83	0.51	0.51	0.51	0.51	0.89
X_8								1	0.51	0.51	0.63	0.62	0.77	0.55	0.51
X_9									1	0.81	0.52	0.52	0.51	0.53	0.76
X_{10}										1	0.51	0.51	0.51	0.52	0.92
X_{11}											1	0.97	0.74	0.71	0.51
X_{12}												1	0.73	0.72	0.51
X_{13}													1	0.6	0.51
X_{14}														1	0.52
X_{15}															1

利用表 10.4 即可对指标进行聚类。临界值 r 可根据要求取不同的值。例如令 $r=1$，则上述 15 个指标各自成为一类。

令 $r=0.8$，从第一行开始进行检查，挑出大于等于 0.8 的 ε_{ij}，有：

$$\varepsilon_{1,3} = 0.88, \quad \varepsilon_{1,11} = 0.90, \quad \varepsilon_{1,12} = 0.88, \quad \varepsilon_{1,13} = 0.80, \quad \varepsilon_{2,8} = 0.99,$$
$$\varepsilon_{3,11} = 0.80, \quad \varepsilon_{3,13} = 0.90, \quad \varepsilon_{6,11} = 0.84, \quad \varepsilon_{6,12} = 0.86, \quad \varepsilon_{6,14} = 0.81,$$
$$\varepsilon_{7,10} = 0.83, \quad \varepsilon_{7,15} = 0.89, \quad \varepsilon_{9,10} = 0.81, \quad \varepsilon_{10,15} = 0.92, \quad \varepsilon_{11,12} = 0.97。$$

从而可知：$X_3, X_{11}, X_{12}, X_{13}$ 与 X_1 在同一类中；X_8 与 X_2 在同一类中；X_{11}, X_{13} 与 X_3 在同一类中；X_{11}, X_{12}, X_{14} 与 X_6 在同一类中；X_{10}, X_{15} 与 X_7 在同一类中；X_{10} 与 X_9 在同一类中；X_{15} 与 X_{10} 在同一类中；X_{12} 与 X_{11} 在同一类中。取标号最小的指标作为各类的代表，并将 X_6 所在类的指标 X_6, X_{14} 与 X_{12}, X_{11} 起归入 X_1 所在的类；将 X_9 与 X_{10} 一起归入 X_7 所在的类；视未被列出的 X_4, X_5 各自成为一类，就得到十五个指标的一个聚类：

$$\langle X_1, X_3, X_6, X_{11}, X_{12}, X_{13}, X_{14} \rangle, \quad \langle X_2, X_8 \rangle, \quad \langle X_4 \rangle,$$
$$\langle X_5 \rangle, \quad \langle X_7, X_9, X_{10}, X_{15} \rangle$$

10.3.2　基于灰色白化权函数的聚类方法

1. 灰色白化权函数聚类算法

灰色白化权函数聚类是以灰色的白化函数生成为基础的方法。它将聚类对象或评价对象对不同聚类指标或评价指标所拥有的白化值(实测值或分析数据)，按若干个灰类或评价等级进行归纳整理，从而判断聚类对象属于哪一灰类的灰色评估法。

设聚类对象，序号为 $i = 1, 2, \cdots, n, i \in I$；聚类指标，序号为 $j = 1, 2, \cdots, m, j \in J$；聚类

灰类,序号为 $k=1,2,\cdots,s,k\in K$。灰色聚类可按下列步骤进行：

第一步：测定对象 i 关于指标 j 的样本值 x_{ij}，写出样本矩阵 A。

第二步：根据以往经验和定性分析结论来构造 j 指标 k 子类白化权函数 $f_j^k(\cdot)$，$j=1,2,\cdots,m;k=1,2,\cdots,s,k\in K$。一般白化权函数有四种类型：典型白化权函数、下限测度白化权函数、适中测度白化权函数、上限度白化权函数。在解决实际问题时,也可站在所考虑的 n 个聚类对象的角度确定白化权函数,也可以从大环境着眼,根据所有同类对象（而不仅仅是局限于参加聚类的对象）的样本取值来确定白化权函数。

第三步：根据不同评估问题运用变权、定权或者其他方法来确定 j 指标的聚类权 η_j，$j=1,2,\cdots,m$。一般情况下,灰色聚类把 $\eta_j^k=\left(\lambda_j^k\Big/\sum_{j=1}^m\lambda_j^k\right)$ 作为 j 指标 k 子类的聚类权（其中 λ_j^k 为 j 指标 k 子类阈值）,它适用于各聚类指标的意义、量纲都相同的情形。当聚类指标的意义、量纲不同且不同指标的样本值在数量上悬殊很大时,用 λ_j^k 作为聚类权会引起评估偏差。这时,可事先利用层次分析法或者德尔菲法等方法来确定指标的权重,以体现各指标在评估时的重要性。

第四步：计算定权的聚类系数和写出灰色聚类系数向量。对象 i 属于 k 灰类的聚类系数计算公式为

$$\sigma_j^k=\sum_{j=1}^m f_j^k(x_{ij})\eta_j \quad (i=1,2,\cdots,n,i\in I,k=1,2,\cdots,s,k\in K)$$

则对象 i 灰色聚类系数向量为

$$\sigma_i=(\sigma_i^1,\sigma_i^2,\cdots,\sigma_i^s)$$

第五步：根据对象 i 灰色聚类系数向量进行聚类分析。由 $\max_{1\leq k<s}\{\sigma_j^k\}=\sigma_j^{k^*}$,判定对象 i 属于灰类 k^*。

灰类白化权函数聚类方法的一般流程,如图 10.1 所示。

2. 灰色白化权函数聚类实例分析

将灰色聚类理论应用到供应链合作伙伴的选择问题,可以为供应链伙伴选择的决策提供参考。在对供应链合作伙伴进行选择中把可供选择的企业按综合状况分为三个灰类对象,即首选合作灰类,次选合作灰类,不合作灰类。

第一步：从所在供应链合作伙伴中选择八家候选企业作为聚类对象,主要考虑成本与价格、服务水平、敏捷性和柔性、质量水平和财务状况五个综合指标,全面考察它们的整体运作状况。再对五个分指标原始数据进行无量纲化和归一化处理,然后根据归一化后的分指标,计算出企业 $i(i=1,2,\cdots,8)$ 关于各类综合指标的样本值（用百分制表示）。八个企业的五个综合性指标的样本值如表 10.5 所示。

第二步：构造五个综合性指标关于三个灰类的白化权函数。白化权函数一般凭经验或定性研究结论确定。这里对候选企业是否可作为合作伙伴分成三类：首选合作灰类,次选合作灰类,不合作灰类;根据行业内所有同类企业的历史数据统计得出的分类阈值,来确定聚类指标的关于不同灰类的白化权函数。由于五个指标都是综合性指标,因此可认为它们具有相同的白化权函数,构造了五个综合性指标关于三个灰类的白化权函数,如式(10.26)、(10.27)和(10.28)所示。

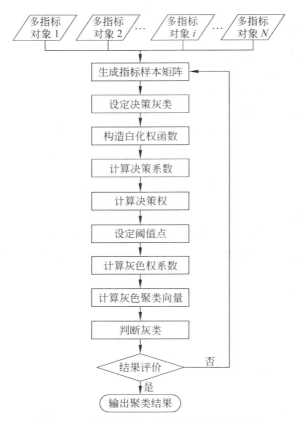

图 10.1　灰色白化权函数聚类方法流程图

表 10.5　五个综合性指标的样本值

企业（i）	成本与价格	服务水平	敏捷性和柔性	质量水平	财务状况
1	75	81	61	56	98
2	70	67	56	80	66
3	68	85	55	71	63
4	52	62	58	66	44
5	69	71	53	59	62
6	64	80	77	56	59
7	45	67	46	52	32
8	56	68	37	61	60

$$f_1 = \begin{cases} 0 & x \in [0,65] \\ \dfrac{(x-65)}{(76-65)} & x \in [65,76] \\ 1 & x \in [76,+\infty] \end{cases} \qquad (10.26)$$

$$f_2 = \begin{cases} \dfrac{(x-54)}{(65-54)} & x \in [54,65] \\[2mm] \dfrac{(76-x)}{(76-65)} & x \in [65,76] \\[2mm] 0 & x \in [0,54] \bigcup [76,+\infty] \end{cases} \tag{10.27}$$

$$f_3 = \begin{cases} 1 & x \in [0,54] \\[2mm] \dfrac{(65-x)}{(65-54)} & x \in [54,65] \\[2mm] 0 & x \in [65,+\infty] \end{cases} \tag{10.28}$$

第三步：运用层次分析法确定五个指标的聚类权，给指标事先赋权体现了不同指标在聚类过程中作用的差异性。运用层次分析法确定的五个综合指标权重如下：成本与价格的权重(η_1)＝0.14;服务水平的权重(η_2)＝0.24;敏捷性和柔性的权重(η_3)＝0.28;质量水平的权重(η_4)＝0.24;财务状况的权重(η_5)＝0.1。

第四步：计算定权聚类系数和灰色聚类系数向量。

$$\begin{aligned}
\sigma_1^1 &= \sum_{j=1}^{5} f_1(x_{1j})\eta_j \\
&= f_1(x_{11})\eta_1 + f_1(x_{12})\eta_2 + f_1(x_{13})\eta_3 + f_1(x_{14})\eta_4 + f_1(x_{15})\eta_5 \\
&= f_1(75)\times 0.14 + f_1(81)\times 0.24 + f_1(61)\times 0.28 \\
&\quad + f_1(56)\times 0.24 + f_1(98)\times 0.1 = 0.4673
\end{aligned}$$

$$\begin{aligned}
\sigma_1^2 &= \sum_{j=1}^{5} f_2(x_{1j})\eta_j \\
&= f_2(x_{11})\eta_1 + f_2(x_{12})\eta_2 + f_2(x_{13})\eta_3 + f_2(x_{14})\eta_4 + f_2(x_{15})\eta_5 = 0.2346
\end{aligned}$$

$$\vdots$$

$$\begin{aligned}
\sigma_8^3 &= \sum_{j=1}^{5} f_3(x_{8j})\eta_j \\
&= f_3(x_{81})\eta_1 + f_3(x_{82})\eta_2 + f_3(x_{83})\eta_3 + f_3(x_{84})\eta_4 + f_3(x_{85})\eta_5 = 0.5273
\end{aligned}$$

第五步：根据灰色聚类系数向量进行聚类分析。

计算得到各企业的灰色聚类系数向量，如表10.6所示。

表10.6　灰色聚类系数向量表

企业(i)	首选合作企业	次选合作企业	不合作企业	聚类结果
1	0.4673	0.2346	0.2982	首选
2	0.3563	0.4146	0.2291	次选
3	0.4091	0.3182	0.2727	首选
4	0.0218	0.4945	0.4836	次选
5	0.1818	0.3800	0.4382	不合作
6	0.5200	0.2162	0.2546	首选
7	0.0436	0.1964	0.7600	不合作
8	0.0655	0.4072	0.5273	不合作

对企业 1，$\max_{1\leqslant k\leqslant 3}\{\sigma_j^k\}=\sigma_1^1=0.4673$，可判定企业 1 属于可以最优先考虑的供应链合作伙伴；对企业 2，$\max_{1\leqslant k\leqslant 3}\{\sigma_j^k\}=\sigma_2^2=0.4146$，可判定企业 2 属于次优先考虑的供应链合作伙伴；同理可判定出企业 3 至企业 8 的所属灰类见表 10.6 的第五列，即灰色聚类的结果是：最优先考虑的供应链合作伙伴有企业 1、企业 3、企业 6；次优先考虑的供应链合作伙伴有企业 2、企业 4；不合作企业是企业 5、企业 7 和企业 8。

10.4 灰色综合评价法

灰色综合评判法是从等级的不明确性出发，可以广泛应用于机制复杂、层次较多，难以从定量角度建立精确模型的系统研究工作中。多层次灰色综合评价法结合了专家调查法、层次分析法、灰色评价法与模糊综合评价法的优势。首先利用专家调查法确定评价指标集；利用层次分析法确定评价指标的层次结构，同时计算指标的权重值；利用灰色系统理论研究部分信息已知，部分信息未知的小样本、贫信息、不确定系统；利用综合评判的方法将以上几种方法结合，建立基于灰色系统理论的评价模型，更有助于对问题本质的准确描述和分析，使评价结果更加客观合理。

10.4.1 多层次灰色综合评价方法计算步骤

1. 确定评价指标结构

设待评对象序号为 $c(c=1,2,\cdots,q)$，指标按最高层（目标 W）、中间层（一级评价指标 U_i）$(i=1,2,\cdots,n)$ 和最低层（二级评价指标 V_{ij}）$(i=1,2,\cdots,n;j=1,2,\cdots,m)$ 建立评价指标体系如图 10.2 所示。

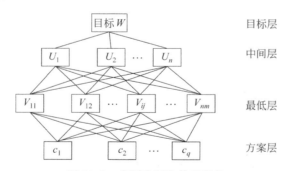

图 10.2 多层次评价体系结构

2. 指标处理

由于各种指标的量纲不一致，因而无法直接进行比较分析，为此，对于不同类型的指标，应采用不同的处理方法。

1）定量指标

针对所涉及的指标信息，通过定性分析可分为"越大越优型"和"越小越优型"，对原信息矩阵进行指标测度的统一处理，即：

（1）评价指标"越大越优"时，可用上限效果测度。记统一后的元素为 $b_{ij}=\dfrac{d_{ki}}{\max\limits_i d_{ki}}$。

（2）评价指标"越小越优"时，可用下限效果测度。记统一后的元素为 $b_{ij} = \dfrac{\min\limits_i d_{ki}}{d_{ki}}$。

2）定性指标

由专家评判法得到定性指标值。

3. 确定指标加权子集

评价指标 U_i、V_{ij} 对目标 W 的重要程度是不同的，利用层次分析法确定指标权重。求得 U_i 的权重为 a_i，指标的权重集为 $A = (a_1, a_2, \cdots, a_n)$，满足 $a_i \geqslant 0$，并归一化。指标层 V_{ij} 的权重为 a_{ij}，权重集 $A_i = (a_{i1}, a_{i2}, \cdots, a_{im})$，满足 $a_{ij} \geqslant 0$，并归一化（$i = 1, 2, \cdots, n; j = 1, 2, \cdots, m$）。

4. 制定评价指标的评分等级标准

设评价灰类序号为 $e(e = 1, 2, \cdots, g)$，有 g 个评价灰类。如 $g = 3$，则将评价灰类取为三级（强，中，弱）；若 $g = 4$，则评价灰类取为四级（优，良，中，差）；若 $g = 5$，则评价灰类取为五个等级（强，较强，一般，较弱，弱）。同时评分也可以选择介于两相邻等级之间的数值，如评分为 4.5、3.1、2.7、1.5 等。

5. 组织专家评分，确定评价值矩阵

设专家序号为 $k(k = 1, 2, \cdots, p)$，组织 p 个专家对第 c 个候选方案按评价指标 V_{ij} 评分等级标准打分，得分为 $d_{ijk}^{(c)}$，并填写评价分值表，由此可得到关于某方案的多人评价矩阵 $D^{(c)}$。

利用灰色系统理论确定评估灰类，将分散的专家评价信息描述成属于不同评价灰类的向量，最后对此向量进行单值化处理。

6. 确定评价灰类

视实际评价问题分析确定评价灰类的等级 g 所对应的灰类灰数 e 及灰数的白化权函数 $f_e(d_{ijk})$。白化权函数的转折点的值为阈值。可以从样本以外照准则或经验用类比的方法获得，这样得到的阈值称为客观阈值。从评价样本矩阵 $D(A)$ 中寻找最大、最小和中等值，分别作为上限、下限和中等值的阈值，这种阈值称为相对阈值。

$$
D^{(c)} = \begin{bmatrix}
d_{111}^{(c)} & d_{112}^{(c)} & \cdots & d_{11p}^{(c)} \\
d_{121}^{(c)} & d_{122}^{(c)} & \cdots & d_{12p}^{(c)} \\
& & \vdots & \\
d_{1n_11}^{(c)} & d_{1n_12}^{(c)} & \cdots & d_{1n_1p}^{(c)} \\
& & \vdots & \\
d_{i11}^{(c)} & d_{i12}^{(c)} & \cdots & d_{i1p}^{(c)} \\
& & \vdots & \\
d_{ij1}^{(c)} & d_{ij2}^{(c)} & \cdots & d_{ijp}^{(c)} \\
& & \vdots & \\
d_{in_i1}^{(c)} & d_{in_i2}^{(c)} & \cdots & d_{in_ip}^{(c)} \\
& & \vdots & \\
d_{n11}^{(c)} & d_{n12}^{(c)} & \cdots & d_{n1p}^{(c)} \\
& & \vdots & \\
d_{nn_i1}^{(c)} & d_{nn_i2}^{(c)} & \cdots & d_{nn_ip}^{(c)}
\end{bmatrix} = (d_{ijk}^{(c)})_{(n_1 + n_2 + \cdots + n_i) \times p} \tag{10.29}
$$

7. 计算灰色评价系数

记第 c 个候选方案对评价指标 V_{ij} 的第 e 个灰类的灰色评价系数 $x_{ije}^{(c)} = \sum\limits_{k=1}^{p} f_e(d_{ijk}^{(c)})$；则对应的总灰色评价系数 $x_{ij}^{(c)} = \sum\limits_{e=1}^{g} x_{ije}^{(c)}$。

8. 计算灰色评价权向量及权矩阵

第 c 个候选方案对评价指标 V_{ij} 的第 e 个灰类的灰色评价权 $r_{ije}^{(c)} = \dfrac{x_{ije}^{(c)}}{x_{ij}^{(c)}}$。由于有 g 个灰类，对评价指标 V_{ij} 的灰色评价权向量为 $\boldsymbol{r}_{ij}^{(c)} = (r_{ij1}^{(c)}, r_{ij2}^{(c)}, \cdots, r_{ijg}^{(c)})$。再得到对评价指标 U_i 的灰色评价权矩阵 $\boldsymbol{R}_i^{(c)}$

$$
\boldsymbol{R}_i^{(c)} = \begin{bmatrix} r_{i1}^{(c)} \\ r_{i2}^{(c)} \\ \vdots \\ r_{im}^{(c)} \end{bmatrix} = \begin{bmatrix} r_{i11}^{(c)} & r_{i12}^{(c)} & \cdots & r_{i1g}^{(c)} \\ r_{i21}^{(c)} & r_{i22}^{(c)} & \cdots & r_{i2g}^{(c)} \\ \vdots & \vdots & \vdots & \vdots \\ r_{im1}^{(c)} & r_{im2}^{(c)} & \cdots & r_{img}^{(c)} \end{bmatrix}
$$

9. 多层灰色综合评价结果

（1）二级灰色综合评价：第 c 个候选方案的评价指标 U_i 的综合评价结果记为 $\boldsymbol{B}_i^{(c)} = \boldsymbol{A}_i \boldsymbol{R}_i^{(c)} = (b_{i1}^{(c)}, b_{i2}^{(c)}, \cdots, b_{ig}^{(c)})$，由 $\boldsymbol{B}_i^{(c)}$ 可以得到指标 U_i 的灰色评价矩阵。

$$
\boldsymbol{R}^{(c)} = \begin{bmatrix} \boldsymbol{B}_1^{(c)} \\ \boldsymbol{B}_2^{(c)} \\ \vdots \\ \boldsymbol{B}_n^{(c)} \end{bmatrix} = \begin{bmatrix} b_{11}^{(c)} & b_{12}^{(c)} & \cdots & b_{1g}^{(c)} \\ b_{21}^{(c)} & b_{22}^{(c)} & \cdots & b_{2g}^{(c)} \\ \vdots & \vdots & \vdots & \vdots \\ b_{n1}^{(c)} & b_{n2}^{(c)} & \cdots & b_{ng}^{(c)} \end{bmatrix}
$$

（2）一级灰色综合评价：第 c 个候选方案的评价指标 $\boldsymbol{W}$ 的综合评价结果 $\boldsymbol{B}^{(c)} = \boldsymbol{A}\boldsymbol{R}^{(c)}$。

10. 计算综合评价值并排序

$\boldsymbol{B}^{(c)}$ 不能直接用于方案的排序，需要对 $\boldsymbol{B}^{(c)}$ 作进一步处理。将各灰类等级按阈值赋值，各评价灰类等级值化向量 $\boldsymbol{C} = \{d_1, d_2, \cdots, d_g\}$，则第 c 个候选方案的综合评价值 $\boldsymbol{W}^{(c)} = \boldsymbol{B}^{(c)} \boldsymbol{C}^{\mathrm{T}}$。同理，对 q 个候选方案分别进行多层次灰色综合评价计算，可得到 $\boldsymbol{W} = \{W^{(1)}, W^{(2)}, \cdots, W^{(q)}\}$，根据 $\boldsymbol{W}^{(c)}$ 大小排出 q 个候选方案的优劣次序，参见图 10.3。

10.4.2 多层次灰色综合评价方法应用案例

集装箱货物是世界各大港口的主要货种，集装箱运输成为港口的主营业务，在港口服务供应链中一个重要的多式联运环节就是利用集卡运输商为港口提供集装箱运输服务。假设港口管理方综合多种服务提供商选择指标，根据进出港集装箱货物的数量，确定集卡运输商和每个运输商承担的集装箱运输量。

（1）建立港口服务提供商评价指标体系。针对集卡运输商选择的实际问题，港口决策组织选择四个准则共计 14 个指标建立集卡运输商评价指标体系（参见图 10.4）。

（2）设定评价灰类的等级为 $g=5$；有五位决策者参与选择 $k=1,2,\cdots,5$，对 q 个候选的集卡运输商 $c(c=1,2,\cdots,q)$ 进行评分，得到供应商评价的指标矩阵 $D^{(c)}$。以第一个集卡运输商 $(c=1)$ 综合评价的全过程进行详细阐述，其他集卡运输商评价过程相同。

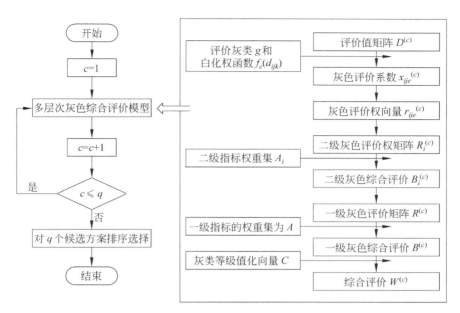

图 10.3　多层次灰色综合评价模型过程图

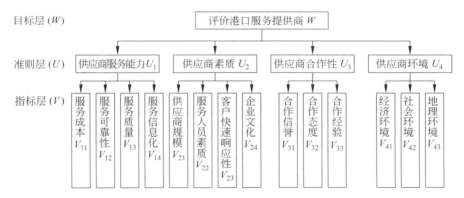

图 10.4　港口服务提供商(集卡运输商)评价指标体系

$$D^{(1)} = \left[d_{ijk}^{(1)} \right] = \begin{bmatrix} 3.5 & 3.0 & 2.5 & 3.0 & 3.5 \\ 4.0 & 3.5 & 3.0 & 3.5 & 3.0 \\ 3.0 & 2.5 & 2.5 & 2.0 & 2.5 \\ 2.0 & 2.5 & 2.0 & 1.5 & 2.0 \\ 3.0 & 2.5 & 3.0 & 2.5 & 2.0 \\ 2.0 & 2.5 & 2.0 & 2.0 & 2.0 \\ 2.0 & 2.0 & 1.5 & 2.0 & 1.5 \\ 1.5 & 1.5 & 2.0 & 1.5 & 2.0 \\ 3.5 & 3.0 & 3.5 & 3.5 & 3.0 \\ 4.0 & 3.5 & 3.5 & 3.0 & 4.0 \\ 3.0 & 3.5 & 3.0 & 3.0 & 2.5 \\ 3.0 & 2.5 & 2.5 & 2.0 & 3.0 \\ 4.0 & 3.5 & 3.0 & 3.5 & 3.0 \\ 3.5 & 3.0 & 3.5 & 4.0 & 3.5 \end{bmatrix}$$

（3）利用层次分析法得到各层指标的权重。U 层相对于 W 层的权重集
$$A=(A_1,A_2,A_3,A_4)=(0.20,0.24,0.18,0.38),$$
V 层相对于 U 层的权重集
$$A_i(i=1,2,3,4),$$
$$A_1=(A_{11},A_{12},A_{13},A_{14})=(0.4227,0.2709,0.1623,0.1441),$$
$$A_2=(A_{21},A_{22},A_{23},A_{24})=(0.3509,0.1894,0.3509,0.1088),$$
$$A_3=(A_{31},A_{32},A_{33})=(0.25,0.25,0.50),$$
$$A_4=(A_{41},A_{42},A_{43})=(0.20,0.40,0.40)$$

（4）确定评价灰类。当 $g=5$，即 $e=1,2,\cdots,5$，给出评价灰类的白化权函数：

第 1 灰类"强"（$e=1$），设定灰数 $\otimes_1\in[0,5,\infty]$，其白化权函数为：
$$f_1(d_{ijk})=\begin{cases}0 & d_{ijk}\notin[0,\infty]\\[2mm]\dfrac{d_{ijk}}{5} & d_{ijk}\in[0,5]\\[2mm]1 & d_{ijk}\in[5,\infty]\end{cases}$$

第 2 灰类"较强"（$e=2$），设定灰数 $\otimes_2\in[0,4,8]$，其白化权函数为：
$$f_2(d_{ijk})=\begin{cases}0 & d_{ijk}\notin[0,8]\\[2mm]\dfrac{d_{ijk}}{4} & d_{ijk}\in[0,4]\\[2mm]\dfrac{8-d_{ijk}}{4} & d_{ijk}\in[4,8]\end{cases}$$

第 3 灰类"一般"（$e=3$），设定灰数 $\otimes_3\in[0,3,6]$，其白化权函数为：
$$f_3(d_{ijk})=\begin{cases}0 & d_{ijk}\notin[0,6]\\[2mm]\dfrac{d_{ijk}}{3} & d_{ijk}\in[0,3]\\[2mm]\dfrac{6-d_{ijk}}{3} & d_{ijk}\in[3,6]\end{cases}$$

第 4 灰类"较弱"（$e=4$），设定灰数 $\otimes_4\in[0,1,2]$，其白化权函数为：
$$f_4(d_{ijk})=\begin{cases}0 & d_{ijk}\notin[0,4]\\[2mm]\dfrac{d_{ijk}}{2} & d_{ijk}\in[0,2]\\[2mm]\dfrac{4-d_{ijk}}{2} & d_{ijk}\in[2,4]\end{cases}$$

第 5 灰类"弱"（$e=5$），设定灰数 $\otimes_5\in[0,1,2]$，其白化权函数为：
$$f_5(d_{ijk})=\begin{cases}0 & d_{ijk}\notin[0,2]\\[2mm]d_{ijk} & d_{ijk}\in[0,1]\\[2mm]2-d_{ijk} & d_{ijk}\in[1,2]\end{cases}$$

分别计算集卡运输商 1 的评价指标 V_{11} 的灰色评价数：
$$x_{111}^{(1)}=\sum_{k=1}^{5}f_1(d_{11k}^{(1)})=f_1(3.5)+f_1(3.0)+f_1(2.5)+f_1(3.0)+f_1(3.5)=3.1$$

$$x_{112}^{(1)} = \sum_{k=1}^{5} f_2(d_{11k}^{(1)}) = f_2(3.5) + f_2(3.0) + f_2(2.5) + f_2(3.0) + f_2(3.5) = 3.875$$

$$x_{113}^{(1)} = \sum_{k=1}^{5} f_3(d_{11k}^{(1)}) = f_3(3.5) + f_3(3.0) + f_3(2.5) + f_3(3.0) + f_3(3.5) = 4$$

$$x_{114}^{(1)} = \sum_{k=1}^{5} f_4(d_{11k}^{(1)}) = f_4(3.5) + f_4(3.0) + f_4(2.5) + f_4(3.0) + f_4(3.5) = 2.25$$

$$x_{115}^{(1)} = \sum_{k=1}^{5} f_5(d_{11k}^{(1)}) = f_5(3.5) + f_5(3.0) + f_5(2.5) + f_5(3.0) + f_5(3.5) = 0$$

评价指标 V_{11} 属于各个评价灰类的总灰色评价数为：

$$x_{11}^{(1)} = \sum_{e=1}^{5} x_{11e}^{(1)} = 3.1 + 3.875 + 4 + 2.25 + 0 = 13.225$$

（5）计算灰色评价权向量与权矩阵。记所有评价者就评价指标 V_{11} 的第 e 个评价灰类的灰色评价权为 $r_{11}^{(1)} = (0.2344, 0.2930, 0.3025, 0.1701, 0)$。同理可以计算出其他评价指标对于各灰类的灰色评价权向量 $r_{12}^{(1)}$，$r_{13}^{(1)}$，$r_{14}^{(1)}$，$r_{21}^{(1)}$，$r_{22}^{(1)}$，$r_{23}^{(1)}$，$r_{24}^{(1)}$，$r_{31}^{(1)}$，$r_{32}^{(1)}$，$r_{33}^{(1)}$，$r_{41}^{(1)}$，$r_{42}^{(1)}$，$r_{43}^{(1)}$。从而得到指标 U_i 所属评价指标 V_{ij} 对于各评价灰类的灰色评价权矩阵 $\boldsymbol{R}_i^{(1)}$（$i = 1, 2, 3, 4$）。

$$\boldsymbol{R}_1^{(1)} = \begin{bmatrix} r_{11}^{(1)} \\ r_{12}^{(1)} \\ r_{13}^{(1)} \\ r_{14}^{(1)} \end{bmatrix} = \begin{bmatrix} 0.2344 & 0.2930 & 0.3025 & 0.1701 & 0 \\ 0.2522 & 0.3152 & 0.3214 & 0.1112 & 0 \\ 0.1846 & 0.2308 & 0.3076 & 0.2770 & 0 \\ 0.1558 & 0.1948 & 0.2597 & 0.3507 & 0.0390 \end{bmatrix}$$

$$\boldsymbol{R}_2^{(1)} = \begin{bmatrix} r_{21}^{(1)} \\ r_{22}^{(1)} \\ r_{23}^{(1)} \\ r_{24}^{(1)} \end{bmatrix} = \begin{bmatrix} 0.1900 & 0.2375 & 0.3167 & 0.2558 & 0 \\ 0.1618 & 0.2023 & 0.2698 & 0.3661 & 0 \\ 0.1434 & 0.1793 & 0.2391 & 0.3586 & 0 \\ 0.1370 & 0.1712 & 0.2283 & 0.3425 & 0.1210 \end{bmatrix}$$

$$\boldsymbol{R}_3^{(1)} = \begin{bmatrix} r_{31}^{(1)} \\ r_{32}^{(1)} \\ r_{33}^{(1)} \end{bmatrix} = \begin{bmatrix} 0.2413 & 0.3016 & 0.3291 & 0.1280 & 0 \\ 0.2748 & 0.3435 & 0.3053 & 0.0764 & 0 \\ 0.2236 & 0.2795 & 0.3106 & 0.1863 & 0 \end{bmatrix}$$

$$\boldsymbol{R}_4^{(1)} = \begin{bmatrix} r_{41}^{(1)} \\ r_{42}^{(1)} \\ r_{43}^{(1)} \end{bmatrix} = \begin{bmatrix} 0.1900 & 0.2375 & 0.3167 & 0.2558 & 0 \\ 0.2522 & 0.3152 & 0.3214 & 0.1112 & 0 \\ 0.2633 & 0.3291 & 0.3135 & 0.0941 & 0 \end{bmatrix}$$

（6）对 U_1, U_2, U_3, U_4 作综合评价，其综合评价结果为

$$\boldsymbol{B}_1^{(1)} = \boldsymbol{A}_1 \boldsymbol{R}_1^{(1)} = (0.2198, 0.2748, 0.3023, 0.1975, 0.0056)$$

$$\boldsymbol{B}_2^{(1)} = (0.1625, 0.2032, 0.2709, 0.3222, 0.0411)$$

$$\boldsymbol{B}_3^{(1)} = (0.2408, 0.3010, 0.3139, 0.1442, 0)$$

$$\boldsymbol{B}_4^{(1)} = (0.2442, 0.3052, 0.3173, 0.1333, 0)$$

于是得到候选集卡运输商 1 的评价指标 W 所属指标 U_i 对于各评价灰类的灰色评价权矩阵 $\boldsymbol{R}^{(1)}$：

$$R^{(1)} = \begin{bmatrix} \boldsymbol{B}_1^{(1)} \\ \boldsymbol{B}_2^{(1)} \\ \boldsymbol{B}_3^{(1)} \\ \boldsymbol{B}_4^{(1)} \end{bmatrix} = \begin{bmatrix} 0.2198 & 0.2748 & 0.3023 & 0.1975 & 0.0056 \\ 0.1625 & 0.2032 & 0.2709 & 0.3222 & 0.0411 \\ 0.2408 & 0.3010 & 0.3139 & 0.1442 & 0 \\ 0.2442 & 0.3052 & 0.3173 & 0.1333 & 0 \end{bmatrix}$$

得到 W 评价灰类向量

$$\boldsymbol{B}^{(1)} = \boldsymbol{A}\boldsymbol{R}^{(1)} = (0.2191, 0.2739, 0.3025, 0.1934, 0.0109)$$

因为 $g = 5$，故决定各评价灰类等级值化向量

$$\boldsymbol{C} = \{强, 较强, 一般, 较弱, 弱\} = (5, 4, 3, 2, 1)$$

因此候选集卡运输商 1 的综合评价值

$$\boldsymbol{W}^{(1)} = \boldsymbol{B}^{(1)}\boldsymbol{C}^{\mathrm{T}} = 3.4963$$

同理，按照上述过程，可以得到其他集卡运输商的多人多属性灰色综合评价值并进行排序，将灰色综合评价值较高即排序靠前的一组集卡运输商组成最终的决策方案。

10.5 小　　结

本章对灰色系统理论与方法进行详细阐述，内容包括灰色系统理论概述、发展历程与应用现状和灰色系统的特点，介绍了灰色系统 $\mathrm{GM}(n, h)$ 建模方法，研究了灰色预测方法、灰色关联聚类分析、灰色白化权函数聚类分析、灰色综合评价方法和多层次灰色综合评价方法等灰色系统的技术与方法。

思　考　题

1. 概述灰色系统理论。
2. 阐述灰色系统的特点。
3. 描述灰色系统 $\mathrm{GM}(n,h)$ 建模方法。
4. 概述灰色预测方法。
5. 描述灰色关联聚类分析。
6. 概述灰色关联度方法。
7. 概述多层次灰色综合评价法的计算方法和流程。

第11章　基于数据挖掘的知识推理

知识推理主要包括谓词逻辑推理、非单调推理、非确定性推理、基于规则的推理、基于案例的推理和定性推理等。下面主要阐述其中的非单调推理、非确定性推理、基于规则的推理、基于案例的推理模型。同时介绍了三种基于数据挖掘方法的知识推理模型,包括基于决策树的知识推理、基于关联规则的知识推理和基于粗糙集的知识推理模型。

11.1　知识推理的分类

11.1.1　非单调推理

不完全信息处理问题几乎涉及 AI 的所有领域,如机器人规划、视觉、诊断、专家系统、逻辑程序设计语言、自然语言理解及数据库等。正是由于在信息不完全下进行的推理的跳跃性,其结论是可证伪的,因此我们说经典的逻辑系统无法解决不完全信息下的推理问题。因为在经典逻辑系统中由已知事实推出的结论是永真的,它绝不会在已知事实增加时丧失。即随着它的公理系统的扩大,或者说加入任何公理到任意理论 T 中得到的新理论 T1 仍然保持 T 中的定理的有效性。即有 IF T→ P AND T∪T1 THEN T1→P。

这反映出经典逻辑的单调性,也是人们把解决不完全信息处理的一类方法称为非单调推理的原因。非单调推理至少在三种场合起到作用:

(1) 非完全知识库;

(2) 动态变化的知识库;

(3) 在问题求解时,常常预作一些临时假设,并在问题求解过程中根据当时情况对这些假设进行修正。

11.1.2　非确定性推理

在实际应用中,各种知识表示及处理系统均会面临不良知识结构的问题,这是由于各种知识本身的表达及推理并不像数学或物理等学科那样严格,或在某些情况下不需要那么严格。这一点在各种专家系统中尤为明显。在实际问题求解时,知识处理系统需要对非精确的数据和知识进行"非精确"处理。因此,提出了许多种非确定性推理模型,包括模糊推理、贝叶斯概率推理、D-S 证据理论和粗糙集理论等。

1. 模糊逻辑与模糊推理

传统逻辑强调严格性和精确性,但在现实中,模糊的现象需要描述,模糊的问题需要解决,不但传统的精确数学无法解决这一类任务,传统的随机数学也无能为力。1965 年,L. A. Zadeh 提出了模糊集理论,从此开始,利用数学工具研究模糊现象引起了广大研究者的注意。合成推理规则(Compositional Rule of Inference,CRI)是模糊推理方法中最有影响的一类方法。CRI 方法基于广义假言推理规则(Generalized Modus Ponens,GMP),将模糊规则解释为模糊关系,并通过把新事实与模糊关系作合成运算来得到推理结果。另一种在控制中应用较多的模糊推理方法为 Takagi-Sugeno(T-S)方法,所基于的模糊规则的后件为输入变量的线性组合。模糊推理用于控制时,常常与其他人工智能方法相结合。如基于人工神经网络的神经模糊系统、基于遗传算法的进化模糊系统等,这些混合系统一般具有较好的自学习、自寻优和处理不精确性数据的能力,具有广泛的应用前景。

2. 贝叶斯网络推理

关于使用贝叶斯(Bayes)网的概率推理工作开始于 Pearl。贝叶斯网络推理是指利用贝叶斯网络的结构及其条件概率表,在给定证据后计算某些节点取值的概率。概率推理(Probabilistic Inference)和最大后验概率解释(Maximum A Posteriori Explanation, MAP Explanation)是贝叶斯网络推理的两个基本任务。一个贝叶斯网是一个有向无环图(Dag),每个节点表示一个随机变量,并且网中所有节点的联合概率等于每个节点以其父节点为条件的条件概率的乘积。从而相比整个联合概率分布,贝叶斯网极大地减少了所需要的存储量。贝叶斯网利用条件独立性来组织概率知识,用有向弧作为信息传输的通道,并且类似于神经网络,即采用分布式计算来更新信念。贝叶斯网共有三种推理模式:一是因果推理或由上向下推理(Predictive),二是诊断推理或自底向上推理(Abductive),三是内因推理(Intercausal)。

贝叶斯分类是一种基于统计的简单而有效的分类方法,它可以用来预测给定样本属于一个特定类的概率。贝叶斯分类以贝叶斯定理为基础,主要有朴素贝叶斯分类和贝叶斯网络分类。采用贝叶斯分类必须满足下面两个条件:

(1) 要决策分类的类别数是一定的;

(2) 各类别总体的概率分布是已知的。

1) 朴素贝叶斯

朴素贝叶斯分类的关键在于使用概率表示各种形式的不确定性,通过训练大量样本,在已知先验概率和条件概率的情况下来计算后验概率。其中,先验概率指根据以往经验和分析得到的概率,表示没有训练数据前假设所拥有的初始概率。设 A,B 是两个事件,且 $P(A)>0$,称 $P(B|A)=\dfrac{P(AB)}{P(A)}$ 为在事件 A 发生的条件下事件 B 发生的条件概率。

贝叶斯公式:设试验 E 的样本空间为 S,A 为 E 的事件,$B_1,B_2,\cdots,B_n$ 为 S 的一个划分,且 $P(A)>0,P(B_i)>0(i=1,2,\cdots,n)$,则

$$P(B_i \mid A) = \frac{P(A \mid B_i)P(B_i)}{\sum\limits_{j=1}^{n} P(A \mid B_i)P(B_i)}, \quad (i=1,2,\cdots,n)$$

称为贝叶斯公式。

贝叶斯定理:设 X 是类别标号未知的数据样本,它的特征是 $\{x_1,x_2,\cdots,x_m\}$,分别表示对 m 个属性 $A_1,A_2,\cdots,A_m$ 的 m 个度量,这里假设 A_i 为分类型属性。预定义的样本类别为 $C=\{C_1,C_2,\cdots,C_n\}$。贝叶斯分类法将预测样本 X 属于后验概率最大的那个类 C_i,即 $P(C_i|X)>P(C_j|X)$ $j=1,2,\cdots,n$ 且 $j\neq i$。其中,$P(C_i|X)$ 是后验概率,或者称为在条件 X 下 C_i 的后验概率。$P(C_i)$ 为先验概率,其大小可由训练样本中类别为 C_i 的样本数除以样本总数来确定。根据贝叶斯公式,可以得到 $P(C_i|X)$ 的计算公式 $P(C_i|X)=\dfrac{P(X|C_i)P(C_i)}{P(X)}$。贝叶斯定理提供了一种由 $P(X)$、$P(C_i)$ 及 $P(X|C_i)$ 计算后验概率 $P(C_i|X)$

的方法。由于 $P(X)$ 是常数,所以可以重新定义 $P(C_i|X)$ 的计算公式为 $P(C_i|X)=P(X|C_i)P(C_i)$。朴素贝叶斯分类算法有一个基本假设:特征项之间相互独立,彼此之间不存在任何的依赖关系。所以,$P(C_i|X)=\prod_{j=1}^{m}P(x_j|C_i)P(C_i)$。其中,如果属性 A_i 是连续值属性,通常假设该属性服从均值为 μ_{C_i}、标准差为 σ_{C_i} 的正态分布,则

$$P(x_j|C_i)=\frac{1}{\sqrt{2\pi}\sigma_{C_i}e^{-\frac{(x-\mu_{C_i})^2}{2\sigma_{C_i}^2}}},$$

μ_{C_i} 和 σ_{C_i} 分别为训练样本中类别为 C_i 的样本的特征值 x_j 的平均值和方差。

例 11.1 下面用一个简单的例子来说明贝叶斯分类的过程,如表 11.1 所示,所采用的数据集包含五个属性 exam score(成绩)、contest(竞赛)、evaluation(评价)、association(社团)、scholarship(奖学金),scholarship 是最终分类属性,exam score、contest、evaluation、association 是条件属性,利用贝叶斯方法预测新样本 Jean good city-level excellent yes 的类别。

(1) 属性 exam score 的值有三个:excellent(优秀)、good(良好)、average(一般)。

(2) 属性 contest 的值有三个:province-level(省级以上)、city-level(市级及以上)、school-level(校级)。

(3) 属性 evaluation 的值有两个:excellent(优秀)、fair(良好)。

(4) 属性 association 的值有两个:yes(是)、no(否)。

(5) 属性 scholarship 的值有两个:yes(是)、no(否)。

表 11.1　发放奖学金的数据属性集合

Name	exam score	contest	evaluation	association	scholarship
James	excellent	school-level	excellent	yes	yes
Cherry	average	city-level	fair	yes	yes
Daisy	excellent	school-level	excellent	no	yes
Danny	Good	city-level	excellent	no	yes
Amy	average	school-level	fair	no	no
Dave	Good	province-level	fair	yes	no
Mike	excellent	province-level	fair	yes	yes
John	average	city-level	excellent	no	no
Jerry	average	province-level	excellent	yes	yes
Maggie	Good	city-level	excellent	no	yes
Kate	average	school-level	excellent	no	no
Bill	excellent	city-level	fair	no	yes
Alice	Good	city-level	fair	no	no
Jim	Good	province-level	excellent	no	yes
Jessica	excellent	city-level	excellent	yes	yes

第一步：计算训练样本集每个类别的概率。

从表 11.1 可以看出,训练样本的目标属性 scholarship 有两类：yes、no,分别有 10 个和 5 个样本,分别计算这两个类别的概率,过程如下：

$$P(\text{scholarship} = \text{'yes'}) = \frac{10}{15} = 0.6667,$$

$$P(\text{scholarship} = \text{'no'}) = \frac{5}{15} = 0.3333$$

第二步：为了计算 $P(X|C_i)(i=1,2)$,需要计算 X 的每个属性的取值相对于每个类别的概率。

（1）属性 exam score 有 3 个取值：excellent、good 和 average,计算 examscore = 'good' 的条件概率的过程如下：

$$P(\text{examscore} = \text{' good'} \mid \text{scholarship} = \text{'yes'}) = \frac{3}{10} = 0.3;$$

$$P(\text{examscore} = \text{' good'} \mid \text{scholarship} = \text{'no'}) = \frac{2}{5} = 0.4$$

（2）属性 contest 有 3 个取值：province-level、city-level 和 school-level,计算 contest = 'city-level' 的条件概率的过程如下：

$$P(\text{contest} = \text{'city-level'} \mid \text{scholarship} = \text{'yes'}) = \frac{5}{10} = 0.5;$$

$$P(\text{contest} = \text{'city-level'} \mid \text{scholarship} = \text{'no'}) = \frac{2}{5} = 0.4$$

（3）属性 evaluation 有两个取值：excellent 和 fair,计算 evaluation = 'excellent' 的条件概率的过程如下：

$$P(\text{evaluation} = \text{'excellent'} \mid \text{scholarship} = \text{'yes'}) = \frac{7}{10} = 0.7;$$

$$P(\text{evaluation} = \text{'excellent'} \mid \text{scholarship} = \text{'no'}) = \frac{2}{5} = 0.4$$

（4）属性 association 有两个取值：yes 和 no,计算 association = 'yes' 的条件概率的过程如下：

$$P(\text{association} = \text{'yes'} \mid \text{scholarship} = \text{'yes'}) = \frac{5}{10} = 0.5;$$

$$P(\text{association} = \text{'yes'} \mid \text{scholarship} = \text{'no'}) = \frac{1}{5} = 0.2$$

第三步：计算新样本对两种类别的概率。

$P(\text{'good,city-level,excellent,yes'} \mid \text{scholarship} = \text{'yes'}) \times P(\mid \text{scholarship} = \text{'yes'})$

$= P(\text{exam score} = \text{'good'} \mid \text{scholarship} = \text{'yes'})$

$\quad \times P(\text{contest} = \text{'city-level'} \mid \text{scholarship} = \text{'yes'})$

$\quad \times P(\text{evaluation} = \text{'excellent'} \mid \text{scholarship} = \text{'yes'})$

$\quad \times P(\text{association} = \text{'yes'} \mid \text{scholarship} = \text{'yes'})$

$\quad \times P(\mid \text{scholarship} = \text{'yes'})$

$$= 0.3 \times 0.5 \times 0.7 \times 0.5 \times 0.6667 = 0.035$$

$$P(\text{'good,city-level,excellent,yes'} \mid \text{scholarship} = \text{'no'}) \times P(\mid \text{scholarship} = \text{'no'})$$
$$= P(\text{exam score} = \text{'good'} \mid \text{scholarship} = \text{'no'})$$
$$\times P(\text{contest} = \text{'city-level'} \mid \text{scholarship} = \text{'no'})$$
$$\times P(\text{evaluation} = \text{'excellent'} \mid \text{scholarship} = \text{'no'})$$
$$\times P(\text{association} = \text{'yes'} \mid \text{scholarship} = \text{'no'})$$
$$\times P(\mid \text{scholarship} = \text{'no'})$$
$$= 0.4 \times 0.4 \times 0.4 \times 0.2 \times 0.3333 = 0.0043$$

第四步：选择概率大的类别作为预测类别。

因为

$$P(\text{scholarship} = \text{'yes'} \mid \text{'good,city-level,excellent,yes'})$$

大于

$$P(\text{scholarship} = \text{'no'} \mid \text{'good,city-level,excellent,yes'}),$$

所以,待预测样本 Jean good city-level excellent yes 属于 scholarship＝yes 这一类别。

2）贝叶斯网络

贝叶斯网络又称为信念网络或概率网络,它是基于概率推理的图形化网络,用一个有向无环图表示条件概率的分布,允许在变量的子集之间定义类条件独立性。贝叶斯网络提供了一种表示因果关系的方法,它由节点和连接这些节点的有向边组成。节点代表事件或变量,有向边代表节点之间的因果关系或概率依赖,用条件概率来表示关系强度。如果一条弧从节点 X 指向节点 Y,那么 X 为 Y 的直接前驱,Y 为 X 的后继。一个变量只与它的直接前驱有依赖关系,而独立于其他变量。

3. D-S 证据方法

证据推理最初是由 Dempster 在 1967 年提出的,他用多值映射得出了概率的上下界,后来由 Shafer 在 1976 年推广并且形成证据推理,从而成为 Dempster-Shafer(D-S)理论。D-S 证据方法是一种重要的证据表示和证据合成的方法。D-S 证据理论优点:赋给一个假设一个信念值并不必将余下的信念值赋给该假设的反面;适合处理不完全性信息,即缺乏明确性(Specificity)而带来的不确定性;适合不确定性信息融合。D-S 理论的一个弱点就是证据合成时会出现组合爆炸。D-S 证据理论已被成功地应用到许多实际系统中,如决策系统、诊断系统、模式识别系统、语音识别系统。

以上三种推理方法所解决问题的重点各不相同:模糊集理论侧重于表示和管理模糊信息;贝叶斯概率理论具有严格的数学理论基础,并且已经发展为较为完善的表示和管理随机性知识的方法,但它需要精确的概率判断;D-S 证据理论基于随机集理论,并且允许不精确的概率判断来抓住不精确的证据,即结果的可能性通过一个概率区间来判断,而非点概率。所有这些理论和方法不是彼此竞争的,而是彼此互补的。

4. 粗糙集理论

从不完全性信息中,人们仅能得到概念的下近似和上近似,而不是清晰的概念本身。在近似的过程中,不可区分性起着重要的作用。不同的对象拥有某些相同的属性或性质,从而这些对象在给定的性质下是不可区分的,这便是对这些对象的不可区分性、不完全性信息的阐述。Pawlak首先引入了粗糙集的概念,即粗糙集理论提供了从不可区分性,不完全性信息中发现知识的理论和方法。

11.1.3　基于规则的推理

基于规则的推理(Rule Based Reasoning,RBR)是基于规则表示的知识系统,是基于领域专家知识和经验的推理,它将专家的知识和经验抽象为若干推理过程中的规则。本质是从一个初始事实出发,根据规则,寻求到达目标条件的求解过程。在该知识系统中,规则通常用于表示具有因果关系的知识,主要适用于知识富有的领域,但是知识获取困难,对求解过程无记忆能力。基于规则的推理的一般形式为前件→后件,也可表示为 If 前件 then 后件。其中,前件为前提,后件为结论。前件和后件可以是由逻辑运算符 and、or 组成的表达式。含义为:如果前提前件满足,则可推出结论后件或执行后件所规定的操作。基于规则推理的基本思想是按向前的方向检查每一条规则,先看它的前提,如果前提被确定为真,则考虑它的结论部分,并执行结论中的动作。如果前提被确定为假,则考虑另一条规则。在推理过程中,推理机采用绝对严密的推理,即在开始推理时,推理机反复调用规则集中的规则,在反复调用过程中就可以检查还未启动的每条规则的前提,这样在进行第二次或子序列的重复调用时,就可能触发前提原来为假或未知的规则。这样重复下去直到没有触发的规则时就不再调用。推理过程如图 11.1 所示。

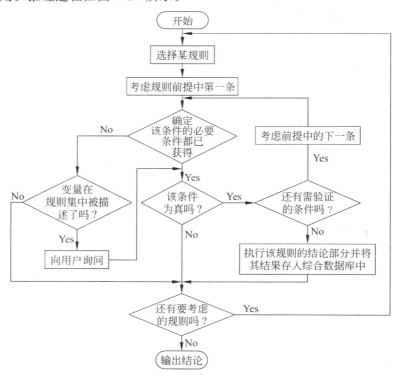

图 11.1　基于规则的一种推理方法

11.1.4　基于案例的推理

1982 年，美国耶鲁大学 Roger Shank 首次提出了基于案例的推理（Case Based Reasoning，CBR）理论的认知模型及框架。CBR 以自然界的两大原则为理论前提：

（1）世界是规则的，相似的问题有相似的求解方法和过程；

（2）事物总是会重复出现的，我们遇到的（相似的）问题或事物总会重复出现。正是基于这两大原则，CBR 才能有效地运用以前的经验和知识来求解现在的问题。对于以前所未遇到的新问题，则是 CBR 的一个重要学习机会，也是 CBR 系统自我完善能力的体现。CBR 直接模拟人类思维模式，在遇到一个需要求解的问题时，首先在实例库中检索与该问题最相类似的事例并对其进行修补，输出修补后的结果作为该问题的解。它寻找的是最佳匹配，而不是准确的匹配。

1994 年，Aamodt 和 Plaza 指出一个 CBR 过程主要有四大步骤：

（1）检索（Retrieval）相似度较高的案例；

（2）复用（Reuse）案例的方法并通过适当推理解决当前问题，生成新问题的初步解决方案；

（3）修正（Revise）前述的解决方案使其更符合问题的描述；

（4）学习/保留（Retain）新的案例到案例库中，该过程被称为 R^4 模型。但是 R^4 模型有两个不足之处：一是案例、问题和问题的解没有明确分离，二是该模型假定案例及案例库是已经存在的，回避了构建案例库也是 CBR 过程的一个重要任务。因此，G. Finnie 增加 Repartition 过程，扩充 R^4 模型形成 R^5 模型，为建设案例库和案例检索提供了基于相似的逻辑推理的数学基础。

CBR 系统具有以下特点：

（1）高效的记忆能力。CBR 系统直接援引过去的知识和经验，避免一切问题从头再来的弊端。不仅可以进行正面的学习，还可以避免以前的错误，从而一开始就可以直指问题的核心。

（2）增量式的自主学习能力。CBR 系统具有自主学习的功能，是一种增量式学习方法。随着事例的增加，事例库的覆盖度（求解问题的范围）逐渐提高；同时由于事例比规则获取容易，不需要完整的领域模型，通过事例的积累和经验的增加，使事例推理逐步实用化。

（3）集成与扩展能力。它可以方便地采用成本较低的原型系统进行开发，在以后的学习过程中不断增加新事例，修改旧事例，提高自己的判断推理能力。CBR 系统一般工作过程如图 11.2 所示。

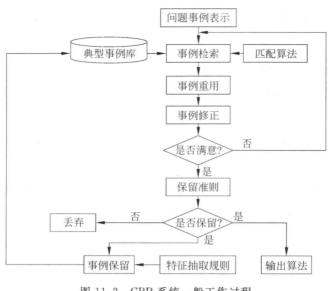

图 11.2　CBR 系统一般工作过程

11.2　基于数据挖掘方法的知识推理

在知识推理过程中会涉及多种数据挖掘方法。例如,可以利用聚类、粗糙集和主成分分析方法定义知识推理的特征项;使用模糊技术、统计方法建立相似性的评测方法;利用分类和聚类分析自动获取和提供知识索引和发现特殊情况下的离群值和孤立点。本节主要介绍基于决策树,关联规则和粗糙集的知识推理方法。

11.2.1　基于决策树的知识推理

决策树(decision tree)学习是以实例为基础的归纳学习算法,是数据挖掘中经常要用到的一种简单、有效的分类算法。构造决策树的目的是从一组无次序、无规则的事例中找出属性和类别间的关系,以便用它来预测将来未知类别的记录的类别。决策树可以用来分析数据辅助决策,也可以用来预测,它是一种由节点跟有向边组成的特殊的树结构。根据层次的不同,节点分为根节点、内部节点和叶节点三类。树的根节点是整个决策树的开始,对应整个样本集,也就是学习的事例集。树的内部节点代表属性或属性的集合,表示的是对某个属性的测试,在内部节点进行属性值的比较,根据不同的属性值判断该节点向下的分支,分支就是分类的判定条件;树的叶节点代表一个类标号。因此从根到叶节点的一条路径就对应着一条合取规则,整棵决策树对应着一组析取表达式规则。

决策树的生成通常从根节点开始,根据此节点对应的样本集,按照某一标准,选择节点相关属性,然后根据属性值的个数向下伸出相应数量的分支,形成中间节点,如此循环下去,直到满足下面三个条件时,节点才停止扩张,称为叶节点。这三个条件是:

(1) 节点对应样本集中的所有样例均为一类,那么以此节点标记此节点。

（2）节点对应样本集为空集，那么以其父节点对应样本集中最普遍的样例类别标记此节点。

（3）从根节点到此节点的父节点，所有的属性均被使用过一次，那么处理方法同第（2）种情况。

决策树是一种有指导的学习方法。该方法先根据训练子集形成决策树。如果该树不能对所有对象给出正确的分类，那么选择一些其他训练子集加入到原来的训练子集中，重复该过程一直到形成正确的决策集。最终得到一棵树，其叶节点是类名，中间节点是带有分支的属性，该分支对应该属性的某一可能值。

决策树的算法：构造决策树算法有多种，较有代表性的有 Quinlan 的 ID3 算法（Iterative Dichotomiser 3，迭代二叉树 3 代），Breiman 等人的 CART 算法，Loh 和 Shih 的 QUEST 算法，Magidson 的 CHAID 算法等。下面介绍最常用的 ID3 算法。早期著名的决策树算法是 1986 年由 Quinlan 提出的 ID3 算法。ID3 算法用信息增益（Information Gain）作为属性选择度量。信息增益值越大，不确定性越小。因此，ID3 总是选择具有最高信息增益的属性作为当前节点的测试属性。信息增益越大，信息的不确定性下降的速度也就越快。这种信息理论方法使得对一个对象分类所需要的期望测试数目达到最小，并尽量确保找到一棵简单的（但不必是最简单的）树来刻画相关的信息。

信息熵定义：假设训练样本集 T 包含 n 个样本，这些样本分别属于 m 个类，其中第 i 个类在 T 中出现的比例为 p_i，那么 T 的信息熵为：

$$I(T) = \sum_{i=1}^{m} - p_i \log_2 p_i \tag{11.1}$$

信息熵（简称为熵）表示信源的不确定性，熵越大，把它搞清楚所需要的信息量也就越大。从信息熵的计算公式可以看出，训练集在样本类别方面越模糊越杂乱无序，它的熵值就越高；反之，则熵值越低。熵的单位可以相应地是比特（二进制）、铁特（三进制）、笛特（十进制）或奈特（自然单位），其中比特为最常用的表示方法。

假设属性 A 把集合 T 划分成 V 个子集 $\{T_1, T_2, \cdots, T_v\}$，其中 T_i 所包含的样本数为 n_i，如果 A 作为测试属性，那么划分后的熵就是：

$$E(A) = \sum_{i=1}^{v} \frac{n_i}{n} I(T_i) \tag{11.2}$$

$\frac{n_i}{n}$ 充当第 i 个子集的权，它表示任意样本属于 T_i 的概率。熵值越小，划分的纯度越高。用属性 A 把训练样本集分组后，样本集的熵将会降低，因为这是一个从无序向有序的转变过程。

信息增益定义为分裂前的信息熵（即仅基于类比例）与分裂后的信息熵（即对 A 划分之后得到的）之间的差。简单地说，信息增益是针对属性而言的，没有这个属性时样本所具有的信息量与有这个属性时的信息量的差值就是这个属性给样本所带来的信息量。

$$\text{Gain}(A) = I(T) - E(A) \tag{11.3}$$

ID3 算法描述

ID3 算法以自顶向下递归的分而治之方式构造决策树。ID3 算法就是根据"信息增益越大的属性对训练集的分类越有利"的原则来选取信息增益最大的属性作为"最佳"分裂点。算法描述如下：

算法：Generate_decision_tree   //根据给定的数据集生成一棵决策树
输入：训练样本 samples,各属性均取离散数值,可供归纳的候选属性集为 attribute_list
输出：决策树
方法：
(1) 创建一个节点 N;
(2) if 该节点中所有样本 samples 均为同一个类 C then;   //开始根节点对应的训练样本
(3) 返回 N 作为叶节点,以类 C 标记;
(4) if attribute_list 为空 then;
(5) 返回 N 作为叶节点,标记为该节点所含样本中类别个数最多的类别;//多数表决
(6) 选择 attribute_list 中具有最高信息增益的属性 test_attribute;
(7) 以 test_attribute 标记节点 N;
(8) for each test_attribute 中的已知值 v;   //划分 samples
(9) 由节点 N 长出一个条件为 test_attribute=v 的分支,以表示该测试条件;
(10) 设 sv 是 test_attribute=v 的样本的集合;   //一个划分
(11) if sv 为空 then;
(12) 将相应叶节点标记为所含样本中类别个数最多的类别;
(13) else 将相应叶节点标志 Generate_decision_tree (sv, attribute_list - test_attribute)返回的节点。

例 11.2 以一个简单的例子来说明 ID3 算法分类的过程。根据表 11.1 中的数据,依据学生"成绩情况"、"是否参加竞赛"、"品质情况"、"是否参加社团"等属性,利用信息增益的方法判断是否为该生发放奖学金。

第一步：计算训练样本的信息量。目标属性 scholarship 有两类：yes、no。分别有 10 个和 5 个样本。scholarship 的信息量计算过程如下：

$$I(T) = -\frac{10}{15}\log_2\frac{10}{15} - \frac{5}{15}\log_2\frac{5}{15} = 0.9183$$

第二步：计算每个属性的信息增益。

(1) 对于分类属性 scholarship 来说,exam score 有 3 个取值：excellent、good 和 average,把样本集 T 分为 3 个子集 $\{T_1, T_2, T_3\}$,每个子集的信息量的计算过程如下：

$$I(T_1) = 0; I(T_2) = -\frac{3}{5}\log_2\frac{3}{5} - \frac{2}{5}\log_2\frac{2}{5} = 0.971;$$

$$I(T_3) = -\frac{2}{5}\log_2\frac{2}{5} - \frac{3}{5}\log_2\frac{3}{5} = 0.971$$

因此,得到属性 exam score 的熵为：

$$E(\text{"exam score"}) = \frac{5}{15} \times 0 + \frac{5}{15} \times 0.971 + \frac{5}{15} \times 0.971 = 0.6473$$

对应的信息增益为：

$$G(\text{"exam score"}) = I(T) - E(\text{"exam score"}) = 0.2710$$

(2) 对于分类属性 scholarship 来说,contest 有 3 个取值（province-level、city-level 和 school-level）,把样本集 T 分为 3 个子集 $\{T_1, T_2, T_3\}$,每个子集的信息量的计算过程如下：

$$I(T_1) = -\frac{3}{4}\log_2\frac{3}{4} - \frac{1}{4}\log_2\frac{1}{4} = 0.8113$$

$$I(T_2) = -\frac{5}{7}\log_2\frac{5}{7} - \frac{2}{7}\log_2\frac{2}{7} = 0.8631$$

$$I(T_3) = -\frac{2}{4}\log_2\frac{2}{4} - \frac{2}{4}\log_2\frac{2}{4} = 1$$

因此,得到属性 contest 的熵为:

$$E("contest") = \frac{4}{15}\times 0.8113 + \frac{7}{15}\times 0.8631 + \frac{4}{15}\times 1 = 0.8858$$

对应的信息增益为:

$$G("contest") = I(T) - E("contest") = 0.0325$$

(3) 对于分类属性 scholarship 来说,evaluation 有两个取值"excellent"和"fair",把样本集 T 分为两个子集$\{T_1, T_2\}$,每个子集的信息量的计算过程如下:

$$I(T_1) = -\frac{7}{9}\log_2\frac{7}{9} - \frac{2}{9}\log_2\frac{2}{9} = 0.7642$$

$$I(T_2) = -\frac{3}{6}\log_2\frac{3}{6} - \frac{3}{6}\log_2\frac{3}{6} = 1$$

因此,得到属性 evaluation 的熵为:

$$E("evaluation") = \frac{9}{15}\times 0.7642 + \frac{6}{15}\times 1 = 0.8585$$

对应的信息增益为:

$$G("evaluation") = I(T) - E("evaluation") = 0.0598$$

(4) 对于分类属性 scholarship 来说,association 有两个取值"yes"和"no",把样本集 T 分为两个子集$\{T_1, T_2\}$,每个子集的信息量的计算过程如下:

$$I(T_1) = -\frac{5}{6}\log_2\frac{5}{6} - \frac{1}{6}\log_2\frac{1}{6} = 0.65$$

$$I(T_2) = -\frac{5}{9}\log_2\frac{5}{9} - \frac{4}{9}\log_2\frac{4}{9} = 0.9911$$

因此,得到属性 association 的熵为:

$$E("association") = \frac{6}{15}\times 0.65 + \frac{9}{15}\times 0.9911 = 0.8547$$

对应的信息增益为:

$$G("association") = I(T) - E("association") = 0.0636$$

第三步:选择信息增益最大的属性进行节点分裂。

$G("exam\ score") > G("association") > G("evaluation") > G("contest")$,所以选取最大增益值的属性 exam score 作为最佳分裂属性,同时将数据集分为 3 个子集,如图 11.3 所示。

再用相同的方法对生成的 3 个子集进行分类,得到如图 11.4 所示的决策树。

根据生成的决策树,可以判断 Jean good city-level excellent yes 属于 scholarship = yes 这一类。

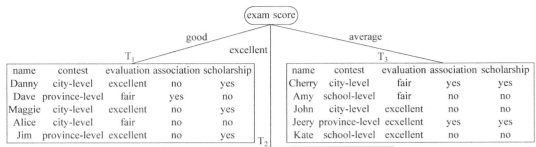

图 11.3 将数据集分为 3 个子集

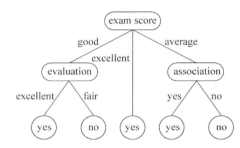

图 11.4 实例的决策树示意图

ID3 算法构造的决策树按照自顶向下的顺序形成了一组类似 IF…THEN 的规则。在上边的例子中,将图 11.4 所生成的决策树转化为规则表示如下:

(1) IF exam score="good" and evaluation="excellent" THEN 类别为 yes;

(2) IF exam score="good" and evaluation="fair" THEN 类别为 no;

(3) IF exam score="excellent" THEN 类别为 yes;

(4) IF exam score="average" and association="yes" THEN 类别为 yes;

(5) IF exam score="average" and association="no" THEN 类别为 no。

在数据挖掘领域中,存在很多分类模型,决策树分类模型是使用最广泛的方法之一,主要是由于决策树具有以下几个方面的优点:

(1) 可以生成可以理解的规则;

(2) 计算量相对来说不是很大;

(3) 可以处理连续值和离散值多种数据类型;

(4) 决策树可以清晰地显示哪些字段对分类比较重要;

(5) 决策树技术执行效率高,结果表示简单直观;

(6) 搜索空间是完全的假设空间,目标函数必在搜索空间中,不存在无解的危险。

决策树方法对记录数越大的数据库,它的效果越明显。当然,没有一种方法是十全十美

的,决策树也存在着一些缺点,主要有以下几个方面:

（1）对连续性的字段比较难预测;

（2）对有时间顺序的数据,需要很多处理工作;

（3）当类别太多时,可能就会增加很多误差;

（4）一般的算法分类时,只是根据一个字段来分类;

（5）决策树技术是一种"贪心"算法,这种算法在决定当前分割属性时根本不考虑此次选择会对将来的分割造成什么样的影响,每次分割完成后都不再考察此次分割的合理性。它并不从整体最优考虑,所做出的选择只在某种意义上的局部最优。也就是说,它可能收敛于局部最优解而丢失全局最优解。树节点中属性的次序可能对性能具有负面影响。

11.2.2　基于关联规则的知识推理

基于规则的知识推理系统中的知识一般的描述形式为:

IF<证据(或组合证据)>THEN<假设><规则强度>

利用关联分析可以从大量的资料或数据中得到如下形式的关联规则:

$$A \rightarrow B (支持度,置信度)$$

关联规则分析能够挖掘发现大量数据中项集之间有趣的关联或相关联系,展示"属性-值"频繁地在给定数据集中一起出现的条件。产生支持度和置信度分别大于用户给定的最小支持度和最小置信度的关联规则,形成形如 $A \rightarrow B$ 的逻辑蕴涵式。关于关联规则方法的具体介绍请参见第 5 章"关联规则模型及应用"。

11.2.3　基于粗糙集的知识推理

目前,基于粗糙集的规则获取主要有两种模式。模式 A 由 Pawlak 教授于 1991 年提出,主要思想是通过寻找属性核及去掉多余的属性求出约简的决策表,并从最简决策表中获取相应的确定规则。模式 B 由 Wakulicz-Deja 等人于 1997 年提出,主要思想是直接从原始决策表中求取近似集,并运用推理引擎,分别从下近似集中获取确定规则,从上近似集中获取可能规则。基于粗糙集理论的推理机制的研究过程包括:

（1）根据具体问题构造相应的信息系统;

（2）对信息系统中的数据和信息(包括含糊和不确定性信息)按照某种准则进行离散化;

（3）将离散化后的数据和信息构建成信息表或决策表的形式;

（4）利用粗糙集理论中的核、属性约简、属性值约简、相关度等概念来简化信息表或决策表;

（5）求出信息表或决策表的核值表;

（6）由核值求出信息表或决策表的简化形式;

（7）从简化后的信息表或决策表中求出最佳决策(或推理)算法;

（8）比较粗糙推理机制与其他相关的推理机制的异同点,如模糊推理机制、基于 DS 证据理论的推理机制等;

（9）总结归纳出具有普遍意义的粗糙推理机制、模型和方法，如图 11.5 所示。

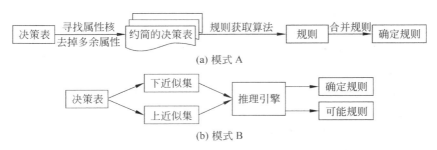

图 11.5 基于粗糙集的规则推理模式

基于粗糙集的从不完备信息系统获取确定规则的算法具有以下优点：

（1）不改变初始不完备信息系统结构；

（2）获取的确定规则不受缺省值的影响；

（3）获取的是最简规则，具有较好的可理解性和较强的泛化能力。粗糙集在知识推理领域的主要研究方向是对粗糙逻辑的研究，它能使单调逻辑非单调化，从而在不确定性推理中发挥巨大作用。另一个研究方向是粗糙函数的理论和应用，它促进了定性推理的发展。关于粗糙集理论的具体介绍请参见第 7 章"粗糙集方法与应用"。

11.3 小 结

本章主要介绍知识推理的主要分类，包括非单调推理、非确定性推理、基于规则的推理、基于案例的推理和定性推理以及基于决策树、关联规则和粗糙集的数据挖掘和知识发现方法在知识推理中的应用。

思 考 题

1. 列举知识推理的主要种类。

2. 什么是基于案例的推理？

3. 非确定性推理方法分别有哪些？

4. 应用基于决策树的知识推理。

5. 应用基于关联规则的知识推理。

6. 应用基于粗糙集的知识推理。

参 考 文 献

[1] 白洁，李春平. 面向软件开发信息库的数据挖掘综述[J]. 计算机应用研究，2008，25(1)：22-28.

[2] 陈安，陈宁，周龙骧. 数据库挖掘技术及应用[M]. 北京：科学出版社，2006.

[3] 陈丽雯. 基于神经网络的数据挖掘模型研究与应用[D]. 大连：大连海事大学，2004.

[4] 陈明，吴国文，施伯乐. 数据仓库概念模型的设计[J]. 小型微型计算机系统，2002，23(12)：1453-1458.

[5] 陈守煜. 工程模糊集理论与应用[M]. 北京：国防工业出版社，1998.

[6] 陈文伟. 数据仓库与数据挖掘教程[M]. 北京：清华大学出版社，2006.

[7] 陈文伟. 智能决策技术[M]. 北京：电子工业出版社，1998.

[8] 陈孝卫，许龙飞. 基于数据仓库OLAP技术的属性相关性研究[J]. 计算机工程与应用，2004,(14)：189-191.

[9] 陈燕，杨德礼. 一个数据仓库的建立和实现[J]. 大连理工大学学报，2000，40(2)：249-252.

[10] 陈燕，赵海，张德干，等. 用于知识规则挖掘的粗集归纳中类化方法的研究[J]. 小型微机计算机系统，2005，26(3)：461-465.

[11] 陈燕. 数据仓库技术及其应用[M]. 大连：大连海事大学出版社，2003.

[12] 陈燕. 数据仓库与数据挖掘[M]. 大连：大连海事大学出版社，2006.

[13] 程舒通，徐从富. 关联规则挖掘技术研究进展[J]. 计算机应用研究，2009，26(9):3210-3213.

[14] 崔杰，党耀国，刘思峰. 一种新的灰色预测模型及其建模机理[J]. 控制与决策，2009，24(11)：1702-1706.

[15] 戴敏，黄亚楼. 关联规则的分层表达[J]. 计算机应用，2006，26(1):207-209.

[16] 戴晓晖，李敏强，寇纪淞. 遗传算法理论研究综述[J]. 控制与决策，2000，15(3)：263-268.

[17] 杜娟，衣治安，周颖. 基于聚类和遗传交叉的少数类样本生成方法[J]. 计算机工程，2009，35(22)：182-184.

[18] 杜云艳，温伟，曹锋. 空间数据挖掘的地理案例推理方法及试验[J]. 地理研究，2009，28(5):1285-1296.

[19] 段军，戴居丰. 基于多支持度的挖掘加权关联规则算法[J]. 天津大学学报，2006，39(1):114-118.

[20] 樊博. 空间OLAP的计算方法[J]. 系统工程理论与实践，2007,(11):87-96.

[21] 樊铭渠，唐林炜. 多指标决策的层次分析与模糊分析相结合的综合评价法[J]. 运筹与管理，1999，8(4)：70-74.

[22] 方安儒，叶强，鲁奇，等. 基于数据挖掘的客户细分框架模型[J]. 计算机工程，2009，35(19)：251-253.

[23] 冯少荣.DBSCAN聚类算法的研究与改进[J].中国矿业大学学报，2008，37(1):105-111.

[24] 冯祖洪，王沛栋. 一种高效的混合压缩数据挖掘算法[J]. 计算机应用研究，2009，26(10)：3738-3742.

[25] 高俊杰，邓贵仕. 基于本体的范例推理系统研究综述[J]. 计算机应用研究，2009，26(2):406-418.

[26] 韩家炜(加)著. 数据挖掘概念与技术[M].2版.范明，孟小峰，译. 北京：机械工业出版社，2007.

[27] 韩世莲，李旭宏，刘新旺，等. 多人多准则模糊层次分析法的物流中心综合评价优选模型[J]. 系统工程理论与实践，2004,(7)：128-134.

[28] 胡孔法，董逸生，徐立臻，等. 一种基于维层次编码的 OLAP 聚集查询算法[J]. 计算机研究与发展，2004，41(4):608-613.

[29] 胡明，唐培丽，许建潮. 基于 OLAP 的多维关联规则挖掘研究[J]. 东北师大学报(自然科学版)，2007，39(4):54-59.

[30] 胡庆林，叶念渝，朱明富. 数据挖掘中聚类算法的综述[J]. 计算机与数字工程，2007，35(2):17-20.

[31] 胡耀光，范玉顺. 基于模糊层次分析法的企业核心业务系统选择决策模型[J]. 计算机集成制造系统，2006，12(2):215-219，284.

[32] 胡玉胜，涂序彦，崔晓瑜，等. 基于贝叶斯网络的不确定性知识的推理方法[J]. 计算机集成制造系统，2001，7(12):65-68.

[33] 姬东朝，宋笔锋，喻天翔. 模糊层次分析法及其在设计方案选优中的应用[J]. 系统工程与电子技术，2006，28(11):1692-1694，1755.

[34] 吉根林，帅克，孙志挥. 数据挖掘技术及其应用[J]. 南京师大学报，2000，23(2):25-27.

[35] 吉根林，韦素云. 分布式环境下约束性关联规则的快速更新[J]. 东南大学学报(自然科学版)，2006，36(1):34-38.

[36] 吉根林. 遗传算法研究综述[J]. 计算机应用与软件，2004，21(2):69-73.

[37] 纪希禹，韩秋明，李微，李华峰. 数据库挖掘技术应用实例[M]. 北京:机械工业出版社，2009.

[38] 蒋志全. 基于 GMDH 原理的自组织数据挖掘模型研究[D]. 大连:大连海事大学，2004.

[39] 靳蕃. 神经计算智能基础原理-方法[M]. 成都:西南交通大学出版社，2000.

[40] 瞿彬彬，卢炎生. 基于粗糙集的不完备信息系统规则推理算法[J]. 小型微型计算机系统，2006，27(4):698-700.

[41] 李广水，郑滔，宋丁全. 面向服务数据挖掘的关键技术在.NET 下的实现研究[J]. 计算机工程与设计，2009，30(20):4654-4657.

[42] 李红梅，周桂红，王克俭. 基于粗糙集和遗传算法的知识发现方法[J]. 现代电子技术，2007，(8):76-78.

[43] 李凌丰，谭建荣，赵海霞. 基于 AHP 模糊优先权的虚拟企业伙伴选择方法[J]. 系统工程理论与实践，2004，(12):1-7.

[44] 李明华，刘全，刘忠，郗连霞. 数据挖掘中聚类算法的新发展[J]. 计算机应用研究，2008，25(1):13-17.

[45] 李琦，韩维桓. OLAP 查询多维数据的新模型[J]. 计算机工程，2004，30(2):23-24，102.

[46] 李松，刘力军，谷晨. 混沌时间序列预测模型的比较研究[J]. 计算机工程与应用，2009，45(32):53-56.

[47] 李旭宏，韩世莲. 基于模糊层次分析法的多人物流供货商选择模型[J]. 公路交通科技，2006，23(3):155-158，166.

[48] 梁斌梅. 孤立点检测改进径向基神经网络动态预测模型[J]. 计算机工程与应用，2009，45(28):52-54，84.

[49] 梁斌梅. 基于层次聚类的孤立点检测方法[J]. 计算机工程与应用，2009，45(32):117-119.

[50] 梁循. 数据挖掘算法与应用[M]. 北京:北京大学出版社，2006.

[51] 廖洁君. 物流配送调度优化模型的研究及应用[D]. 大连:大连海事大学，2005.

[52] 刘富春. 变精度集对粗糙集模型中的属性约简[J]. 计算机工程与应用，2006，(5):8-10，18.

[53] 刘俊红，王霄燕. 基于 OLAP 技术的企业决策支持系统的一种实现模型[J]. 中国制造业信息化，2004，33(3):78-80.

[54] 刘秋华. 基于季节指数和灰色预测的月电量预测模型[J]. 南京工程学院学报，2006，4(1)：1-6.

[55] 刘淑霞，陈燕. 数据挖掘在交通肇事逃逸案中的应用[J]. 刑事技术，2005，(2)：9-11.

[56] 刘双印. 免疫人工鱼群神经网络的经济预测模型[J]. 计算机工程与应用，2009，45(29)：226-229.

[57] 刘思峰，党耀国，方志耕. 灰色系统理论及其应用[M]. 北京：科学出版社，2004.

[58] 刘小龙，唐葆君，邱菀华. 基于灰色关联的企业危机预警案例检索模型研究[J]. 中国软科学，2007，(8)：152-155，160.

[59] 刘泽双，闫付强. 基于遗传算法的就业需求量组合预测模型[J]. 系统工程，2009，27(8)：62-67.

[60] 刘兆惠. 基于灰色-径向基函数神经网络的交通事故多元预测模型[J]. 交通运输工程学报，2009，9(5)：94-98.

[61] 刘震，王厚军，龙兵，张治国. 一种基于加权隐马尔可夫的自回归状态预测模型[J]. 电子学报，2009，37(10)：2113-2118.

[62] 芦洁，刘志镜. 挖掘关联规则中对 Apriori 算法的一个改进[J]. 微电子学与计算机，2006，23(2)：10-12.

[63] 陆晶，赛英. 基于综合度量的关联规则挖掘算法[J]. 计算机工程，2004，30(22)：89-90.

[64] 马野，王孝通，戴耀. 基于模糊神经网络的自适应滤波方法仿真研究[J]. 系统仿真学报，2005，17(10)：2447-2449.

[65] 毛国君，段立娟，王实，石云. 数据挖掘原理与算法[M]. 北京：清华大学出版社，2007.

[66] 彭代武，肖宪标. 市场调查. 商情预测. 经营决策[M]. 2 版. 北京：经济管理出版社，2002.

[67] 彭高辉，王志良. 数据挖掘中的数据预处理方法[J]. 华北水利水电学院学报，2008，29(6)：61-63.

[68] 彭磊，李炳法，麦兴隆. 决策树和 MBR 在分析型 CRM 中的应用[J]. 信息技术，2007，(3).

[69] 乔斌，李玉榕. 一种集成遗传算与模糊推理的粗糙集数据分析算法[J]. 计算机工程与应用，2002，(18)：199-201.

[70] 屈莉莉，陈燕，侯振龙. 基于模糊层次熵多目标评价决策模型的物流服务商优选[J]. 大连海事大学学报，2005，31(3)：31-35.

[71] 任宏旺. 基于粗糙集的数据挖掘模型的研究与应用[D]. 大连：大连海事大学，2003.

[72] 任平. 遗传算法(综述)[J]. 工程数学学报，1999，16(1)：1-8.

[73] 任世锦，吕俊怀. 基于遗传算法的区间数核模糊聚类方法[J]. 系统工程学报，2008，23(5)：611-616.

[74] 任世锦. 基于遗传算法的区间数核模糊聚类方法[J]. 系统工程学报，2008，23(5)：611-616.

[75] 邵长桥，刘小明，赵林. 交通预测原则和预测模型评价方法[J]. 道路交通与安全，2007，7(3)：30-33.

[76] 申爱华. 粗糙集在不完备信息系统数据挖掘中的应用研究[D]. 大连：大连海事大学，2004.

[77] 史忠植. 知识发现[M]. 北京：清华大学出版社，2002.

[78] 苏翔，窦培华. 一种基于带熵的遗传算法在车间调度中的应用[J]. 中国管理科学，2008，16(S1)：142-146.

[79] 孙吉贵. 聚类算法研究[J]. 软件学报，2008，19(1)：48-61.

[80] 谭义红，陈治平，林亚平. 一种改进的约束关联规则挖掘算法[J]. 计算机工程，2004，30(1)：71-72.

[81] 汤永川. 关于不确定性推理理论与知识发现的研究[D]. 成都：西南交通大学，2002.

[82] 唐(Tang Z H)(美)，麦克雷南(MaccLennan J)(美). 数据挖掘原理与应用-SQL Server 2005 数据库[M]. 邝祝芳，焦贤龙，高升，译. 北京：清华大学出版社，2007.

[83] 唐志杰. 基于混合知识的多属性知识库知识表示和知识推理研究[D]. 上海：东华大学，2004.

[84] 田德良，常大勇. 模糊层次分析法及其在优化建材连锁配送方案中的应用[J]. 运筹与管理，1998，7(3)：43-50.

[85] 田逢春. 基于知识发现的案例推理研究[D]. 武汉：武汉理工大学，2004.

[86] 王凌. 智能优化算法及其应用[M]. 北京：清华大学出版社，2001.

[87] 王蕤，陈庆奎. 异构数据库集成中间件的研究与实现[J]. 计算机工程与设计，2008，29(22)：5738-5740.

[88] 威滕(Witten I H)(新西兰)，弗兰克(Frank E)(新西兰). 数据挖掘实用机器学习技术(原书第2版)[M]. 董琳等，译. 北京：机械工业出版社，2005.

[89] 韦素云，吉根林，曲维光. 关联规则的冗余删除与聚类[J]. 小型微型计算机系统，2006，27(1)：110-113.

[90] 吴成东，许可，韩中华，裴涛. 基于粗糙集和决策树的数据挖掘方法[J]. 东北大学学报(自然科学版)，2006，27(5)：481-484.

[91] 吴春旭. 一种基于信息熵与 K 均值迭代模型的模糊聚类算法[J]. 中国管理科学，2008，16(S1)：152-156.

[92] 吴新玲，毋国庆. 基于数据变换的维数消减方法[J]. 武汉大学学报，2006，52(1)：73-76.

[93] 肖智，刘丰胜，陈婷婷. 基于粗糙集的客户分类方法[J]. 统计与决策，2006，132-133.

[94] 谢红薇，李晓亮. 基于多示例的 K-means 聚类学习算法[J]. 计算机工程，2009，35(22)：179-181.

[95] 谢伙生，王闻. 带约束的负关联规则挖掘算法[J]. 福州大学学报(自然科学版)，2009，37(4)：494-497，502.

[96] 谢琦，张振兴. 基于 Apriori 算法和 OLAP 的关联规则挖掘模型设计[J]. 计算机应用，2007，27(S1)：4-5，9.

[97] 辛志，刘少辉，史忠植. 提高 OLAP 系统性能的方法研究[J]. 计算机科学，2003，30(5)：59-62.

[98] 刑文训，谢金星. 现代优化计算方法[M]. 北京：清华大学出版社，1999.

[99] 邢化玲，刘思伟，高社生，唐士杰. 不完备信息系统的数据挖掘方法研究[J]. 计算机应用研究，2008，(1)：90-92.

[100] 徐兰，李晓萍，戴云徽. 基于灰色关联分析的企业员工满意度评价[J]. 中国管理科学，2008，16(S1)：68-70.

[101] 许向阳，洪娟. DM_OLAP 元数据管理[J]. 计算机工程，2004，30(12)：75-77.

[102] 闫相斌，李一军，张洁. 客户时序关联规则挖掘方法研究[J]. 计算机集成制造系统，2006，12(1)：133-138.

[103] 阳爱民，胡运发. 一种基于动态聚类的模糊分类规则的生成方法[J]. 小型微型计算机系统，2005，26(9)：1540-1545.

[104] 杨彬彬，郑晓薇. 基于 MS Analysis Services 的 OLAP 分析系统模型设计及应用[J]. 计算机应用与软件，2007，24(8)：216-218.

[105] 杨凯，蒋华伟. 模糊 C 均值聚类图像分割的改进遗传算法研究[J]. 计算机工程与应用，2009，45(33)：179-182.

[106] 杨林涛，江昊，郭成城，等. 基于 Markov 链 Packet-Level 的 VANET 差错预测模型及性能预估[J]. 电子学报，2009，37(10)：2333-2337.

[107] 杨明祥. 基于模糊神经网络的数据挖掘模型研究[D]. 大连：大连海事大学，2005.

[108] 杨倩，邵伟民，徐忠健. OLAP 中一种多维数据模型[J]. 计算机工程，2004，30(1)：192-194.

[109] 杨星. 粗糙集理论与相关不确定性理论的辨证研究[J]. 微电子学与计算机，2006，23(3)：51-54.

[110] 印勇，孙如英. 基于模糊粗糙集的一种知识获取方法[J]. 重庆大学学报(自然科学版)，2006，

29(5):108-111.

[111] 于延，刘玉喜. 多 Agent 在分布式数据挖掘中应用的研究[J]. 计算机工程与科学，2009，31(9)：112-114.

[112] 袁晓峰，许化龙，陈淑红. 基于量子遗传算法的粗糙集属性约简新方法[J]. 计算机工程，2007，33(15)：184-186.

[113] 曾波，刘思峰，方志耕，谢乃明. 灰色组合预测模型及其应用[J]. 中国管理科学，2009，17(5)：151-155.

[114] 张成考，聂茂林，吴价宝. 基于改进型灰色评价的虚拟企业合作伙伴选择[J]. 系统工程理论与实践，2007，(11):54-61.

[115] 张春慨，王亚英，李宵峰. 混沌在实数编码遗传算法中的应用[J]. 上海交通大学学报，2000，34(12)：1658-1671.

[116] 张秋菊，朱帮助. 基于遗传算法的有折扣多产品采购多供应商选择问题求解[J]. 中国管理科学，2008，(S1):192-196.

[117] 张卫华，孙浩，穆朝絮. 基于支持向量机的交通安全预测模型及仿真研究[J]. 系统仿真学报，2009，21(19):6266-6270.

[118] 张文修，吴伟志. 粗糙集理论介绍和研究综述[J]. 模糊系统与数学，2000，14(4)：1-12.

[119] 张云涛，龚玲. 数据库挖掘原理与技术[M].北京:电子工业出版社，2004.

[120] 张志旺，陈燕. 建立基于 Internet/Intranet 的数据仓库系统[J]. 计算机与现代化，2002，(2):20-24.

[121] 赵海，陈燕，张德干，张晓丹. 相联规则的粗熵挖掘方法及其在肇事逃逸侦破中的应用[J]. 东北大学学报，2004，25(10)：938-941.

[122] 赵海，陈燕. 普适计算[M]. 沈阳：东北大学出版社，2005.

[123] 赵荣泳，张浩，李翠玲，樊留群，王骏. 粗糙集连续属性离散化的 MDV 方法[J]. 计算机工程，2006，32(3):52-54.

[124] 郑扣根. 人工智能[M]. 北京:机械工业出版社,2000.

[125] 周明，孙树栋. 遗传算法原理及应用[M]. 北京：国防工业出版社，1999.

[126] 周明，严正，倪以信，李庚银. 含误差预测校正的 ARIMA 电价预测新方法[J]. 中国电机工程学报，2004，24(12)：63-68.

[127] 周欣，沙朝锋，朱扬勇，施伯乐. 兴趣度——关联规则的又一个阈值[J]. 计算机研究与发展，2000，37(5)：627-633.

[128] 朱广宇，严洪森. 一种基于预测模型库评价遴选的组合预测方法[J]. 控制与决策，2004，19(7)：726-731.

[129] 朱明. 数据挖掘[M]. 合肥:中国科学技术大学出版社,2002.

[130] 邹逸江，吴金华. 空间数据仓库的结构设计[J]. 长安大学学报，2003，25(1)：66-69.

[131] Aaral J N, Tumer K, Ghosh J. Designing Genetic Algorithms for the State Assignment Problem [J]. Transactions on Systems, Man, and Cybernetics, 1995,(125)：687-694.

[132] Chen M C. Ranking Discovered Rules from Data Mining with Multiple Criteria by Data Envelopment Analysis[J]. Expert Systems with Applications, 2007, 33(4)：1110-1116.

[133] Chen Y, Hu S Y, Qu L L. The Research of VRP Based on the Improved Hybrid Genetic Algorithm［C］. Proceedings of 2006 International Conference on Management Science and Engineering, 2006,(10)：2109-2114.

[134] Chen Y, Qu L L, Yang M X. The Application Research of Freight Supply Forecasting Model

Based on BP Neural Networks[C]. Proceedings of 2005 International Conference on Management Science and Engineering, 2005,(7): 376-379.

[135] Chen Y, Qu L L. Evaluating the Selection of Logistics Centre Location Using Fuzzy MCDM Model Based on Entropy Weight[C]. The 6th World Congress on Intelligent Control Automation, 2006, (6): 7128-7132.

[136] Chen Y, Qu L L. The Research of Universal Data Mining Model System Based on Logistics Data Warehouse and Application[C]. Proceedings of 2007 International Conference on Management Science and Engineering, 2007,(8): 280-285.

[137] Chu C J, Tseng V S, Liang T. An Efficient Algorithm for Mining Temporal High Utility Itemsets from Data Streams[J]. Journal of Systems and Software, 2008, 81(7): 1105-1117.

[138] Congiusta A, Talia D, Trunfio P. Service-oriented Middleware for Distributed Data Mining on the Grid[J]. Journal of Parallel and Distributed Computing, 2008, 68(1): 3-15.

[139] Crone S F, Lessmann S, Stahlbock R. The Impact of Preprocessing on Data Mining: An Evaluation of Classifier Sensitivity in Direct Marketing[J]. European Journal of Operational Research, 2006, 173(3): 781-800.

[140] Enrique L, Federico B, Antonio F C. Towards Personalized Recommendation by Two-step Modified Apriori Data Mining Algorithm[J]. Expert Systems with Applications, 2008, 35(3): 1422-1429.

[141] Fayyad U, Stolorz P. Data Mining and KDD: Promise and Challenges, Future Generation Computer Systems[J]. Data Mining, 1997, 13(2-3): 99-115.

[142] Feelders A, Daniels H, Holsheimer M. Methodological and Practical Aspects of Data Mining[J]. Information & Management, 2000, 37(5): 271-281.

[143] Gigli G, Bosse E, Lampropoulos G A. An Optimized Architecture for Classification Combining Data Fusion and Data-mining[J]. Information Fusion, 2007, 8(4): 366-378.

[144] Glimcher L, Jin R M, Agrawal G. Middleware for Data Mining Applications on Clusters and Grids [J]. Journal of Parallel and Distributed Computing, 2008, 68(1): 37-53.

[145] Han J W, Nishio S, Kawano H, Wang W. Generalization-based Data Mining in Object-oriented Databases Using an Object Cube Model[J]. Data & Knowledge Engineering, 1998, 25(1-2): 55-97.

[146] Holland J H. Adaptation in Natural and Artificial Systems[M]. Michigan: University of Michigan Press, 1975.

[147] Hong T P, Horng C Y, Wu C H, Wang S L. An Improved Data Mining Approach Using Predictive Itemsets[J]. Expert Systems with Applications, 2009, 36(1): 72-80.

[148] Hou V, Lian Z W, Yao Y. et al. Data mining Based Sensor Fault Diagnosis and Validation[J]. Energy Conversion and Management, 2006, 47: 15-16.

[149] Hui S C, Jha G.. Data Mining for Customer Service Support[J]. Information & Management, 2000, 38(1): 1-13.

[150] Jukic N, Nestorov S. Comprehensive Data Warehouse Exploration with Qualified Association-rule Mining[J]. Decision Support Systems, 2006, 42(2): 859-878.

[151] Kopanakis I, Theodoulidis B. Visual Data Mining Modeling Techniques for the Visualization of Mining Outcomes[J]. Journal of Visual Languages & Computing, 2003, 14(6): 543-589.

[152] Li B, Jiang W S. A Novel Stochastic Optimization Algorithm[J]. IEEE Transactions on Systems,

Man, and Cybernetics-Part B: Cybernetics, 2000, 30(1): 193-198.

[153] Li T Y, Chen Y. A Weight Entropy k-means Algorithm for Clustering Dataset with Mixed Numeric and Categorical Data[C]. International Conference on Fuzzy Systems and Knowledge Discovery, 2008,(10): 36-41.

[154] Liang W Y, Huang C C. A Hybrid Approach to Constrained Evolutionary Computing: Case of Product Synthesis[J]. Omega, 2008, 36(6): 1072-1085.

[155] Liu H Y, Wang X Y, He J, Han J W, Xin D, Shao Z. Top-down Mining of Frequent Closed Patterns from Very High Dimensional Data[J]. Information Sciences, 2009, 179(7): 899-924.

[156] Mennis J, Guo D S. Spatial Data Mining and Geographic Knowledge Discovery—An Introduction, Computers, Environment and Urban Systems[J]. Spatial Data Mining-Methods and Applications, 2009, 33(6): 403-408.

[157] Moshkovich H M, Mechitov A I, Olson D L. Rule Induction in Data Mining: Effect of Ordinal Scales[J]. Expert Systems with Applications, 2002, 22(4): 303-311.

[158] Nejman D. A Rough Set Based Method of Handwritten Numbers Classification[M]. Institute of Computer Science Reports. Warsaw University of Technology, 1994.

[159] Ngai E W T, Xiu L, Chau D C K. Application of Data Mining Techniques in Customer Relationship Management: A literature Review and Classification [J]. Expert Systems with Applications, 2009, 36(2): 2592-2602.

[160] Nie G L, Zhang L L, Liu Y, Zheng X Y, Shi Y. Decision Analysis of Data Mining Project Based on Bayesian Risk[J]. Expert Systems with Applications, 2009, 36(3): 4589-4594.

[161] Olafsson S, Li X N, Wu S. Operations Research and Data Mining [J]. European Journal of Operational Research, 2008, 187(3): 1429-1448.

[162] Pauray S M T. Mining Frequent Itemsets in Data Streams Using the Weighted Sliding Window Model[J]. Expert Systems with Applications, 2009, 36(9): 11617-11625.

[163] Pawlak Z. Rough Sets[J]. International Journal of Computer and Information Sciences, 1982, 1 (5): 341-356.

[164] Pawlak Z. Rough Sets[M]. Theoretical Aspects of Reasoning about Data, 1991.

[165] Qu L L, Chen Y. A Hybrid MCDM Method for Route Selection of Multimodal Transportation Network[C]. Fifth International Symposium on Neural Networks, 2008, (9): 374-383.

[166] Qu L L, Chen Y. An Algorithm to Improve the Effectiveness of Association Rules Mining[C]. Proceedings of 2005 International Conference on Management Science and Engineering, 2005, (7): 356-359.

[167] Qu L L, Chen Y. The Appraisement of Transporter in 3PL with Multicriteria Decision Model Based Fuzzy Hierarchy Entropy[C]. International Conference on Public Administration, 2005: 1265-1270.

[168] Saaty T L. Decision Making-the Analytic Hierarchy and Network Processes[J]. Journal of Systems Science and Systems Engineering, 2004, 13(1): 1-35.

[169] Scott P D, Wilkins E. Evaluating Data Mining Procedures: Techniques for Generating Artificial Data Sets[J]. Information and Software Technology, 1999, 41(9): 579-587.

[170] Silva J C, Giannella C, Bhargava R, Kargupta H, Klusch M. Distributed Data Mining and Agents [J]. Engineering Applications of Artificial Intelligence, 2005, 18(7): 791-807.

[171] Symeonidis A L, Chatzidimitriou K C, Athanasiadis I N, Mitkas P A. Data Mining for Agent

Reasoning: A Synergy for Training Intelligent Agents[J]. Engineering Applications of Artificial Intelligence, 2007, 20(8): 1097-1111.

[172] Wang C H, Huang H K, Li H L. A Fast Distributed Mining Algorithm for Association Rules with Item Constraints [C]. International Conference on Systems, Man, and Cybernetics, 2000, 1900-1905.

[173] Zeng C H, Xu Y, Pei Z. Knowledge Discovery for Goods Classification Based on Rough Set[C]. International Conference on Granular Computing, 2005, 1: 334-337.

[174] Zhang G P, Qi M. Neural Network Forecasting for Seasonal and Trend Time Series[J]. European Journal of Operational Research, 2005, (160): 501-514.

[175] Zhuang Z Y, Churilov L, Burstein F, Sikaris K. Combining Data Mining and Case-based Reasoning for Intelligent Decision Support for Pathology Ordering by General Practitioners[J]. European Journal of Operational Research,2009,195(3): 662-675.